陈泽环 著

文化传统与伦理学

当代道德哲学的思考

上海书店出版社
SHANGHAI BOOKSTORE PUBLISHING HOUSE

本书为国家社会科学基金项目(18BZX055)

"《阿尔贝特·施韦泽哲学—伦理学文集》翻译及研究"的阶段性成果。

前言　当代伦理学的宏大叙事

　　伦理学作为一门系统研究人类道德活动的人文学科,不仅必须以理论的方式关注和探讨现实生活,而且也应该以实践的方式参与和规范现实生活。这种作为伦理学关注和参与对象的现实生活,既是个人的,也是人类的,但其基点首先是国家和民族的。"我们的爱国,一面不能知有国家不知有个人,一面不能知有国家不知有世界。我们是要托庇在这国家底下,将国内各个人的天赋能力尽量发挥,向世界人类全体文明大大的有所贡献。"[1]诚如梁启超所言,即使摆脱了国家主义和民族主义的人,也不能否认公民"要托庇在这国家底下"的必要性,从而也就承认了爱国主义的重要性。由于在当今人类生存和发展的条件下,绝大多数个人总是生活于或者归属于一个国家和民族,而人类活动的最重要"单位"或"组织"也是各个国家和民族;因此,当代伦理学的关注和参与对象当然包括个人和人类,但其基点毕竟是国家和民族。那么,当代中国和中华民族生活中的最大事件是什么呢?毫无疑问,这就是要在21世纪中叶实现中华民族的伟大复兴。这一新的历史方位成为当代中国伦理学体系构建的主要内容和宏大叙事。实现伟大复兴是近代以来中华民族最伟大的梦想,是中国人必须承先启后地承担起的最重要历史使命;作为新时代中国特色哲学社会科学的有机组成部分,伦理学特别要提高为实现中华民族伟大复兴构建伦理秩序的自觉,把所有发展伦理学学科的努力都聚焦到这一点上来。有鉴于此,作为本书的《前言》,笔者在此拟围绕"文化传统与伦理学"的关系,首先以"文化自信的学理论证"为核心,从使命、范式和类型三方面,对当代伦理学发展的一些基本问题作一初步阐发,以就教于同行学者与相关读者。

一、当代伦理学的民族复兴使命

当代伦理学要实现为中华民族的伟大复兴构建伦理秩序的使命,首先就有必要合理地总结先前伦理学发展的成就和不足,并在此基础上深入探寻履行这一使命的有效范式。应该肯定,改革开放40余年来,每到一个重要的转折点,一些学者总会出来回顾伦理学科走过的道路,通过对其经验和教训的分析,提出新的学科发展设想,这是伦理学界的一个好传统。例如,10余年前,著名伦理学家罗国杰和王小锡、王泽应和高兆明等专家就从各种视角出发对新中国前60余年伦理学发展的过程和得失做过深刻的总结,其中特别是王小锡等的《中国伦理学60年》[2]、(包括之后的)《中国伦理学70年》[3]等书,由于其资料的丰富性和考察的系统性,至今仍然是学术界进行相关研究的基础性文本。而从2019年至今,为总结改革开放40周年和新中国近70年的伦理学发展,江畅[4]、李建华[5]、樊浩[6]、孙春晨[7]、王小锡[8]、王泽应[9]、冯书生等专家学者的相关论文,作为伦理学界最新的针对性概括和探讨,更是启发伦理学人合理地回顾和展望当代伦理学发展的有益参考:"未来的伦理学研究需要走出既成的路径依赖,从学习模仿西方、整理史料的初级阶段走向创新发展的高级阶段。"[10]

就学术遗产而言,"文化大革命"之前就开始学习和从事伦理学教学与研究工作的老一代学者,在改革开放40余年来中国伦理学取得长足进步的过程中,发挥了砥柱中流的作用,涌现了一批领军人物,其中最重要的代表人物为中国人民大学教授、曾经长期担任中国伦理学会会长的罗国杰(1928—2015)。[11]数十年来,罗国杰在坚持伦理学发展的正确导向、探索伦理学构建的合理路径、倡导知行合一德性伦理学方面的努力和创新,展现了一位中国特色伦理学开拓者的杰出形象。罗国杰构建的伦理学体系,由于坚持了伦理学与社会主义道德生活密切联系的立场,尽管现在看起来有些提法可以商榷,但在中国特色社会主义伦理学的发展进程中,毕竟具有奠基性的地位,我们不能随便放弃,必须予以丰富和发展:推进其基础理论,适应新时代的挑战。比较起来,40余年来出现的其他一些伦理学构想,体现了新一代学者的努力,虽然在学术上有所进展,但主要是伦理学学科中思想史的研究和应用伦理学的突破,在"伦理学原理"领域中的立足国情、联系实际方面则往往有所缺失。

　　从历史进程上看,王小锡等著的《中国伦理学60年》一书认为,新中国伦理学经历了1949年至1965年的萌芽期、1966年至1976年"文革"的停滞期、1977年至1991年的形成期,以及1992年至2009年的发展期[12],虽然是一家之言,但其概括比较合理。至于对近10年伦理学发展的定位还需探讨,笔者的初步看法是:社会主义核心价值观的提出和文化自信观念的确立,是国家层面伦理思想进步的集中体现;中华优秀传统文化和伦理传承发展的实践日益广泛和深入,可以说是社会和个人层面10年来道德进步的鲜明体现;而伦理学研究与教学在各分支学科范围内的细化和拓展,则是伦理学学科层面10年来的主要学术成果。毋庸讳言(或者由于笔者的视野局限),伦理学界虽然已经做出了极大的努力,不过由于经常受到研究观点、方法、视野等方面的限制,至今还少见能够以中华民族伟大复兴为目标和主题,充分融通"坚持马克思主义伦理学""吸取国外伦理学积极成果""立足中华优秀传统伦理学"三个路径暨三种资源,积极体现时代精神的典范性论著问世,特别是能够称得上体系性的伦理学论著问世。

　　基于伦理学界重任在肩,为突破伦理学当前发展只有局部深化而缺乏整体创新的"瓶颈",新一代伦理学人必须进一步明确和理解当代中国伦理学的最重要使命:为中华民族伟大复兴构建伦理秩序,并自觉地承担起相应的责任。首先,实现伟大复兴的梦想深深扎根于中国悠久的文化和道德传统之中。不同于西方人追求自由个性的历史最终目的,中国人则把实现民族生命之可大可久作为人生的最高理想。一个民族的生存和发展,需要空间上的展开(可大)和时间上的绵延(可久)。

作为世界上唯一延续至今的原生性文明，5 000多年来，中国从"中国之中国"，经"亚洲之中国"，成为"世界之中国"，至今仍然是一个泱泱大国。在经历了近代的衰落和苦难之后，中华民族现在已经十分接近实现伟大复兴的目标。"有亲则可久，有功则可大。可久则贤人之德，可大则贤人之业。……富有之谓大业，日新之谓盛德，生生之谓易。"(《周易·系辞》)这就是说，要实现民族复兴这一"富有"之大业，人们不仅需要有不断创新的智慧使其永葆活力，而且更离不开齐心协力以建立长久和宏大的功绩。显然，伦理学在此承担着极为重要的凝聚人心的责任。

4 　　其次，实现伟大复兴不仅深深扎根于中国人追求民族生命"可大可久"的传统之中，而且吸取了西方文化和道德中的"自由个性"要素。中国古人追求的美好社会理想，主要突出"社会团结"的要素或方面："大道之行也，天下为公，选贤与能，讲信修睦。……使老有所终，壮有所用，幼有所长"。(《礼记·礼运》)21世纪的"中国梦"在传承发展这一优秀传统的同时，还立足于建设中国特色社会主义的实践，把它与主要来自西方的"自由个性"要素或方面结合起来。特别是马克思主义关于"每个人的自由发展是一切人的自由发展的条件"[13]的构想，更是为我们规划了未来社会的远大理想。正是基于对中国传统"大同"理想的创造性转化和创新性发展，中华民族伟大复兴要求在21世纪中叶把中国建成富强民主文明和谐美丽的社会主义强国，努力实现国家富强、民族振兴和人民幸福三要素或三方面的统一，让发展成果更多更公正地惠及人民全体，让每个人都获得发展自我和奉献社会的机会，都享有人生出彩的机会。显然，伦理学在此承担着极为重要的协调关系之责任。

　　第三，实现中华民族伟大复兴不仅是为国家谋富强、为民族谋振兴、为人民谋幸福，而且也是为世界谋进步，在坚持推动构建人类命运共同体的进程中，努力为人类作出中华民族新的更大贡献。中国人自古以来就有浓郁的天下情怀："四海之内皆兄弟也"(《论语·颜渊》)、强烈的和平意识："兵者不祥之器，非君子之器，不得已而用之"(《老子》)，在先秦时代就确立了世界大同、天下太平、全人类和平幸福的社会理想。即使在 19 与 20 世纪之交的中国国运最艰难的时刻,梁启超仍然说:"中国人说政治,总以'天下'为最高目的,国家不过与家族同为达到这个最高目的中之一阶段。……可以说纯属世界主义。像欧洲近世最流行的国家主义,据我们先辈的眼光看来,觉得很褊狭可鄙。"[14]据此,在我们比历史上任何时候都更接近、更有信心和能力实现中华民族伟大复兴目标的今天,面对当前处于百年未有之大变局中的世界,我们更应该传承发展这一中华民族及其文明和文化的优秀传统,更自觉地在为国家谋富强、为民族谋振兴、为人民谋幸福的基础上,把这一切和为世界谋进步结合起来。显然,伦理学在此承担着极为重要的拓展胸怀之责任。

5

二、当代伦理学的文化自信范式

以上简略地回顾了改革开放 40 余年伦理学发展的成就与不足,进一步明确了当代伦理学的使命和责任:在为中华民族伟大复兴构建伦理秩序的过程中努力凝聚人心、协调关系和拓展胸怀。在此基础上,笔者就可以探讨伦理学担当这一使命和责任的合理范式,即当代中国伦理学发展应该采取何种范式的问题了。所谓伦理学的发展范式,指一个时期的伦理学主要依托何种文化层面或社会领域与何种思潮或学科进行体系建构和发挥社会功能。例如,以阶级斗争和意识形态为依托,这种伦理学可称之为政治斗争范式;以经济建设和经济学科为依托,这种伦理学可称之为经济伦理范式;以文化繁荣和文化学科为依托,这种伦理学可称之为文化自信范式。当然,这三种范式之间的区分并非截然分割,而是相互渗透的。就当前的实践基础而言,这种伦理学发展范式的选择和确定,与在实现中华民族伟大复兴的历史进程中,人们对经济、政治、文化等建设中的文化方面特别关注密切相关。例如,就 40 余年来的发展进程而言,伦理学先后主要采取了"政治反思"(20 世纪 80年代)、"经济伦理"(20 世纪 90 年代)、"社会和谐"(21 世纪之初)等范式,而近 10 年来,则逐步转变成为实现民族复兴而奋斗的"文化自信"

范式。[15]

当代伦理学发展应该采取文化自信的新范式，本书这一核心命题的提出，作为一种学术观点，虽然是可以讨论的，但自有其实践基础和理论依据。就文化自信范式的实践基础而言，它主要在于，相比于政治和经济改革开放的历史性进步和广泛的社会效应，当前文化建设的重要性和紧迫性日益突出，成为事关全面建成小康社会，进而实现中华民族伟大复兴的一个关键问题。至于从理论依据上讲，这主要是由文化在整个社会生活中的极端重要性决定的。现在，文化是一个国家、一个民族的血脉和灵魂，文化是民族生存和发展的重要力量等理念成为中国学术界和广大公民的广泛共识。文化自信作为一个民族、一个国家对自己根基和灵魂的文化之生命力和创造力的信心、信念和信仰，是一个有着"周虽旧邦，其命维新"传统的民族和国家实现复兴的重要基础和标志，其关键在于强调，如果脱离了中华文明的根柢，脱离了中国历史和文化的前提，脱离了马克思主义与中华优秀传统文化相结合这个灵魂，那么就很难坚持中国特色社会主义道路、理论、制度的客观必然、重大贡献和独特优势。"正是在这个意义上说，文化自信是更基础更广泛更深厚的自信，坚定文化自信的实质就是坚定对中国特色社会主义的自信。"[16]当然，为深入理解这一实质，我们还需要从学理上作进一步的论证。

关于"文化自信"、特别是关于"文化自信与道路自信、理论自信、制度自信之间关系"的学理论证，不少学者均发表了有益的意见，深化了相关的认识。例如，曾峻认为："回答文化自信与道路自信、理论自信、制度自信的关系，需要先澄清……文化自信中的'文化'指的是什么。文化有广义、狭义之分。……从社会整体方面来探讨文化与道路、理论与制度的关系，则需立足广义文化而非狭义文化。"[17]与此不同，也有一些学者坚持狭义文化观："从广义上来看，文化是指人类在社会实践中所形成的物质生产和精神生产成果的综合，包括物质、制度、行为和精神等各个方面。……从狭义上来看，文化是指精神生产行为和精神现象，比如语言、文学、艺术以及一切意识形态等精神现象。……我们更倾向于狭义方面的文化。"[18]从以上引证的情况来看,学术界一般都认可文化可以区分为包括物质、制度和精神的广义文化即"大文化"与作为经济、政治反映的"精神"之狭义文化即"小文化";但是,对于"文化自信"中的文化则有不同的理解,有的主张广义文化,有的主张狭义文化。

在当前关于文化自信的学理论证问题上,出现这种不同的意见以及相应的探索与争鸣,正是思想理论学术界解放和进步的体现,各方参与者应该珍视和促进这一局面,在学术界的切磋琢磨中求得认识的深化和学科的发展。据此,笔者承认,即使单独以广义文化或者狭义文化来论证文化自信,在学理上都还是有一定合理性的;但是如果一定要坚持只能在广义文化或者狭义文化之中二者选一,那么就会陷入片面性,出现学理上的缺弱或偏执。因此,笔者主张在理解"文化自信",特别是关于"文化自信与道路自信、理论自信、制度自信之间关系"时,应该以广义文化为重点,尽可能地把广义文化与狭义文化、即大文化和小文化结合起来,综合成为一种更丰富、更全面、更合理的文化观。因为,关于文化自信命题中的文化概念,从近年来出版的论著来看,实际上大部分采取了广义文化即大文化观,把文化理解为包括三个层面——物质文化、制度文化和精神文化的整体性文化(有的还单独列出了行为文化,但本人认为这一般也属于精神文化范围),类似"文明"的概念。作为一种新的思想理论学理活动,这一现象应该引起我们的高度重视。

这么说的根据在于,改革开放以来,特别是在当前,思想理论学术界在讨论文化和文化自信问题时,经常引用现代德国哲学家雅斯贝斯《历史的起源与目标》一书提出的观点,在公元前800年之后600余年的"轴心时代"中,人类文明实现了重大突破,古希腊、古中国、古印度等都产生了伟大的思想家,他们提出的思想原则不仅塑造了不同的文化传统,而且一直影响着人类生活。特别是古老的民族和国家,在遭受了近现代进程中的苦难之后,如果要实现复兴的梦想,就不仅应该努力吸取首先出自西方的现代性之积极成果,而且更必须在本民族于"轴心时代"形成的传统中立定根基和寻找智慧。从文化观的角度来看,这里对

"文化传统"的理解,采用的实际上是一种广义文化即大文化观,它是一种主要主张文化或文明有着不同之民族和国家类型的文化观,强调精神文化,特别是其中的核心——价值观和道德观——是区分各种文化或文明类型的基本标志。在对文化的社会属性之理解上,相比作为文化或文明本质属性之一的时代性,它更注重突出同样作为文化或文明本质属性之一的民族性。

与此不同,在文化问题上,近百年来,我国思想理论学术界实际上更多强调的是文化的时代性,而非文化的民族性。这种状况的出现,除了深刻的实践需要之外,还与占主导地位的社会思潮影响相关,其学理逻辑则为:文化是人类的精神活动及其产品,是经济和政治的反映,归根到底是人类物质活动的反映。因此,"对文化作狭义的理解是具有更广泛性的趋势,而且从文化理论和文化建设来讲,应该使用狭义的理解"[19]。应该承认,这种认为文化受经济和政治的制约又反作用于经济和政治的狭义文化即小文化观,强调文化的时代性维度,不仅为"五四运动"及其之后的"文化革命"提供了思想和理论武器,而且在加强中国特色社会主义文化建设的过程中,也是一个不可放弃的基本理论维度。但是,由于这种狭义文化即小文化观内在地蕴含着的文化线性进化观念,在理解和坚持文化的民族性方面有所缺弱,难以对文化自信是更基础、更广泛、更深厚的自信等论断作出充分的学理论证。这就提出了把广义文化与狭义文化、即大文化和小文化结合起来的要求。

三、当代伦理学的德性伦理类型

进一步说,从学理上论证当代伦理学发展应该采取文化自信的新范式,主张以广义文化为重点,把广义文化与狭义文化、即大文化和小文化结合起来,其实质就是主张有重点地把文化的民族性和时代性这两种文化的最重要、最本质属性结合起来。由于文化存在于空间和时间之中,因此民族性与时代性是文化的根本属性。如果说,在实现社会制度变革(救亡图存)的革命时期,人们必然更注重文化的时代性;那么,在实现社会主义现代化(民族复兴)的建设时期,人们则应该更自觉地立足文化的民族性。从现代文化学的视角来看,文化一元说和阶段论主张从人们一般的技术能力,特别是基于其生产方式和制度建构方面定义文化,从而注重文化的时代性;文化多元说和模式论主张从人们不同的生活方式,特别是基于其价值观念和民族精神方面定义文化,注重文化的民族性。在20世纪第二次世界大战之前,西方中心论的文化一元说占据主导地位;之后,文化多元说日益被世界范围内的多数人所接受。鉴于近代以来中西文化之争的历史进程,为发展当代中国伦理学,伦理学人应该把文化一元说、阶段论和多元说、模式论统一起来,在坚持文化时代性的基础上,更重视文化的民族性,更有意识和更积极地保存、发扬、更新和创造本民族的传统。伦理学发展之文化自信新范式的提出和确立,就是对当代中国文化繁荣和道德提升的这种必然趋势和明确要求之自觉回应。

9

　　而从严格的伦理学科意义上看,采取文化自信的新范式以发展当代伦理学,这样做的必要性与合理性基于先前我国伦理学的学科、学术和话语体系的建构,即原先占主导地位的《伦理学》教科书及相关论著都主要建立在狭义文化观和时代道德观即小文化观和小伦理观的哲学基础之上。这里所谓的时代道德观和小伦理观,就是把道德理解为一种相对于"物质的社会关系"的"思想社会关系",根据社会(经济)形态的时代性演变来确定道德和伦理学的发展阶段,认为在社会结构中道德是一种相对于经济基础的上层建筑和意识形态,既强调经济关系对道德的决定作用,又肯定道德的相对独立性及其对社会生活的能动作用。必须承认,这种时代道德观和小伦理观对于坚持我国道德生活和伦理学的社会主义性质,具有强大的意识形态和学术论证功能,我们现在仍然应该坚持,绝不能放弃。但是,人们也应该看到,时代道德观和小伦理观毕竟强于论证道德和伦理学的时代性、阶级性和阶段性,而弱于论证道德和伦理学的民族性、国民性和连续性。在救亡图存和翻身解放的理想已经实现,民族复兴成为全体人民直接奋斗目标的历史条件下,对于这种时代道德观和小伦理观及以其为理论前提的伦理学,就有必要在坚持其意识形态和学术特质的基础上加以丰富和发展,即在学科、学术、话语体系的学理论证方面加以丰富和发展。

就发挥社会功能而言,这种以文化自信为基本范式,以广义文化为重点,综合广义文化和狭义文化、民族道德和时代道德即大文化观和小文化观、大伦理观和小伦理观为目标的伦理学发展构想,与当前其他各种伦理学构想相比,由于比较合理地理解和处理了文化和道德的民族性与时代性的关系,因此就可能不仅比较适应其为实现中华民族伟大复兴构建伦理秩序的实践需要,发挥凝聚人心、协调关系和拓展胸怀的积极作用;而且在发展当代中国伦理学的过程中,也有相对的学科、学术和话语优势。这种优势在于,它给出了一个构建当代中国伦理学的基本框架:坚持以马克思主义为指导,坚守中华文化立场,融通马克思主义伦理学、中华优秀传统伦理学和国外伦理学积极成果三种资源,实现意识形态与学科逻辑的对立统一,使伦理学在指导思想、文化立场、学科体系、学术体系、话语体系等方面进一步体现中国特色、风格和气派。此外,这一框架还不仅保障了当代伦理学发展的正确思想和道德导向,而且也奠定了其系统性和专业性,使其能够选择最合适的道德生活和伦理学类型来履行为实现中华民族伟大复兴构建伦理秩序的使命和责任。

所谓道德生活和伦理学类型,是一个借鉴了西方道德生活和伦理学理论而形成的概念。随着西方道德生活从古代和中世纪的伦理"共同体"转变为近代以来的"契约社会",西方伦理学的主导类型也发生了从德性论向规范论的转变,强调伦理学的主要任务是规定制度和行为的道德规则,而不是塑造个人的整个人格和德性,因为在它看来,这属于个人自由选择的范围。从总体上看,这一转变在西方道德生活和伦理学发展的历史进程中利弊兼有。对于这一转变,当代中国的道德生活固然已深受其影响,但中国伦理学不可简单照搬,而是应该自觉地吸取其合理因素以丰富发展中国悠久的德性道德生活传统。同样,伦理学作为一门最具哲学气质的人文学科,当然要关注人与自然、人与人、人与自身关系的一切问题,追求这些关系的和谐。但是,也要看到,在当今复杂社会系统和庞大学科体系的条件下,越来越多的问题已经由各种专门机构和专门学科来处理,留给伦理学的,或者说最适合伦理学的,也许就是对人的德性之培育。因此,德性伦理学不仅立足于深远的、特别是中国的道德生活和伦理思想史传统,而且符合在现代复杂性社会系统中,在日益庞大的现代学科体系中发挥伦理学特殊作用的功能要求,应该说是当代伦理学发展新的主导性类型。

确认德性伦理学为当代伦理学发展新的主导性类型,就突出了伦理学塑造年轻一代美好德性,使他们成为能够担当民族复兴大任的接班人之必要性和重要性。国家和社会当然要为青少年的自由和全面发展创造客观条件,但同时更承担着引导他们传承发展中华民族以天下国家为己任之优秀传统道德的重任。特别是在当代媒体日益发达、无所不在的条件下,如何把"正能量"赋予处于成长期中的青少年,使他们不仅成为努力遵守行为规则的公民,而且致力形成美好德性、德智体美劳全面发展的时代新人,将变得日益复杂、日益困难、日益重要。因此,为了完成这一在文化和道德上义不容辞的任务,伦理学界必须为发展当代中国德性伦理学而努力。而为了实现这一目标,当代伦理学人就要坚定文化自信,坚持中华优秀传统文化和道德、革命文化和道德、社会主义先进文化和道德之间的辩证统一,在礼敬近现代革命时期为了民族复兴而牺牲的英雄烈士、礼敬为社会主义现代化建设作出杰出贡献的先锋模范的同时,更自觉地礼敬5 000多年来为中华民族的生存发展作出不朽贡献的民族英雄,更自觉地礼敬从老子、孔子经康有为、梁启超到孙中山、鲁迅等中华民族的思想大家,更自觉地礼敬孔子这位历久弥新的"中华民族的精神导师"[20]。

至于中国人"以天下国家为己任"的传统美德,通常认为主要是"五常"和"八德":仁义礼智信,孝悌忠信礼义廉耻——朱贻庭把它归结为"敬天""贵和""重义"[21]。罗国杰主编的《中国传统道德》从道德规范的角度列举了21个条目:"公忠、正义、仁爱、中和、孝慈、诚信、宽恕、谦敬、礼让、自强、持节、知耻、明智、勇毅、节制、廉洁、勤俭、爱物、敬业、友谊和礼仪"[22],其中大部分也可以理解为美德。梁启超曾经认为,中

11

国传统道德主要是私德,而非现代条件下能够"利群"、使国家得以"安富尊荣"的公德,因此在其《新民说》前期大力倡导国家、权利、自由、自尊、生利、自治、合群、尚武、进步、进取、冒险、毅力等公德,但《新民说》的后期论文《论私德》已经认识到私德仍然是公德的基础,更为重要。同样,罗国杰也认为中国传统美德应该发展为中国革命道德,但又承认中国革命道德是中国传统美德的延续。由此可见,前人已经认识到,德性培育,特别是对年轻一代的德性培育,既要立足悠久的优秀民族传统,又要对其实现创造性转化和创新性发展;对于当代伦理学人来说,在民族复兴的梦想已经成为直接奋斗目标的当代,更是如此。从而,如何传承发展中华民族的优秀传统美德,使其既成为实现民族复兴的外在伦理秩序,又成为最广大中国公民,特别是年轻一代内在的心灵秩序,是当代中国德性伦理学必须深入探讨的核心问题。

综上所述,正如现代著名哲学家冯友兰所指出的那样,20世纪50年代之后,人们通常认为中国是一穷二白,家底子薄,这种情况虽然从物质文明方面说是有的,但是从精神文明方面说却不尽然。中国有几千年的精神文明,家底子不是薄,而是很厚。为了合理对待这个很厚的家底子,"就需要对于旧文化作仔细的研究,有分析,有取舍,取其有用者,舍其无用者。或取、或舍,或有用、或无用,必须有一个标准,现在什么是那个标准呢? 我们现在正在振兴中华,建设有中国特色的社会主义的现代化国家,这是我们的总方针,总目标,这就是标准。所谓有用或无用,都是就这个标准说的"[23]。这样就把传承和发展中华优秀传统文化和实现中华民族的伟大复兴紧密地结合了起来。前辈哲学家在1986年就有如此卓越的见识和高度的责任感,生活在新时代的我们只能表示敬佩,并必须继续先贤的事业。进一步说,这一事业实际上就是冯友兰所说的"阐旧邦以辅新命","所谓'旧邦'就是祖国,就是中华民族。所谓'新命',就是建设社会主义。现在我们常说的社会主义祖国,就是'旧邦新命'的意义"[24]。"我常以身为中国人而自豪,因为中国人既有辉煌的过去,又有伟大的将来,我们现在的工作,有'承先启后,继往开来'的意义。"[25]对于当代伦理学工作者来说,就要自觉地把伦理学的教学与研究的专业工作与为实现中华民族伟大复兴构建伦理秩序的努力紧密地结合起来。

《前言》以《文化传统与伦理学——基于文化自信学理论证的阐发》（《上海师范大学学报》2020 年第 2 期）为基础修改写成。

注释：

［1］梁启超：《梁启超全集》，中国人民大学出版社 2018 年版，第十集第 71 页。

［2］王小锡等：《中国伦理学 60 年》，上海人民出版社 2009 年版。

［3］王小锡等：《中国伦理学 70 年》，江苏人民出版社 2020 年版。

［4］江畅、陶涛：《中国当代伦理学检视》，《湖北大学学报（哲学社会科学版）》，2019 年第 1 期。

［5］李建华、姚文雄：《改革开放 40 年中国伦理学的回顾与前瞻》，《湖北大学学报（哲学社会科学版）》，2019 年第 1 期。

［6］樊浩：《中国伦理学研究如何迈入"不惑"之境》，《东南大学学报》2019 年第 1 期。

［7］孙春晨：《新中国 70 年中国伦理思想史研究》，《中州学刊》2019 年第 7 期；《新中国 70 年马克思主义伦理思想研究》，《道德与文明》2019 年第 4 期。

［8］王小锡：《新中国伦理学 70 年发展述要》，《伦理学研究》2019 年第 4 期。

［9］王泽应：《历史性的发展成就与创新发展的新呼唤——新中国伦理学 70 年的总结与思考》，《道德与文明》2019 年第 3 期。

［10］冯书生：《我国伦理学的研究传统及未来面向》，《华中科技大学学报（社会科学版）》，2019 年第 1 期。

［11］罗国杰：《罗国杰生平自述》，中国人民大学出版社 2016 年版。陈泽环：《中国特色伦理学的开拓——罗国杰教授的贡献和启示》，《中州学刊》2018 年第 12 期。

［12］参阅王小锡等：《中国伦理学 60 年》，上海人民出版社 2009 年版，第 1 页。

［13］马克思、恩格斯：《共产党宣言》，人民出版社 2018 年版，第 51 页。

［14］梁启超：《梁启超全集》，中国人民大学出版社 2018 年版，第十一集第 600—601 页。

［15］陈泽环:《民族复兴与中国特色伦理学的新范式》,《东南大学学报》2017 年第 2 期。

［16］《求是》编辑部:《文化自信是更基本更深沉更持久的力量》,《求是》2019 年第 12 期,第 17 页。

［17］上海市中国特色社会主义理论体系研究中心编:《文化自信 创造引领潮流的时代精神》,上海人民出版社 2018 年版,第 89—90 页。

［18］朱宗友:《中国文化自信解读》,经济科学出版社 2018 年版,第 1—2 页。

［19］同上书,第 2 页。

［20］牟钟鉴:《中国文化的当下精神》,中华书局 2016 年版,第 2 页。

［21］朱贻庭:《中国传统道德哲学 6 辨》,文汇出版社 2017 年版,《自序》第 4 页。

［22］罗国杰主编:《中国传统道德》(普及本),中国人民大学 2016 年版,第 1 页。

［23］冯友兰:《三松堂全集》,河南人民出版社 2001 年版,第十三卷第 443 页。

［24］同上书,第一卷第 305 页。

［25］同上。

14

目　　录

第一篇　哲　学　基　础　论

第二篇　体系构建论

第三篇　德性培育论

第一篇

哲 学 基 础 论

当代中国伦理学最重要的任务是为实现中华民族伟大复兴构建伦理秩序，为此必须探讨能够担当起这一使命的伦理学学科、学术和话语体系。鉴于我国伦理学的目前状况，构建这一新体系的关键是在伦理学的哲学基础理论方面实现丰富、突破和发展。作为通常伦理学之哲学基础的"小文化观"和"小伦理观"，对于坚持道德生活和伦理学的社会主义性质具有强大的意识形态和学术论证功能，但弱于论证道德生活和伦理学的中国特色即中华民族性。在救亡图存和翻身解放的理想已经实现，民族复兴成为全体人民直接奋斗目标的新时代，这种"小文化观"和"小伦理观"必须与强于论证道德生活和伦理学之中国特色即中华民族性的"大文化观"和"大伦理观"结合起来，从而使"文化自信"成为构建当代中国伦理学的新范式。

第一章 民族复兴与伦理学范式的创新

　　伦理学作为一门既具有理论性格,但更具有实践性格的人文学科,为使自己保有活力,必须自觉追踪时代精神,并努力引领时代精神。现在,中国特色社会主义已经进入了新时代。这一我国社会发展新的历史方位昭示我们:我国正处于实现中华民族伟大复兴的关键时刻,广大伦理学工作者也面对着为实现这一梦想构建伦理和道德条件即伦理秩序的严峻挑战,伦理学有着广阔的用武之地。从改革开放以来伦理学发展史的角度来看,这也意味着广泛而深刻的社会变革推动着全面而独特的理论创新,中国特色社会主义道路呼唤着新时代的中国特色伦理学。为了不辜负这个伟大的时代,伦理学界有必要合理地总结先前的成就和不足,进一步明确今后应该承担的使命,并在此基础上深入探寻履行这一使命的有效范式。

一、当代伦理学考察的新视角

　　从改革开放 40 余年的发展情况来看,可以说我国伦理学界有一个善于总结的好传统,即每到一个关键的时间点,总有一些学者出来回顾伦理学科走过的道路,通过对其成就和不足的分析,提出关于未来努力的设想,以推进当代中国伦理学事业发展。例如,我国当代著名伦理学家罗国杰教授就曾在 1985 年的《我国伦理学的现状和展望》、1990 年的《伦理学的回顾与发展》、1991 年的《十年来伦理学的回顾与展望》、

2001 年的《二十年的回顾与展望》等论著中,对新中国成立后,特别是改革开放后伦理学的发展状况、今后趋势、主要任务、核心问题、焦点重点、研究方法、重大使命、关键措施等方面,都发表了十分精辟的看法,不仅体现了一位作为"新德性论"构建者的老一辈学者之强烈使命感,而且有力地推进了当代中国伦理学的发展进程:"我国伦理学学科虽经历 60 年(其中更有改革开放后的 30 余年)的发展,但仍有很多深层次的理论问题和重大实践问题需要深入探讨。伦理学的研究既要反思现实生活,又要能指导现实生活。……只有既能反映现实生活,又能对现实生活产生重要指导作用的理论才是人民群众所需要的理论,才具有与时俱进的品格和昂扬向上的生命力。这是时代赋予我国当代伦理学研究的重大使命。"[1] 显然,罗国杰上述关于"伦理学理论要获得生命力,就必须切实地面对现实生活"的观点,对于我们合理地考察改革开放近 40 年来伦理学发展的经验教训,具有深刻的启示意义。

此外,不少学者在新中国成立 60 周年之际的 2009 年,对伦理学的发展也进行了自己的回顾和展望。例如,王小锡等著的《中国伦理学 60 年》一书,认为 60 年来新中国伦理学经历了萌芽期(1949—1965)、停滞期(1966—1976)、形成期(1977—1991)和发展期(1992—2009)。"尤其是改革开放 30 年来,理论成就与时代发展同步,实践价值在经济社会发展进程中正全方位凸显。但是学科发展中的'瓶颈'和'软肋'依然存在,需要引起学界的关注。"[2] 不仅比较系统地概括了新中国伦理学发展的历史进程,而且特别指出了伦理学学科在成为"显学"之后应该突破的"瓶颈":马克思主义伦理学有待进一步地深入实际,研究中国传统伦理必须积极发掘其当代意义,引进西方伦理学不能满足于照搬、照抄、照传,应用伦理学更要强化其"应用度",等等,都是很有价值的意见。还有王泽应的《新中国伦理学研究六十年的发展与启示》一文,在总结 60 年来伦理学发展过程和基本成就的基础上,提炼了发展新中国伦理学的历史经验和努力方向:"新中国伦理学六十年的发展启示我们,必须把坚持与发展马克思主义伦理思想有机地统一起来,正确处理伦理文化遗产批判继承和超越创新的关系、伦理学学术研究与现实政治需要的关系以及伦理学理论研究与实践研究的关系。"[3] 在指导思想、文化传承、学术与政治、理论与实践等事关伦理学发展的一些重大问题上提出了独到的见解,具有高度的理论概括性。

从认识论出发分析,以上引证的罗国杰及王小锡、王泽应等学者的考察,都是与他们对中国伦理学之对象和任务等的特殊理解密切相关的,是一种能动的主体性建构,而非机械的客体性展现。这就是说,虽然已经存在着一种当代中国伦理学发展的事实,但当它一旦成为学者的考察对象,在论著中呈现出来时,就与作者的特殊视角不可分割了。因此,在考察伦理学发展进程时,论著者能否确定合理的视角是十分重要的。关于这一点,如果比较一下其他作者,就更显而易见。例如,同样是总结中国伦理学理论最近发展的 30 年进程,高兆明则认为它是"努力确立起现代性伦理价值精神的三十年。……大致经历了反思性启蒙、世俗化、社会化三个发展阶段。……中国伦理学自身的理论范式亦经历了如下的转变:从最初政治化的革命伦理学理论范式,到为市场经济建设服务的世俗伦理学理论范式,再到探寻和谐社会建设的社会伦理学理论范式。"[4] 显然,与上述明确和主要地坚持马克思主义伦理思想中国化视角的学者相比,高兆明主要采用了现代性伦理价值精神的视角。那么,我们如何看待这两种视角之间的关系呢？由于我们要努力建成社会主义现代化强国,除了中华民族的根基性之外,本身就包含着"社会主义"和"现代化"的两个基本规定性;因此,在确定"当代伦理学考察的新视角"时,我们在坚持马克思主义伦理思想中国化视角占主导地位的同时,也可以肯定高兆明的现代性伦理价值精神视角(以及其他必要视角)的合理性存在。

进一步说,笔者上述关于在考察改革开放以来伦理学的发展进程时,马克思主义伦理思想中国化视角和现代性伦理价值精神的视角虽有差异但不对立而是互补的观点,其依据在于我国思想界、理论界和学术界关于社会主义核心价值观四个支点的主导理念与广泛共识:社会主义核心价值观既体现了社会主义本质要求,继承了中华优秀传统文化,也吸收了世界文明有益成果,体现了时代精神。在这四个支点中,

5

前三个是构成社会主义核心价值观的横向结构要素，"时代精神"则是其纵向时间要素。结构要素和时间要素同样重要；但是在结构要素明确了之后，把握"与时偕行"的时间要素就更值得我们重视。马克思主义伦理思想中国化视角主要体现了社会主义本质要求，现代性伦理价值精神视角主要吸收了世界文明有益成果，同立足中国优秀传统文化视角一样，其服务于中华民族和中国人民整体利益的当下努力和融通，作为时代精神的体现，相辅相成地构成了考察当代中国伦理学的完整视角。这就是说，如果我们要合理地确定考察当代中国伦理学的新视角，就要在先前许多学者回顾与展望的基础上，与时俱进，更前进一步，立足当代中国现实，结合当今时代条件，面向现代化、面向世界、面向未来，在横向结构上综合马克思主义伦理学中国化、立足中国优秀传统伦理学、吸取国外伦理学积极成果三个视角，以及经济、政治、社会、文化、生态五个方面，在纵向时间上要与中华民族最重要的奋斗目标结合起来，到中华人民共和国成立 100 年时建成富强民主文明和谐美丽的社会主义现代化强国。

二、当代伦理学发展的新基点

在以上对考察当代伦理学之新视角问题的初步阐发中，笔者实际上已经表明了对当代伦理学应该承担的使命，即当代伦理学发展新基点的理解：尽管面对着当代社会日新月异、层出不穷的复杂挑战，尽管面对着从宏观人与自然经中观人与社会到微观人与自身的多层次多方面的问题，但由于国家和民族在当今世界人类生存和发展中的主体地位，决定了当代中国伦理学的最重要使命是构建有利于实现中华民族伟大复兴的伦理秩序。实现中华民族伟大复兴，就是实现国家富强、民族振兴、人民幸福。这是近代以来中国人民最伟大的梦想，是当代全体中华儿女的最大共识，也是当代中国伦理学必须追求的最重要目标。在整个世界历史中，中华文明是唯一绵延 5 000 年而未曾中断的原生性文明，近 3 000 年来中国始终是一个泱泱大国，中华民族的文化创造长期居于人类各民族的前列。只是自近代以来,由于文明内在局限性的制约,在应对现代工业文明的挑战与东西方帝国主义的侵略时,中国衰落了,处于被动挨打的悲惨境地。但是,"野火烧不尽,春风吹又生",经由历代志士仁人前赴后继地奋斗,终于在中国共产党的领导下,从站起来到富起来再到强起来,21世纪20年代的中国已经比历史上任何时期都更接近民族复兴目标的实现。面对这一中国人民当今最伟大的事业,面对这一中华民族当今最辉煌的前景,伦理学界怎么可以视而不见、无动于衷、置之度外呢? 令人欣慰的是这种情况并没有出现,许多伦理学工作者已经自觉地把中华民族伟大复兴作为当代伦理学发展的新基点了。

当然,为了更自觉地把构建有利于实现中华民族伟大复兴的伦理秩序作为当代伦理学的最重要使命,即把中华民族伟大复兴作为当代伦理学发展的新基点,我们还必须对"民族复兴"的文化根基有更深入的理解。这就是说,把以"国家富强、民族振兴、人民幸福"为基本内涵的民族复兴作为中华民族的伟大梦想,在客观上反映了当代中国和世界历史发展的必然趋势,在主观上则深刻地体现了中华民族追求美好社会理想的独特文化基因。一般说来,世界上任何民族都在追求美好的社会理想;但是,对美好社会理想具体内涵的理解,各民族的理念则各有不同。例如,西方民族把"自由"作为美好社会理想的核心价值:"善就是被实现了的自由,世界的绝对最终目的。"[5] 在其《历史哲学》中,黑格尔还勾勒了一幅东方世界只知道一个人自由、希腊罗马人知道少数人自由、基督教日耳曼民族知道所有人自由的世界历史图景。作为一种西方中心论的历史哲学,它显然已经过时了,但黑格尔所表达的西方民族追求美好社会理想的"自由"理念,则是典型性的。至于中华民族对美好社会理想的追求,则主要凝聚为"大同"的理念:"大道之行也,天下为公,选贤与能,讲信修睦。故人不独亲其亲,不独子其子;使老有所终,壮有所用,幼有所长,矜寡孤独废疾者皆有所养。"(《礼记·礼运》)从这一基本内涵上看,"民族复兴"不正是"大同"理想之继承和发展吗? 不正是中华民族追求"可大可久"之文化生命传统的现代版和升级版吗?

还有,从中国伦理学本身的发展历史来看,它也始终是以"国家"和"天下"为己任的。例如,先秦诸子的伦理学,都"起于救时之弊",面对春秋战国的乱世,"老子、许行等,欲径挽后世之颓波,而还诸皇古。孔子则欲先修小康之治,以期驯致于大同。如墨子者,则又殚心当务之急,欲且去目前之弊,而徐议其他。宗旨虽各不同,而于社会及政治,皆欲大加改革,则无不同也。"[6]总之,"圣哲之治,栖栖遑遑。孔席不暖,墨突不黔"(班固《答宾戏》),先秦哲人就这样奠定了中国伦理学追求天下太平、人民幸福的独特传统。而汉代董仲舒提议的"表章六经",宋明理学倡导的"理欲之辨",虽然有强化君主制的局限,但其对中华民族及"大一统"国家的确立和发展之贡献则不能一概否认,至于其"为万世开太平"的担当精神则更应该得到我们继承。到了近代,上承明末清初早期启蒙思想家的反思,积极汲取西方自由、平等、民主、人权等政治理念的积极因素,梁启超的"新民说"、陈独秀的"伦理的觉悟为吾人最后觉悟之最后觉悟"等观念,虽然不无偏颇,但其"挽浩劫而拯生灵"的使命感毕竟极大地推进了近、现代中国社会的"道德革命"。当然,真正使包括道德生活在内的整个中国社会生活实现革命性变化,使中华民族伟大复兴展现出前所未有之光明前景的,是中国特色社会主义之革命、建设、改革的道路、理论、制度和文化;就其道德维度而言,就是中国化马克思主义伦理思想的形成、发展和不断走向成熟的过程。

通过关于当代中国和世界历史发展的必然趋势、中华民族追求美好社会理想的独特文化基因和中国伦理学本身近3 000年的发展历史进程等方面的简要论证,应该说笔者已经基本说明了当代伦理学的最重要使命是构建有利于实现中华民族伟大复兴的伦理秩序,即当代伦理学发展新基点的观点。当然,学科发展的内在逻辑还需要本书从当代道德生活和伦理学发展的现实出发,对这一使命的必要性作进一步的阐发。由于实行了社会主义市场经济体制,我国当代道德生活已经不再是同质性、单一化和权威化的,而是异质性、多样化和自主化的。在社会主义基本政治制度的框架下,不同的社会阶层、不同信仰的人们、不同地区的民族成员,都有选择自己道德生活方式的权利。在这种情况下,为使道德生活既能宽容不同的生活方式和理想信仰,又能够实现个人自由和社会统一的相互协调,就需要有"民族复兴"这样一个能够为最大多数的中华民族儿女认可的"最大公约数"。此外,当代中国伦理学早已经摆脱了先前的草创和幼稚状态,发展成为一个具有十分复杂的学术和话语体系的学科。各种不同的思想流派、考察视角和研究方法既相反相异,又相济相成;人与自然、人与人、人与自身的关系等问题,既相互区别,又密不可分。在这种纷繁的伦理学研究中,虽然可以"八仙过海,各显神通";但只有围绕一个最重要的主题,伦理学才可能充分发挥其社会功能。而这个主题,显然只能是"民族复兴"。

9

三、当代伦理学构建的新范式

在结合横向结构要素和纵向时间要素确定了"当代伦理学考察的新视角",以及在从当代中国和世界历史发展的必然趋势、中华民族追求美好社会理想的独特文化基因、中国伦理学本身的发展历史、当代道德生活和伦理学科的基本特点等方面阐发了"当代伦理学发展的新基点"之后,接着就可以探讨"当代伦理学构建的新范式"问题了。在实践上,实现中华民族的伟大复兴,不仅是一个以经济建设为中心,而且是一个经济建设、政治建设、文化建设、社会建设、生态建设等全面推进的过程。因此,为这些建设创造伦理和道德上的条件,既是当代伦理学的光荣任务,同时也是其生成路径。此外,在这种"五位一体"的建设中,在经济、政治、文化、社会和生态等方面,随着时间的推移,其重点会发生一定演变和相对转移,与之相应,伦理学的关注领域、依托学科等,也应该实现特定的转变。如果这一点能够得到确认,那么,本书提出的"当代伦理学构建的新范式"概念就有了社会基础。例如,就40余年的发展而言,相应于"文革"结束至80年代的拨乱反正,伦理学主要采取了以政治为焦点的"政治反思"范式,90年代前后采取了配合"建立社会主义市场经济体制"的"经济伦理"范式,21世纪最初10年采取了构建"和谐社会"的"社会和谐"范式,而从 21 世纪 10 年代以来,则开始趋向于为实现"民族复兴"而奋斗的"文化自信"范式。

当然,本书在提出上述"当代伦理学构建的新范式"概念时,也充分地认识到这只是一种很主观的宽泛理解,其他学者完全有理由提出不同的甚至更为合理的观点和"范式"。笔者这样做的动机除了为自己的研究设定一个焦点和方向之外,更主要的目的在于激发伦理学界的相关探讨,以促进当代中国伦理学的尽快发展和成熟。不过,在理论上必须指出的是,这里的"范式",正如牟钟鉴在其"宗教文化论"中所指出的那样,首先是一个"中层"的概念:"宗教文化论所使用的'文化'概念是一个中层的概念,指向与政治、经济相并列的文化。如果我们把'经济'理解为人们的物质生产、交换活动,把'政治'理解为社会阶级、集团的利益关系的互动,那么'文化'主要指人们的精神生产及其成果。"[7]因此,作为一个中层概念的"文化伦理学"范式,它强调的是,在经济、政治、文化、社会和生态"五位一体"的建设过程中,伦理学现在应该着重从文化这个社会子系统出发研究和推进其与经济、政治、社会、生态等其他子系统之间的积极互动,特别强调文化"领域"建设在实现中华民族伟大复兴中的重要地位。例如,文化对于经济、政治、社会、生态建设具有特殊的辩护、规范和范导功能,这种广泛性、渗透性和引导性往往是其他子系统所不具备的。回顾改革开放以来经济伦理学对社会主义市场经济体制的辩护、规范和范导过程,可以说"文化"这个中层概念和社会子系统的特殊地位和功能是可以得到充分肯定的。

此外,以上基于"中层"文化的概念,也即社会系统理论的文化子系统观念的探讨,只是笔者提出的关于当代伦理学发展应该采取"文化自信"范式命题的初步论证。为了充分阐发"文化自信"范式的必要性和重要性,除了说明上述改革开放以来经济、政治、文化、社会和生态等方面建设的重点和焦点之演变和转移的实践基础,以及强调即使作为一个"中层"概念、一个特定的社会子系统,相对于经济、政治、社会、生态等领域,文化领域也有其特殊的重要性之外,更重要的还在于必须说明,"文化自信"范式的凸显主要是由 20 世纪以来包括伦理和道德在内的中国文化之发展趋势所决定的。毋庸讳言,近 100 年来,在中国出现了一个丧失民族文化主体性的过程:"在二十世纪中国文化发展的过程中,明显存在着两个不平衡。第一个不平衡是传统文化和西方文化比例的失衡,西方文化所占的比例远远高于传统文化,这体现在教育、社会文化等方面。……第二个不平衡是科技文化和人文文化的不平衡,我们注重的是科技文化,觉得科技文化才是实实在在的,而人文文化是可有可无的。"[8]远的不说,"文革"时期,在所谓"封、资、修"的帽子下,许多人类文化成果,特别中华优秀传统文化历经浩劫;改革开放初期,又出现了影响广泛的"全盘西化"思潮。这种状况的出现,虽然有其深刻的历史和现实原因;但是,我们如果长期并至今对此还不加以改变和扭转的话,那么中华民族的伟大复兴就丧失了民族文化根基,成为一句空话了。

11

　　在这个意义上倡导发展当代伦理学的"文化自信"范式,其"文化"的涵义就超越了理论社会学中的狭义文化子系统的领域功能意义,而过渡到由英国历史学家阿诺德·汤因比所确定的历史研究单位"文明"之意义了。汤因比的"文明"指包括政治、经济、文化等的"社会形态",文化在其中具有特殊功能,是区分各种不同"文明"的基本标志,至于文化的核心则是宗教;在中国人看来就是以伦理道德为主体的核心价值观。参照这样的"文明"观念,中华文明作为世界历史中的唯一自成体系、没有中断、至今仍然具有旺盛生命力的原生性文明,为跨越近代衰落而走上复兴之路,必须立足中华文明的根柢,必须复兴以伦理道德为核心的中华文化,即以天下国家为己任和自强不息、厚德载物、与时俱进的民族精神。文化是一个国家、一个民族的灵魂。坚定文化自信,是事关国运兴衰、事关文化安全、事关民族精神独立性的大问题。在当代中国和世界的复杂文化生态中,为坚持文化的民族主体性、即为坚持民族文化的独立性、自觉性和能动性,我们必须努力和自觉地坚定对文化的这样一种理解和信念。由此,确立"文化自信"范式为构建当代伦理学,在坚持马克思主义伦理思想中国化、吸收国外哲学—伦理学成果的同时,就必须不仅在社会学的"文化子系统"的意义上,而且要在文明形态学的"文明"意义上,注重传承和发扬在 5 000 多年文明发展中孕育的中华优秀传统文化,坚持和发展党和人民在伟大斗争中孕育的革命文化和社会主义先进文化,特别是其中的伦理和道德文化。如果能够做到这一点,那么"文化自信"范式就为践行当代伦理学构建有利于实现中华民族伟大复兴之伦理秩序的使命作出了应有的贡献。

本章以《民族复兴与中国特色伦理学的新范式》(《东南大学学报》2017 年第 2 期)为基础修改写成。

12

注释:

[1] 罗国杰:《马克思主义伦理学的探索》,中国人民大学出版社 2015 年版,第 473 页。

[2] 王小锡:《新中国伦理学六十年学术进路》,《道德与文明》2009 年第 6 期。

[3] 王泽应:《新中国伦理学研究六十年的发展与启示》,《河北学刊》2009 年第 3 期。

[4] 高兆明:《道德文化——从传统到现代》,人民出版社 2015 年版,第 537—539 页。

[5] 黑格尔:《法哲学原理》,商务印书馆 1979 年版,第 132 页。

[6] 吕思勉:《中国文化思想史九种》,上海古籍出版社 2010 年版,第 468 页。

[7] 牟钟鉴:《在国学的路上》,中国物资出版社 2011 年版,第 196 页。

[8] 楼宇烈:《中国文化的根本精神》,中华书局 2016 年版,第 5—6 页。

第二章　文化观与当代伦理学的建构

"中国有坚定的道路自信、理论自信、制度自信,其本质是建立在 5 000 多年文明传承基础上的文化自信。"[1]文化自信是一个国家、一个民族发展中更根本、更深沉、更持久的力量,是更基础、更广泛、更深厚的自信。坚定文化自信,是事关国运兴衰、文化安全、民族精神独立性的大问题。上述关于"文化自信"的命题和思想,已经日益成为我国广大公民的共同认识和实际行动,思想界、理论界和学术界也对此作了许多应用性的解读和阐释,极为深刻地改变着当代中国的文化生态。但是,对于文化自信的上述政治决断和价值判断,目前还少见基于"文化观"视角的系统性和专业性论证;从构建当代伦理学的要求来看,更缺乏相应的学术性发挥。因此,为深化当代文化自信的理论和实践活动,为发挥伦理学为中华民族伟大复兴构建伦理秩序的功能,为使"当代伦理学构建的新范式"即"文化自信"范式得到充分的学术论证,就有必要探讨"文化观与当代伦理学的建构"问题。

一、大文化观与小文化观

应该肯定,对于"文化观"的问题,自改革开放以来,我国学术界已经有了比较系统和深入的研究。例如,冯天瑜主编的《中华文化辞典》中的"文化"词条,就把文化作为"文化(社会)人类学、文化史、文化学或文化哲学、文化研究(狭义)等学科的首要研究对象和首要概念(即第一主题词)"[2],强调作为人与环境相互交换的产物,文化与人类一同诞生、变迁和发展,由于其复杂性,故其定义虽已超过 200 种,但迄今仍未产生一种获得公认的界说。接着,这一词条的作者范正宇用 3 000 多字的篇幅,从文化哲学的"大文化观"和"小文化观"、文化人类学的"生活方式"和"民族精神"等方面概括了关于文化定义的主要代表性观点,并认为文化具有人类性、创化性、社会性、习得性、时空性、意识形态性等基本特征或属性。这就是说,文化哲学基于人类相对于自然的主体地位,主要强调文化生成的人为性,认为文化即人类所创造的物质财富和精神财富的总和及其过程;文化人类学基于人类与生存环境的互动,主要强调文化作为人类适应、选择环境的独特生存方式或典型生活方式,认为文化的基本核心是传统,特别是与群体紧密相关的价值观念。

对于文化之本质和功能的理解,当然不能局限于对上述词条的简要概括和发挥,但作为现代文化哲学和文化人类学研究基本成果的体现,它毕竟提供了一个理解文化观的基本学科图景和学理框架,或者说大文化观和小文化观的两个基本方向,使我们可以由此出发系统和专业地探讨与此密切相关的当代文化自信问题。实际上,本书第一章《民族复兴与伦理学范式的创新》就已经提出了这一线索。那么,在当前的思想界、理论界和学术界,关于文化观之专家学者的意见和影响究竟如何呢?从当前的一般情况来看,在学术范围内,虽然可以说与文化人类学和文明形态学关系密切的大文化观的影响越来越大,但在政治和意识形态领域发挥建构功能的仍然是以哲学家陈先达为代表的小文化观。在其一系列论著中,陈先达强调不能像大文化观那样,把人类所创造的一切都纳入文化,而应该把文化限制在观念形态上。"文化是一种观念形态、一种精神世界,表达的是人的情感、理性、精神,可是为什么同样都具有理性、具有精神、具有观念的人在不同的时代会有不同的文化观念呢?这是因为文化离不开每个时代的社会关系,包括经济关系、政治关系,也就是说文化是不能用人性来解释的。每一个时代的文化只能由它赖以产生的社会关系、经济关系、政治关系来解释。"[3]

显而易见,陈先达强调"文化是一定的经济和政治在观念中的存在方式"的小文化观,坚持了人们对马克思唯物史观的一般理解,从具体社会经济形态出发考察特定时代的文化,其理论特质有利于我们突出坚定当代文化自信之中国特色社会主义的维度和本质,具有意识形态明快性的优点。此外,他的小文化观还强于文化建设的实践性,而不是使人们仅仅沉浸于关于文化的浩瀚知识之中:"要区分社会结构、社会存在、社会意识,区分经济基础、上层建筑,必须在小文化观之下。只有通过这种小文化观,我们才能知道建设社会主义先进文化要建设什么。"[4]因此,在当代坚定文化自信的过程中,我们必须坚持小文化观的论证,不能动摇,更不能放弃。但同时必须指出的是,在如何论证"文化是一个国家、一个民族的灵魂"的问题上,陈先达的小文化观还存在着一定的困难和缺弱,似乎有一定的理论盲区或盲点。因为,如果说文化只是经济和政治的观念反映,那么又如何解释它是"民族的灵魂"?如果文化只随着经济形态的变化而变化,那么又如何解释道路、理论、制度自信的本质是文化自信? 文化自信是更基础、更广泛、更深厚的自信? 我们不应回避这一问题的存在。

15

对于当代文化自信的问题,如果人们不愿意仅仅止步于政治决断和价值判断,而是要从文化观的系统学理上予以充分论证,至少需要在陈先达小文化观的基础上继续前进,以给出更广泛和更深入的学术性论证。在这方面,实际上他本人也已经意识到了这个问题:"不知道你们发现文化理论中的一个矛盾没有? 我们一方面说,作为观念形态的文化是经济和政治的反映;可又说,文化是民族的血脉,是民族之根。这两种说法不矛盾吗?"[5]为此,陈先达试图通过区分和界定文化形态和文化传统两个概念的方法来化解这个矛盾:"文化传统就是把不同文化形态中优秀的东西变成一种传统文化。这种不断积累起来的文化传统成为一个民族的血脉,成为民族的文化之根。"[6]但是,由于其"文化传统"概念蕴含着一种线性演进的文化发展理论,导致在解释"道路自信、理论自信、制度自信的本质是文化自信"命题上,陈先达小文化观论证所体现的顺畅性、清晰性、主动性和充分性十分有限。尽管他努力想对"文化是一个国家、一个民族的灵魂"命题发挥建设性的看法,但仍然无法对文化自信是更基础、更广泛、更深厚自信等思想给出强有力的学理阐释。

这样,我们就有必要探讨相对于小文化观的大文化观;而令人欣慰的是,即使在马克思主义文化哲学的范围内,我国学者也已经有了相应深入的学术性研究。例如,鉴于对文化界说问题的复杂性,衣俊卿等人主张基于文化的社会历史方位区分两种文化范畴,即"外在性的"文化范畴和"内在性的"文化范畴。所谓"外在性的"文化范畴一般指狭义的文化范畴,它主要指文学、艺术、宗教等独立的精神文化和观念文化领域,并把这一精神文化领域视作外在于政治、经济等领域,并与之交互作用的独立的存在。可以说,这就是陈先达的小文化观,即通常哲学教科书给出的文化观。此外,所谓"'内在性的'文化范畴一般指广义的文化范畴,它否认文化对于政治、经济等领域的外在独立性,强调文化的非独立性和内在性,强调文化内在于社会运动和人的活动所有领域的无所不包和无所不在的特征"[7]。这种内在性的或广义的文化范畴实际上是一种不同于陈先达小文化观的大文化观。在此,本书不可能全面地辨别上述小文化观和大文化观的是非对错,更不主张简单地给大文化观套上唯心主义和抽象人本主义的帽子,而只能从社会功能的角度探讨,哪种文化观更有利于论证当代文化自信。

大文化观把人所创造的一切非天然物都纳入文化,包括政治、经济、哲学、宗教、艺术、科学、技术、语言、习俗、价值等等,特别把它用来"指称文明成果中那些历经社会变迁和历史沉浮而难以泯灭的、稳定的、深层的、无形的东西。在最根本的意义上,文化作为人类实践活动的对象化,是人之历史地凝结成的稳定的生存方式和活动方式。这种具有内在性、精神性、机理性的文化不具有独立的外观,而是作为活动机理、价值、规范、图式、机制、内驱力的维度内化于社会的政治、经济、社会生活等一切领域之中,制约着文明的进步和人的发展"[8]。显然,与陈先达仅仅强调"文化是不同于经济、政治的观念形态"的小文化观相比,由于在文明的意义上定义文化,把文化与整个社会生活方式、文明形态的变化联系在一起,衣俊卿等人的包括物质文化、制度文化、精神文化(或观念文化)等文化基本表现形态的大文化观在文化哲学的学理上论证"文化是一个国家、一个民族的灵魂"时,就显得更为顺畅、清晰、主动和充分,从而更有利于对文化自信是更基础、更广泛、更深厚的自信等当代文化自信的核心命题作出强有力的学术论证。对于这一点,我们应该予以充分肯定。

二、意识形态与文化立场

为了在文化哲学的学理上充分论证当代文化自信,仅仅限于陈先达的小文化观是远远不够的,我们还需要各种大文化观,其中特别是衣俊卿等人所发挥的大文化观。当然,本书强调在论证"文化是一个国家、一个民族的灵魂"等命题时,衣俊卿等人的大文化观更为顺畅、清晰、主动和充分,其实质与其是说陈先达的小文化观并不重要、无足轻重、可有可无,甚至应该放弃,毋宁是说鉴于其意识形态明快性和文化建设实践性的强项和优点,仍然在当代文化自信的论证中占据着政治和意识形态建构的地位,必须予以坚持、发展和完善。因此,为充分发挥小文化观的这一建构功能,我们必须处理好小文化观和大文化观之间的对立统一关系,开放性地实现大、小文化观的互补融通,使它们水乳交融地构成一种能充分论证文化自信的新学理系统。这么说的根据首先在于,同样作为马克思主义文化理论的一种阐述,衣俊卿等人在发挥其大文化观时,并没有否定以陈先达为代表的小文化观,而是基于马克思恩格斯主要关注文化在人类社会发展中的地位和作用,而非对文化现象的专门知识性研究,仍然强调了文化与经济基础的关系构成马克思主义文化观的主要内容。

在衣俊卿等人看来,马克思恩格斯从人的实践活动把握文化的对象化本质,依据社会结构和人类历史发展理解文化的地位和作用,以人的自由和全面发展确定文化的价值追求;他们早期比较偏重强调自由自觉的理性文化精神,中期阐发关于文化在社会发展中之地位和作用的唯物史观,晚年还从文明形态演进的高度理解文化的作用,包含着极为丰富和深刻的内涵。但尽管如此,关于马克思主义文化理论之出发点、基础与核心的思想和命题仍然是:首先,在如何确定文化在社会结构中的地位和社会发展中的作用的问题上,马克思恩格斯首要地、始终如一地强调的一点是经济基础对于文化的决定和制约作用;其次,马克思恩格斯在充分肯定物质生产和经济基础对文化的决定和制约作用的同时,一直没有忽视文化的相对独立性和反作用。当然,这种反作用已经不仅仅是陈先达小文化观之文化传统的线性反作用,而是大文化观的作为文明根基和文化核心之价值观的定向和整合功能。正是基于这样的认识,衣俊卿等人的大文化观实现了对陈先达小文化观的坚持、发展和完善,使大、小文化观相反相成、相辅相成地共同构成对当代文化自信的学术论证。

这样,我们再来读衣俊卿等人关于大文化观的各种论述,就不会产生其是否陷入唯心主义和抽象人本主义的困惑;而与陈先达的小文化观相比,我们在论证当代文化自信的基本命题时,也就不仅更为顺畅、清晰、主动和充分了,而且更为系统、深刻、坚定、自觉了。我们不仅可以更广泛和更深刻地认识和理解文化的历史地位与社会功能,强调与外在的经济、政治和军事等宏观历史活动相比,社会发展和历史进步更多地表现为内在的文化精神之积累、融合、升华和进步的过程:经济问题、政治问题、技术问题、军事问题、管理问题等,在深层次上都表现为文化问题;而且可以理所当然地使"文化模式"这一现代文化人类学的核心范畴成为马克思主义文化理论的有机组成部分和重要概念:文化模式通常是指特定民族或特定时代人们普遍认同的,由内在的民族精神或时代精神、价值取向、习俗、伦理规范等构成的相对稳定的行为方式,往往以内在的、潜移默化的方式制约和规范着每一个体的行为,赋予人的行为以根据和意义,有时甚至能够跨越时代、超越政治经济体制而左右人的行为,进而在社会运行的深层次影响政治经济活动和历史进程。

当然,如果与此不同或相反,人们放弃陈先达小文化观的政治和意识形态建构地位,孤立地应用各种大文化观来论证文化自信问题,那么就有可能不仅在理论上陷入一定程度的片面性,而且在实践上也难以充分发挥其建设性作用。例如,张旅平对一个世纪以来世界范围内人文社会科学研究的意识形态(小文化观)或文化模式(大文化观)两种范式的兴衰交替过程作了回顾和总结,强调自冷战结束后,由于文化差异和"文明冲突"在当今世界的重要性较之以往更加凸显出来,相对于意识形态范式的长期主导地位,人们因此也愈来愈认识到作为大文化观的文化模式范式研究人类社会和历史问题的重要性。毫无疑问,作为一种独特的学术思想,他的相关阐述不仅对于人们理解大文化观的兴起背景及其论证功能,而且对于我们直接探讨当代文化自信问题都有启发意义。但是,由于他认为:"文化模式或者说社会学意义的文化模式的重要性,是随着以往政治意识形态的'终结'和乌托邦的'解构'而凸显出来的"[9],这就在一定程度上把对社会和历史研究的意识形态或文化模式两种范式割裂和对立了起来,似乎它们只能非此即彼,而不存在相反相成、互补融通的可能性。

19

　　上述对衣俊卿等人文化观的阐发实际上已经表明,在从学术上论证当代文化自信的过程中,小文化观和大文化观的结合不仅是非常必要的,而且是充分可能的;因此,我们也完全可以参照时代条件的变化和社会思潮的演变,发挥出更全面的文化观,自觉地把意识形态(小文化观)或文化模式(大文化观)这两种范式有机地结合起来。既克服在"文革"时期,人们纯粹用意识形态范式,并把它极端化来对待社会、历史和文化问题的错误;也避免在民族复兴时期,一些人单纯用文化模式范式研究社会、历史和文化问题的偏向,实现小文化观和大文化观两种视角的相辅相成,即意识形态与文化模式两种范式的有机统一。而从坚定当代文化自信的实践要求来看,这种小文化观和大文化观的相辅相成、意识形态与文化模式的有机统一,其实质就是"以马克思主义为指导"和"坚守中华文化立场"的互补融通。过去,由于种种原因,一些人把意识形态和文化立场对立起来、把"以马克思主义为指导"和"坚守中华文化立场"对立起来;现在我们则应该和可以做到,以综合了小文化观和大文化观的文化哲学为理论基础,充分论证和广泛践行当代文化自信。

进一步说,对如何理解和合理处理意识形态与文化立场的关系问题,近年来我国理论界和学术界有比较多的讨论,特别是美国学者亨廷顿关于作为立国的根基,文化传统远比意识形态更为重要、更为深远的观点影响较大,也为我国一部分弘扬中华优秀传统文化的学者所乐于引证。[10]对此,如果搁置亨廷顿提出此论的现实政治动机,主要从文化学等学科的学理层面上讲,应该承认其观点有益于促使人们更深入、更全面地思考意识形态与文化立场之间的关系。一般说来,在一个国家和民族的生存和发展过程中,文化传统是文明根柢,意识形态是政治建构,两者相辅相成地构成其灵魂和骨架,缺一不可。在一百多年来为中华民族伟大复兴而奋斗的进程中,如果说在革命时期,我们必须通过先进意识形态赋予传统文化以新的活力;那么在建设时期,我们需要更充分地发挥中华优秀传统文化作为意识形态的文明根柢功能。因此,我们不可以抽象地争论文化传统与意识形态孰轻孰重,而是应该为了实现中华民族伟大复兴的目标,从实际出发,避免各种偏执,有重点地实现意识形态与文化立场的对立统一,在文化观上真正落实"以马克思主义为指导"和"坚守中华文化立场"的要求。

三、小伦理观与大伦理观

在对当代文化自信的系统性和专业性论证中,实现小文化观和大文化观的相辅相成、意识形态与文化模式的对立统一、以马克思主义为指导和坚守中华文化立场的互补融通,其实质就是坚持当代中国文化发展的辩证法,特别是其中的核心关系——文化发展的时代性和民族性对立统一的辩证法。如果说小文化观、意识形态、以马克思主义为指导方面主要体现了文化自信的时代性要求;那么,大文化观、文化模式、坚守中华文化立场方面则主要体现了文化自信的民族性要求。当然,这里的时代性,虽然不忽略一般的农业时代、工业时代和信息时代的时代划分,但主要指不同于资本主义的社会主义时代性;这里的民族性,虽然也可以泛指不同于西方文化、印度文化等其他文化类型的中华文化,但主要指作为中华民族的精神命脉和心灵家园的优秀传统文化。只有这样,我们才可能全面地、准确地确立当代文化自信,既坚定对源自于中华民族五千多年文明历史所孕育的中华优秀传统文化的自信,又坚定对熔铸于党领导人民在革命、建设、改革中创造的革命文化和社会主义先进文化的自信,而不是常常陷入哪种文化最为重要的无谓争论。

　　由于无论是在小文化观还是在大文化观中,道德和伦理学都具有极为重要的地位,被理解为文化的一个有机组成部分;因此,在基于坚定文化自信的角度初步澄清了对文化观的理解之后,本书拟针对当代伦理学体系的构建问题,作进一步的相关探讨。与文化观的问题类似,虽然当前关于道德和伦理学界定的学术性争论也不少,但占主导地位的仍然是基于小文化观的相应阐述。例如,与罗国杰等编著的《伦理学教程》(中国人民大学出版社 1986 年第 1 版)类似,《大辞海·哲学卷》这样对马克思主义伦理学定义:"以马克思主义哲学为指导,从社会经济基础出发考察社会道德现象,科学地揭示道德的起源、本质、结构、功能、作用和发展规律。"[11]显然,由于从经济基础出发考察道德的伦理观,同由经济关系来解释文化的小文化观,其理论立足点是完全一致的;因此,我们也有理由把这种道德观称之为"小伦理观"。这样,这种小伦理观在界定道德的历史类型时,就很自然地把人类社会的基本道德形态划分为原始社会道德、奴隶社会道德、封建社会道德、资本主义社会道德、社会主义道德和共产主义道德,并比较多地强调了道德的时代性、阶级性和阶段性,但较少注意道德的民族性、国民性和连续性,对于道德的结构、功能等的解释也主要限于相对于经济基础的上层建筑和意识形态的范围之内。

　　正是基于这样一个理论前提,在描述伦理学体系时,《大辞海·哲学卷》的"伦理学"部分从伦理学原理、中国伦理思想史、外国伦理思想史三方面展开,其他属于小伦理观的教科书和专门论著的阐述也类似,新近的论述主要增加了应用伦理学部分,但基本的话语体系并没有变化。那么,我们如何理解和评价这种小伦理观与当代包括道德自信在内的文化自信的关系呢?对此,可以采取上述对待陈先达小文化观的态度,在坚持其具有意识形态明快性和道德建设实践性的强项和优点的同时,努力予以发展和完善。显然,只有在小伦理观的范围内,我们才可能系统和专业地论证培育和践行社会主义核心价值观与加强思想道德建设的可能性和必要性,探讨社会主义道德规范体系的内容和功能等问题;因此,对于小伦理观在论证当代道德自信中的政治和意识形态建构的地位和功能,我们绝不能认为它是老生常谈、没有新意等等,采取忽略、轻视甚至放弃的态度。当然,正如小文化观一样,小伦理观要充分发挥论证中华优秀传统文化蕴含的哲学思想、人文精神、价值理念、道德规范等的功能,就必须拓展自己的理论视野,积极吸取"大伦理观"的有益成果,以形成更全面、更深刻的伦理学体系。

所谓大伦理观,笔者指相对于从由经济基础决定或制约的上层建筑和观念形态范围来界定道德的小伦理观,它主要是一种从人们通常说的大文化或文明的视角出发界定道德的伦理学理论。一般说来,西方现代的文化人类学和比较文明学基本上都持大伦理观,典型的如汤因比等人的伦理观,他们强调文化作为文明的灵魂,文明作为文化的外在表现,文明取决于构成其基础之宗教性质的文化观和文明观。此外,在文化哲学的范围内,20世纪也有不少西方和中国学者也发挥了这种大伦理观。例如,"敬畏生命"伦理学的创立者阿尔贝特·施韦泽就强调了"文化的伦理本质",认为"区分文化和文明的试图导致了这样的后果:除了伦理的文化概念之外,还确立了一个非伦理的文化概念"[12]。还有,国学大师钱穆认为,"若把文化比作一棵树,第一阶层的经济,第二阶层的政治和科学,譬如阳光、土壤、水分与肥料,没有这些,便不能开花结果。文学、艺术才始是人生之花果。……宗教与道德,则是那一棵树的内在生机。缺乏了这生机,尽有阳光、土壤、水分、肥料也开结不出花果来。……所以我们将特提'道德'与'宗教',作为人类文化体系中最主要的核心"[13]。

应该承认,如果单纯地就文化观和伦理观的学术论证能力而言,上述大文化观和大伦理观在阐发包括道德自信在内的文化自信是更基础、更广泛、更深厚的自信等命题时,与小文化观和小伦理观相比,显然更为顺畅、清晰、主动和充分。但是,由于先前人们往往对马克思主义文化观和伦理观的理解比较狭隘,仅仅限于小文化观和小伦理观的范畴,大文化观和大伦理观则被视为唯心主义和文化保守主义,因此难以充分吸取各种大文化观和大伦理观的积极成果,导致我们在论证道德自信问题时出现了一定程度的困难和缺弱,在理论上不够自洽。现在,我们既然不仅在理论上基本澄清了小文化观和大文化观、小伦理观和大伦理观之间的关系,而且衣俊卿等人的阐发也已经表明,在马克思主义文化理论的范围内,小文化观和大文化观是可以相反相成、相辅相成的;那么,在构建当代伦理学时,我们就必须努力避免在过去经常出现的那种小伦理观和大伦理观之间的对立或油水关系,充分地实现小伦理观和大伦理观的水乳交融和互补融通。事实上,我国一些前辈文化学者,如张岱年和庞朴等人,早就在这方面做了十分有益的探索,而近年来姜义华关于"中华文明是一个自成体系的文明"[14]的论证更是为我们提供了成功的范例。

23

如果说以上对在构建当代伦理学时必须实现小伦理观和大伦理观统一的阐发,主要是基于其形式结构关系,强调双方的缺一不可;那么,就实质价值关系而言,实现小伦理观和大伦理观的相辅相成和互补融通,就是要实现社会主义时代精神与伟大中华民族精神之水乳交融。只有社会主义才能救中国,只有坚持和发展中国特色社会主义才能实现中华民族伟大复兴。因此,小伦理观的相关学术论证仍然是当代伦理学的政治和意识形态框架,必须坚持、发展和完善。在此基础上,我们还应更重视和充分发挥大伦理观对历久弥新的伟大中华民族精神的论证功能。中国人民和中华民族作为具有伟大创造精神、伟大奋斗精神、伟大团结精神、伟大梦想精神的人民和民族,是由绵延几千年发展至今之波澜壮阔的中华民族发展史和博大精深的中华文明证明了的。几千年来,"自强不息""厚德载物""与时俱进"的民族精神伴不仅随着中华民族过去的生存和发展、欢乐和痛苦、前进与曲折、苦难与辉煌,而且将永远激励着中华民族今后努力追求可大可久的灿烂前景。当代伦理学必须对此作出相匹配的论证，否则就丧失了其作为一个学科存在的意义。

本章以《文化自信中的文化观与伦理学——三论新时代伦理学话语体系的构建》(《东南大学学报》2018 年第 4 期)为基础修改写成。

24

注释：

[1] 张岂之主编：《中华文化的底气》，中华书局 2017 年版，第 310 页。

[2] 冯天瑜主编：《中华文化辞典》(第二版)，武汉大学出版社 2010 年版，第 1 页。

[3] 陈先达：《文化自信中的传统与当代》，北京师范大学出版社 2017 年版，第 37—38 页。

[4] 同上书，第 35 页。

[5] 陈先达：《文化自信与中华民族伟大复兴》，人民出版社 2017 年版，第 64 页。

[6] 同上书，第 65 页。

[7] 衣俊卿、胡长栓：《马克思主义文化理论研究》，北京师范大学出版社 2017 年版，第 270 页。

[8] 同上书，第 271 页。

[9] 张旅平：《多元文化模式与文化张力——西方社会的创造性源泉》，社会科学文献出版社 2014 年版，第 2—3 页。

[10] 例如，许嘉璐指出："早在 20 世纪 90 年代，费正清(亨廷顿——引者)就提出意识形态的黏合力是弱的。容我不客气地说，至今我们有的同志还没有意识到这一点，还想凭着意识形态凝聚整个中华民族。这样做有些时候是可以的，但长久了就显示出它是比较弱的。以苏联的经验看，一旦上层发生变化，加盟共和国一个个地都独立了。而民族、文化和人种的黏合力要强得多。"许嘉璐：《为了中华　为了世界——许嘉璐论文化》，中国社会科学出版社 2017 年版，第 1038 页。

[11] 夏征农、陈至立主编：《大辞海·哲学卷》，上海辞书出版社 2015 年版，第 659 页。

［12］施韦泽:《文化哲学》,上海人民出版社 2017 年版,第 63 页。

［13］钱穆:《文化学大义》,九州出版社 2011 年版,第 58—59 页。

［14］姜义华:《中华文明的根柢 民族复兴的核心价值》,上海人民出版社 2012 年版,第 6 页。

第三章 文化自信的学术论证

21 世纪以来,特别是进入 10 年代以来,我国文化生活中的一件大事就是文化自信的确立,包括对中华优秀传统文化之自信的确立。在 5 000 多年文明发展中孕育的中华优秀传统文化,作为民族的精神命脉、心灵家园和根基灵魂、基因血脉,积淀着中华民族最深沉的精神追求,代表着中华民族独特的精神标识,是中华民族生生不息、发展壮大的丰厚滋养,是中国特色社会主义植根的文化沃土。这些突出"文化民族性"的观念不仅已经成为我国人民的广泛共识,而且也要求我们在构建当代伦理学时采取文化自信的范式。如果说,本书先前关于文化观和伦理观问题的探讨,已经在文化哲学和道德哲学的基础理论方面初步论证了当代伦理学采取文化自信范式的重要性和必要性;那么,本章通过对陈先达文化观的阐述和评论,对其与张岱年文化观的简要比较,以及在此基础上的对文化结构论、文化形态论和文化类型论及其相互关系问题的研究,将从文化哲学和道德哲学的学术建构方面进一步推进上述相关内容的专业性和系统性论证。

一、文化是不同于经济、政治的观念形态

一般说来,对文化的界说,对文化本质的理解,即文化观,是文化哲学关注和研究的核心问题,也是我们为确立文化自信,特别是为确立对中华优秀传统文化之自信而必须解决的一个基础理论问题;近年来,理

论界和学术界的不少专家学者都对此做了比较深入的研究。例如,马克思主义哲学家陈先达认为,我国学术界当前非常流行的、占主导地位的是主张"文化就是人化"的"大文化观"。这种文化观认为,凡人类所创造的一切都是文化,包括三个层次:观念文化、制度文化和物质文化,而在解释这三种文化之间的关系时,则往往陷入了人与文化的循环,即人与文化心理结构循环解释的唯心主义和抽象人本主义。"文化是人创造的,而人又是文化的产物,把人与文化割裂开来,既不能正确理解文化也不能正确理解人。但是,如果我们仅仅在人与文化的两极结构中思维,脱离人与文化借以存在的社会,往往陷入自相矛盾。"[1]应该说,作为学术争鸣中的一家之言,陈先达对上述"大文化观"的批判是尖锐的,提出要注重考察文化的社会性、历史性以至阶级性等问题,也具有合理性。从当前的文化哲学文献来看,一般都把文化分成物质、制度和精神三个层次,然后集中探讨观念文化;至于对这三种文化之间的关系,则语焉不详,或主旨不清。虽然相对于过去单一的文化观,这种"大文化观"深入地开辟了人们理解文化问题的新视角,对于突出文化的民族性也极为有益,但对文化的时代性,特别是对文化的现实制约性和历史进步性的关注和研究毕竟不是其重点所在,限制了其解释功能和社会效应,确实有其理论盲点。

　　至于其本人对文化的界说,陈先达旗帜鲜明地提出了"文化是不同于经济、政治的观念形态"[2]之"小文化观"。这一"小文化观"首先强调了文明与文化之间的不同,指出文化是表示社会结构的概念,它从精神生产的角度表明社会的构成和层次;文明则表示社会形态的发展程度,包括物质、精神和制度等方面。由此,陈先达不仅把自己的"小文化观"与突出各个国家和民族之文化差异的文化人类学区别开来,而且也与汤因比等认为文化是文明的灵魂,文明是文化的外在表现,文明取决于构成其基础之宗教性质的比较文明学区别开来,说明在关于文化研究的各种对立和互补的学说中,自己的历史唯物主义文化观以关于社会形态和社会结构的理论为依据,主张从正确理解经济、政治与文化之间的关系出发理解人与文化的关系,特别是强调要从具体的社会经济

27

形态出发来考察特定时期的文化:"文化当然是人创造的,不过,它是处于一定社会形态中的人,直接或间接、自觉或自发地为适应和改造自己的生存环境(自然环境和社会环境)而进行的精神生产的产物。物质生产制约着精神生产。从事精神生产的人,生活在一定的社会形态中,他们不可能越出自己社会许可的范围创造自己的文化。尽管影响文化的因素是多样的,文化与经济的联系也由于许多中间环节而变得模糊,但物质资料生产方式在精神生产中的最终决定作用是确定无疑的。"[3]那么,在当代各种文化观和文化哲学同时并存、纷纭激荡、互补融通的形势下,我们如何评价陈先达文化哲学的这一核心观点呢?

28 　　从改革开放以来我国文化哲学的发展状况来看,学术界对文化的界说已经达到了十分细密和深入的程度,关于这方面的内容,邵汉明主编的《中国文化研究 30 年》一书有相关的系统概括和分析,新近代表性的案例则有冯天瑜的《中国文化生成史》和韩星的《中国文化通论》等。例如,在《中国文化生成史》中,冯天瑜把文化界定为"'自然的人化',是人类价值观念在实践过程中的对象化,这种实现过程包括外在的产品创制和人自身心智与德性的塑造"[4]。关于文化生成的动力,冯天瑜既反对"文化决定论",也反对庸俗的"经济决定论"和"政治决定论",主张"自然的、经济的、社会的、政治的诸生态层面主要不是各自单线影响文化生成,而是通过组成生态综合体,共同提供文化发展的基础,决定文化生成的走向"[5]。韩星也持类似观点:"文化无所不在,笼罩一切,却又不可把握,无形无色,有点类似中国传统中的'道'。"[6]他并对文化的构成与分类、一般特性、发展机制,文化与文明、经济、政治、哲学、宗教等的关系,作了深入的阐发。对比陈先达与冯天瑜、韩星的文化观,三者之间显然有相当大的差别。至于如何评价它们之间的不同,笔者主张应该从其特定社会功能的角度着手,而不是陷于争论其本身是否正确,或者哪一种是代表真理本身的文化观等。因为,在文化哲学的学术范围内,任何系统的文化理论都有一个阿基米德点,关键在于其独特视角的解释功能和社会效应,而不是说,只有一种界说是唯一的真理。当然,这样也不是说,任何文化观都是等值的。

如果我们这样确定评价陈先达与冯天瑜、韩星文化观的路径,那么可以说,作为合理的文化哲学学术理论,它们各有其独特的解释功能和社会效应。冯天瑜、韩星文化观的内涵比较丰茂,知识性较强,有利于人们在文化自信中坚持"文化的民族性";陈先达文化观的立场比较明快,实践性较强,有利于人们在文化自信中坚持"文化的时代性"。就陈先达的文化观而言,这种明快立场和实践性格首先体现在其对文化时代性的特殊强调:社会形态的演变及其区别决定了文化的时代特征。前资本主义时代文化的时代性集中地表现为各个民族文化的社会制约性和历史性。资本主义和由资本主义向社会主义过渡的时代,必然会给各民族文化的时代性打上全球化的烙印。"文化的进步性不同于文化的时代性。任何文化都属于一定的时代,这是文化的时代性,它表明的是这种文化产生的必然性和何以如此的原因。而文化的进步性表明的是这种文化站在时代的前列,代表的是社会进步潮流,符合历史发展的规律。"[7]应该说,他对文化的时代性与进步性的联系与区别之论证是合理和深刻的,有利于我们坚持文化自信的社会主义前进方向。在文化哲学的各种文献中,有用古代、近代、现代和未来表达文化的时代关系,也有以农耕文明为前现代文化,工业文明为现代文化,信息文明为后现代文化来概括人类文化的发展。与此不同,陈先达基于历史唯物主义社会形态理论界定文化的时代性和进步性,旗帜鲜明地坚持了马克思主义在文化哲学中的意识形态和学术指导地位。

此外,与上述"大文化观"相比,陈先达的"小文化观"确实具有强烈的实践品格,更有利于在我国当前的文化生活中,充分发挥合理的文化观对文化建设的定向功能。在他看来,"大文化观"和"小文化观"功能各异,前者适用于人类学和考古学的文化研究,后者则适用于哲学和社会学的文化研究。因为,只有通过区分包含社会存在和社会意识、经济基础和上层建筑之社会结构范畴的"小文化观",我们才能知道建设社会主义先进文化要建设什么。如果与此相反,"将中国特色社会主义理论、道路、制度的建设,统统归入文化建设,这不仅在理论上不可思议,在实践上也必然陷于混乱"[8]。显然,陈先达这里从有利于文化建设

29

实际功能的角度强调其文化观的合理性，有相当充分的理由。比较一下，冯天瑜关于自然的、经济的、社会的、政治的诸生态层面多方面影响文化生成的观点，包含着更丰富的知识性，甚至具有更自恰的解释力，但从社会政治文化建构的角度而言，更能够为我们提供前进方向、发展道路和有效抓手的则是陈先达的"小文化观"。因为，"小文化观"明确地告诉我们："要构建作为社会结构组成部分的社会主义先进文化，必须首先奠定社会主义经济基础和政治制度，社会主义先进文化才有建立的基础，才有立足之地。"[9] 对于这种在文化自信的问题上，陈先达自觉和明确地坚持"文化（社会主义）时代性"的努力，我们必须予以高度肯定和尊重。更何况，在坚持其文化观批判性的同时，他也能够从研究工具的角度，不否认包括"大文化观"在内的其他文化观之价值所在。

二、文化有不同民族之类型

通过以上对陈先达"小文化观"的分析，以及将其与所谓"大文化观"的比较，可以说在当代中国文化哲学的发展中，其"小文化观"的价值和强项主要在于：在文化自信的时代性问题上，它具备意识形态的明快性和文化建设的实践性。但是，从当代确立文化自信，特别是确立对中华优秀传统文化之自信的要求来看，陈先达的"小文化观"也存在着一定的缺弱：在文化哲学的学术范围内，从其论证的学理性和系统性的角度来看，它对文化民族性问题的阐释还存在一些困难。对于这个问题，其本人也意识到了。"不知道你们发现文化理论中的一个矛盾没有？我们一方面说，作为观念形态的文化是经济和政治的反映；可又说，文化是民族的血脉，是民族之根。这两种说法不矛盾吗？如果文化是经济和政治的观念反映，它就不可能是民族的血脉，因为它随着经济形态的变化而变化；如果它是民族的血脉，就应该一以贯之，是永恒的，存在于整个民族的历史之中，它就不会随着经济基础和政治制度的变化而变化。如何合理地解释这个问题，我看是考验你们的理论水平的时候了。"[10] 能够这样尖锐地提出问题，特别是针对自己的文化观所蕴含的困难犀利发问,而不是遮遮掩掩,体现了一位严肃的老哲学家的治学态度和理论勇气,值得我们晚辈同行学习。当然,"吾爱吾师,吾更爱真理",对前辈学者的尊重与其说只能对他们的理论观点亦步亦趋,"不敢越雷池一步";毋宁说应该在前人的基础上深入探讨,把发展当代中国文化哲学的事业继续推向前进。

那么,陈先达是如何解决这"一个矛盾",即文化既是经济和政治的反映,又是民族血脉和民族之根这两种界说之间的矛盾的呢? 从其解答来看,他认为解决这个矛盾的关键在于区分"文化形态"和"文化传统"。"在文化形态的变化中,一个民族的文化仍然存在继承、传承、积累关系。文化传统就是把不同文化形态中优秀的东西变成一种传统文化。这种不断积累起来的文化传统成为一个民族的血脉,成为民族的文化之根,这就是文化形态的变化并不会导致民族分裂和民族认同丧失的原因,因为传统文化以文化传统方式继续传之后世。政治形态、经济形态、文化形态这三者的关系是依存关系,前者的变化会导致后者的变化。但其中文化传统最具持久性、稳定性和继承性。"[11]就方法论而言,他对"文化形态"和"文化传统"的上述区分,指出了文化发展过程中的"常与变"的对立统一,即变中有不变,不变中有变的辩证法,强调变化的是文化形态,不变的是文化传统。对此,应该说陈先达的解答不仅使"文化传统"范畴在其以"文化形态"为主体建构的文化哲学体系中有了一席之地,而且对于人们当前应对"文化自信中的民族性"问题,也具有一定程度的启发性。但是,由于限于其"文化形态"理论的基本框架,陈先达对"文化传统"的界定蕴含着一种线性演进的文化发展观,这就限制了他在解释文化民族性问题上的顺畅性、清晰性、主动性和充分性。对于这一缺弱,甚至其本人也意识到了:"文化民族性产生的原因究竟是什么? 如何用历史唯物主义观点分析这个问题仍属难题。"[12]

当然,在其关于文化哲学的广泛论著中,尤其是在其新近发表的一些论著中,这种困难并不妨碍陈先达对"文化自信中的民族性"问题发挥许多建设性的见解。首先,他认为自古以来,民族性就是文化的基本特征,并自觉地把文化民族性和文化民族主义,特别是西方文化中心论和文化霸权主义区别开来。在此一般定义的基础上,陈先达接着指出"中华民族文化的基本精神是中华民族文化作为一个具有特色的整体结构的支柱,是中华民族文化区别于其他民族文化的根本特征"[13];并高度评价了中国传统文化的当代价值:对西方资本主义国家的文化交流作用,对儒家文化圈国家和地区的道德教化作用;在社会主义中国对加强精神文明建设的作用,包括中国传统文化有利于马克思主义的中国化,中国传统文化有利于社会主义文化建设,中国传统文化有利于社会主义道德建设等等。特别是他能够明确地论证马克思主义与中国传统文化这一当前最敏感和最尖锐的中外文化关系:马克思主义不能取代中国传统文化,中华人民共和国成立以后,"仅仅依靠马克思主义作为思想理论指导,而不充分发掘、吸取与运用中华民族丰富的文化资源来进行社会治理、人文素质的培养、道德教化,是不可能完成的。……正心诚意、修齐治平,不是中国革命胜利之路,却是取得政权后当权者的修养和为政之道"[14]。毫无疑问,这些论述充分体现了陈先达文化观的与时俱进品格。如果人们比较对照在其长期的理论生涯中,他对中国传统文化的基本评价,就可以看出这种变化是多么有意义。

既然如此,那么笔者还有什么理由说陈先达的文化哲学在"文化自信中的时代性与民族性"问题上,强于使人们在当代文化自信中坚持"文化的时代性",但弱于使人们坚持"文化的民族性"呢?当然有理由。因为,虽然他对中华优秀传统文化的政治判断和价值评价有所变化,在文化哲学的意识形态领域和实际应用层面实现了与时俱进;但是,就其对"小文化观"的理论基础,即对其文化哲学的学理性和系统性论证而言,却没有实现相应突破性的拓展和丰富,只能说是对原有理论体系做了些微调,即只能从"传统与当代"的单一线性关系,而不能从"时代性与民族性"的多元辩证关系出发论证文化的民族性在文化自信中的重要理论和实践意义。这样,陈先达虽然意识到了其"小文化观"在解释文化民族性问题上的困难,但无法真正克服这些困难,表现为他在相关论证中无法超越自己的学理系统:"传统是很重要的,没有传统就没有思想资源。……传统文化不是包袱、不是负担，而是人类文化继续发展的台阶和垫脚石。"[15]这就是说，在陈先达文化哲学的学理系统中，传统文化只是一个国家和民族生存和发展的思想资源、台阶和垫脚石，而不是其命脉、家园、根基、灵魂、基因、血脉。虽然，我们不能把这里的传统文化等同于中华优秀传统文化，也不能否认对其实现创造性转化和创新性发展的必要；但是，把传统文化的意义仅仅限制在"思想资源、台阶和垫脚石"的范围内，毕竟没有认识到"文化有不同民族之类型"这一当代文化哲学基本命题的必要性和重要性。

　　进一步说，陈先达的"小文化观"之所以在阐发文化自信的民族性问题上表现出一定的困难和缺弱，没有"文化有不同民族之类型"的命题，这是与其文化哲学的理论体系只有文化结构论和文化形态论，但缺乏文化类型论相关的。笔者这么说的依据在于著名哲学家张岱年的文化观。早在1943年发表的《文化通诠》这一重要论文中，张岱年就发挥了比较完整的文化理论："文化或文明，有广狭二义。广义之文化，指产业、经济、社会制度及学术思想一切方面。而狭义之文化，专指学术思想及教育而言。……将文化置于经济、政治之外也。……关于文化之理论，可区为三部：一、文化系统论，二、文化变迁论，三、文化类型论。……文化系统亦即文化结构。文化含有如何之要素，其要素间之关系为何如？此文化系统论之所当论也。文化常在变易之中，其变易之原动力为何？此文化变迁论之所当论也。有创造力之诸民族，各自创造其独立文化，于是文化有不同之类型。各类型之同异何如？此文化类型论之所当论也。"[16]就两人文化观的关系而言，张岱年定义的"狭义之文化"相当于陈先达的"小文化观"，前者的"文化系统论"和"文化变迁论"则相当于后者的"文化结构论"和"文化形态论"；由于两人在文化哲学的出发点上都坚持了辩证唯物论和历史唯物论的基本立场和方法，因此在上述方面，张岱年和陈先达的文化哲学并没有原则区别。如果要说有区别的话，那么就是除此之外，张岱年的文化哲学还有"文化类型论"，而陈先达的文化哲学则没有这一不可缺少的部分。

三、文化结构论、形态论和类型论的统一

正是由于这一区别,导致了张岱年和陈先达的文化哲学虽然在出发点和方法论上基本一致,但是在论证文化的民族性,特别是在论证当代文化自信中的民族性问题上,前者比后者更为顺畅、清晰、主动和充分。例如,在 20 世纪 80—90 年代的文化讨论中,在主张马克思主义与中国文化优秀传统相结合,应是中国文化发展主要方向的大前提下,张岱年多次从"文化类型论"的角度指出:"每一个在世界历史上起过重要作用的民族,都有其自己的文化传统。中国文化、西方文化、印度文化、阿拉伯文化,是世界上几个重要的文化类型,每一个文化类型各有其独特的文化传统"[17],都有其对于世界文化的独特贡献,并特别强调"文化类型"指的就是文化的民族性。从而,文化不但有时代性,也有民族性。如果文化哲学专讲中西之异,或者只说古今之殊,都是以偏概全的片面观点;关于中西文化及其比较问题,既应看到时代性的差别,也应看到民族性的殊异。至于中国文化与中华民族命运的关系,他认为:"中华民族在几千年的发展过程中,创造了丰富灿烂的中国文化。中国文化是中华民族长期延续、不断发展的精神支柱。"[18]这就是说,中国文化的优秀传统,是中华民族凝聚力的基础,是民族自尊心的依据,也是中国文化自我更新向前发展的内在契机。在努力创造社会主义新中国文化的过程中,几千年来延续发展的中国文化必将显示出新的生命力。要知道,在张岱年对中国文化的优秀传统作出如此高度评价时,正是"全盘西化"思潮在国内流行之际,由此更可见其文化哲学之学理系统的深刻和远见。

比较起来,由于缺乏"文化类型论"的观念,在论证文化民族性时,陈先达只能通过提出分清"文化形态"和"文化传统"两种范畴的办法来解决问题。但是,由于这种区分的单一线性文化演进观的背景,决定了其解答的重点只能落实在文化的时代性方面,即只从"传统和当代"的角度,而不能从"比较文化"和"比较文明"的角度来理解文化的民族性

问题,导致对于文化民族性的本质及其对于民族命运的能动性力量,无法予以充分的评价。"一个民族的文化并不是一种抽象的、超历史的存在,而是具体的、不断变化着的存在。既不能割断它由之而来的历史传统,更不能脱离它所依存的社会现实。前者我们称之为文化的继承性,后者我们称之为文化的现实制约性。现实制约性的本质是文化决定于它的社会结构。但任何文化的变迁都不是重新创造,而是改造。"[19]在此,陈先达虽然承认了文化的民族性格,也谈到了文化的继承性问题,但上升不到文化的民族类型范畴,只是在时代性框架内思考,刚谈到文化的民族性,就立即去强调文化的时代性了,并在一条直线和一个系列上考虑外国文化和中国文化的继承和转化问题:"传统文化转化为文化传统不仅有社会制度的问题,还有一个文化土壤的问题。……不与中华民族文化嫁接,外国优秀文化永远是译本。中国历史上好东西的继承,也有接受的土壤问题,这就是传统与当代的问题。"[20]提出传统文化创造性转化的社会制度和文化土壤两个现实基础问题,很好。但是,把中国传统文化和外国文化并列谈文化土壤,欠妥。中国传统文化本身就是土壤,至于外国文化则不能简单地说它也是土壤,因为它首先是在别的土壤中开出的花朵。

在分析了有无"文化类型论"导致对"文化民族性"的不同理解之后,笔者就可以探讨"文化有不同民族之类型"命题本身了。"文化类型"作为一种文化哲学术语,学术界通常把它应用于对文化作各种区分,例如精英文化和大众文化、本土文化和外来文化等等,虽有一定的解释力,但更具思想和理论意义的则是对各民族文化的区分。因为"文化有不同民族之类型"命题的提出,在西方文化哲学史上,是相对于启蒙运动以来的单线进步史观和普遍文化观而言的。在20世纪中后期的文化人类学和比较文化和文明学中,得到了比较系统的阐发,不仅反映了西方思想界对文化问题认识的深化,而且也影响了其他国家和民族对西方文化和本民族文化及其关系的理解。就我国文化哲学的发展而言,除了基于一般与个别的关系,说明虽同为封建主义和资本主义社会,但各国仍有其民族特点,因此文化是时代性和民族性的对立统一这一特点之外,更深刻的则是庞朴从历史进步性和民族生命力关系角度对文化的时代性和民族性的界定:"由时代性展现的文化内容,是变动不居的,故文化可划分为不同发展阶段;由民族性展现的文化内容,则相对稳定,使文化得以形成自己的不同性格。代表历史进步方向的那部分时代性内容形成时代精神;代表民族生命力的那部分民族性内容形成民族精神。"[21]显然,与基于文化结构论、形态论,单纯从线性演进的"传统与当代"角度探讨文化自信问题相比,结合文化结构论、形态论和类型论的探讨,才能够更顺畅、清晰、主动和充分地把握"文化自信中的民族性"问题。

36　　　　这就是说,由于文化结构论、形态论和类型论对立统一的多元视角,使我们对文化时代性和民族性的辩证法在文化自信中的意义能够有更深刻的认识。在形式结构上,由于文化的时代性和民族性直接涉及古今中外的文化关系,因此与诸如变革性与连续性、交融性与独创性、整体性与可分性、共同性与阶级性等相比,在现代中国文化发展的辩证法中处于核心地位。在实质价值上,如果用历史进步性界定文化的时代性,用民族生命力界定文化的民族性,那么我们就不应该外在地、抽象地陷于鸡生蛋还是蛋生鸡式的争论,而是必须根据国家、民族和人民生存和发展的需要,即按照天时、地利、人和的需要,有重点地落实两者的辩证关系,在革命和改革时期稍重文化的时代性,在建设和复兴时期稍重文化的民族性,并在文化哲学的学理性和系统性论证方面做出相应转变。文化的时代性和民族性相互促进,"国运兴文化兴,民族强文化强"和"文化兴国运兴,文化强民族强"相辅相成。当代文化自信,不仅是一个代表历史进步方向的文化时代性问题,而且也是一个焕发民族生命力的文化民族性问题。陈先达所指称的"大文化观"强于论证文化的民族性,而其本人的"小文化观"强于论证文化的时代性;当今文化哲学的任务就是基于为中华民族伟大复兴创造文化繁荣兴盛条件的立场,努力构建能够充分论证文化自信中的时代性和民族性对立统一的学理系统。因此,为实现当代中国的文化自信,在文化哲学的理论建构中,我们至少应该实现文化结构论、形态论和类型论的统一。

　　这种文化结构论、形态论和类型论相统一的文化哲学,在一定意义上也可以说是上述"小文化观"和"大文化观"的互补融通;其中,文化结构论和形态论相当于"小文化观",文化类型论相当于"大文化观",它们水乳交融,成为新理论体系的有机组成部分。当然,在当代中国文化哲学中,与文明背景更广泛和渊源更深远的各种"大文化观"相比,作为社会现实政治建构的基本立场和理论基础,陈先达的"小文化观"将成为其主体内容和最大增量。虽然其文化观在解释文化自信的民族性问题上存在学理性困难和缺弱,但除了可以吸取强于解释文化民族性的"大文化观"的积极成果之外,陈先达在文化自信的时代性问题上的意识形态明快性和文化建设实践性也仍然是不可取代的。而且他对文化民族性的政治判断和价值评价的最新转变,也打开了其文化哲学之学理性和系统性论证的新通道。张岱年"综合创新论"的文化哲学早就已经表明,中国学术界能够构建文化结构论、形态论和类型论相统一的文化哲学,并在对其学理性和系统性的论证中,也能够实现文化的时代性和民族性的统一,即历史进步性和民族生命力的统一,也就是"以马克思主义为指导"和"坚守中华文化立场"的统一。前辈哲学家在这方面的局限很大程度上是由客观和外在的条件决定的,而不是由于他们的主观努力不够。作为后人,我们已经有了更好的构建文化哲学的实践建设和理论创作的条件。当代中国文化哲学确实应该也能够实现文化结构论、形态论和类型论统一。由此,当代中国伦理学的文化自信范式也得到了一种文化哲学的论证。

　　本章以《时代性与民族性:文化自信的学术建构》(《深圳大学学报》2018年第4期)为基础修改写成。

注释:

　　[1] 陈先达:《文化自信中的传统与当代》,北京师范大学出版社2017年版,第4页。

［2］同上书,第 33 页。

［3］同上书,第 8 页。

［4］冯天瑜:《中国文化生成史》,武汉大学出版社 2013 年版,第 82 页。

［5］同上书,第 147 页。

［6］韩星:《中国文化通论》,北京师范大学出版社 2017 年版,第 7—8 页。

［7］陈先达:《文化自信中的传统与当代》,北京师范大学出版社 2017 年版,第 63—64 页。

［8］陈先达:《文化自信与中华民族伟大复兴》,人民出版社 2017 年版,第 29 页。

［9］同上书,第 36 页。

［10］同上书,第 64 页。

［11］同上书,第 65 页。

［12］同上书,第 143 页。

［13］陈先达:《文化自信中的传统与当代》,北京师范大学出版社 2017 年版,第 157 页。

［14］同上书,第 186—187 页。

［15］同上书,第 51 页。

［16］张岱年:《张岱年全集》,河北人民出版社 1996 年版,第 1 卷第 340—341 页。

［17］同上书,第 6 卷第 159 页。

［18］同上书,第 6 卷第 112 页。

［19］陈先达:《文化自信与中华民族伟大复兴》,人民出版社 2017 年版,第 147 页。

［20］同上书,第 60 页。

［21］邵汉明主编:《中国文化研究 30 年》,人民出版社 2009 年版,(中卷)第 22 页。

第四章　坚持民族的文化和精神独立性

　　当代伦理学为履行构建有利于实现中华民族伟大复兴之伦理秩序的使命,应该采取"文化自信"的范式。至于为什么应该以至必须采取"文化自信"范式,这是由于能否坚定文化自信,事关当代伦理学能否体现和具有民族的文化独立性和精神独立性这样一个重大问题。虽然,相比文化独立性,精神独立性有其特定的含义。这里的"精神独立性",相对于政治和制度等方面的独立性而言,可以说是通常的思想和文化独立性;相对于思想和文化的独立性而言,可以说指其核心,即核心价值,特别是道德价值的独立性。但总的说来,精神独立性的实质就是人们经常说的文化独立性。因此,本章一并处理民族的文化和精神独立性问题。关于民族的文化独立性和精神独立性,近代以来,许多思想家都曾对此发表过很有价值的意见,例如梁启超就说过:"凡一国之立于天地,必有其所以立之特质。"[1]这一"所以立之特质"就是"国性",就是民族精神,就是文化。在中华民族实现伟大复兴的关键时期,坚持民族的文化独立性和精神独立性,不仅极为重要,也日益重要。因此,在从小文化观与大文化观的学术论证、文化观中的民族性与时代性等视角对此作了基本探讨之后,本章拟基于张岱年的文化哲学继续作一阐发,并以此进一步论证"文化自信"作为当代伦理学发展范式的重要性。

一、坚持民族文化独立性的意义

20 世纪 80 年代,在参与我国学术界关于中西文化比较问题的讨论时,著名哲学家张岱年(1909—2004)曾多次对"坚持民族文化独立性"的问题发表过深入的意见,至今仍然发人深省:"每一伟大的民族都有其民族文化;每一民族文化都有其基本精神,亦可称为民族精神。这民族文化和民族精神构成一个民族的生命之一部分。如果一个民族丧失了独立的民族文化和民族精神,这个民族也将丧失其民族的独立,而沦为殖民地或半殖民地。保卫民族的独立,也必须保卫民族文化的独立。这是确定无疑的。而保卫民族文化的独立,也必须发展自己的民族文化,与时代俱进。如果顽固守旧,仅仅坚持过去的旧传统,也将为时代潮流所淘汰。"[2]例如,"自强不息"和"厚德载物"作为民族文化和民族精神的核心原则,成为中国文化数千年持续发展中顽强的精神支柱,其伟大的文化力量曾多次挽救了深陷危机之中的中国。这里,张岱年首先确定了民族文化和民族精神对于一个民族的生存与发展的极端重要性,任何伟大的民族都是由民族文化和民族精神构成其民族生命,没有民族文化和民族精神就没有民族的独立地位。因此,坚持民族文化和民族精神的独立性,也就是坚持民族的独立性。其次,他在此也简略地涉及了坚持民族文化和民族精神独立性的方法和路径:绝不能顽固守旧,故步自封,而应该开放兼和,与时俱进。这些观点,虽然在当时的思想界和学术界,由于"外来的和尚好念经"等原因,没有及时得到广泛传播,甚至有些人对此还不以为然;但经过时间的考验,现在看起来,不仅十分深刻,而且极为重要,已经并将日益得到更多人的认同。

在张岱年的晚年著述中,可以看到,其关于坚持民族文化和民族精神独立性的阐发不仅数量甚多,而且旨趣深刻。"民族独立性……中一个重要方面就表现在民族文化的独立性上。民族文化没有独立性了,民族也就没有独立性了,就要亡国亡种。"[3]"文化问题关系着民族存亡问题,岂可掉以轻心!"[4]这些论断不但旗帜鲜明,而且语重心长,把坚持民族文化和民族精神独立性事关民族生死存亡的极端重要性发挥得淋漓尽致。而在这些论述中,特别具有理论和实践意义的是其关于民族独立性与个人独立性之间辩证关系的探讨。"任何民族的文化,都在一定程度上表现其民族的主体性。文化是为民族的存在与发展服务的,文化必须具有保证民族独立、促进民族发展的积极作用。近年以来,很多论者喜谈个人的主体性。肯定个人的主体性是必要的,但是更重要的是正确理解民族的主体性。……如果一个民族丧失了独立的地位,必然要受别的民族的奴役;在受奴役的民族中,个人主体性是不可能存在的。"[5]事实确实如此。在20世纪80年代,由于对"文革"浩劫的反思,加上各种西方思潮的涌入,在本来合理的关于"主体性"问题之探讨中,逐步出现和流行着一种只注重"个人主体性",而遗忘或忽略"民族主体性"的偏颇和倾向。在当时的文化和思想气候下,张岱年能如此论证"民族主体性"与"个人主体性"之间的辩证关系,虽然理解的人不多,但确实高瞻远瞩。

41

张岱年之所以能够提出上述关于坚持民族文化和民族精神独立性的深刻命题,除了其有坚定和严肃的现实文化和政治关切之外,还因为他对世界文化史,特别是中国文化史的发展演变、重要特点和基本规律有着深入研究和全面把握的历史基础。他认为,世界各国的文化,具有共同性,也有特殊性,这种特殊性指文化的民族性。概括说来,中国文化、西方文化、印度文化、阿拉伯文化,都是自成体系和各具特色的文化类型,都有其对于世界文化的独特贡献。至于"就中国文化从古到今的发展演变的情况来看,中国的民族文化表现了三个特点:(1)创造性,(2)延续性,(3)兼容性。中国古代文化是独立发展的,表现出中华民族的创造力。中国文化从上古时代以来延续不绝,虽然经历了时盛时衰的曲折过程,但始终没有中断。中华民族能够汲取外来文化,从不拒绝外来文化,能使外来学术与固有传统融合起来"[6]。这里的创造性、延续性、兼容性三大特点,也可以说是中国文化发展基本规律的集中体现;不仅哲学思想在中国文化体系中居于主导地位,文化的发展与思想自由有着必然的联系,而且"在文化演变过程中,既须要吸收外来文化,又须要保持自己的文化独立性,这样文化才能有健康的发展。"[7]由此可知,坚持民族文化和民族精神的独立性,不仅是中国文化在其几千年发展过程中显现出来的最重要特点,甚至是中国文化能够五千余年延续发展并长期居于世界前列的最基本原因。

为深化其关于坚持民族文化和民族精神独立性的重要意义和历史基础之思想,张岱年还对"民族文化和民族精神独立性"中的"独立性"范畴的涵义作了严密界定。在他看来,"民族文化的独立性就是在形式和内容等方面都具有民族的特色"[8]。当然这只是一种比较抽象的界定。就进一步的具体界定而言,他明确指出:"一个健全的民族文化体系,必须表现民族的主体性。……如果文化不能保证民族的主体性,这种文化是毫无价值的。"[9]"何谓主体性? 主体性包含独立性、自觉性、主动性。独立性即是肯定自己的独立存在;自觉性即是具有自我意识,自己能认识自己;主动性即是具有改造环境的能动力量而不屈服于环境。一个民族,必须具有独立性、自觉性、主动性,才能立足于世界众多民族之林。一个民族,必须具有主体意识,亦即独立意识、自我意识和自觉能动性。"[10]这就是说,基于民族是人类生存发展的一个重要而基本的社会形式,张岱年在此强调,同个人作为主体、人类作为主体一样,民族也是一个主体,各民族均有其特有的主体性。各民族为坚持自己的主体性,必须具有在文化方面的独立性、自觉性、主动性意识,即我们现在通常说的文化自信、文化自觉和文化自强意识。这里,独立性即文化自信体现的是民族情感,自觉性即文化自觉体现的是民族理智,主动性即文化自强体现的是民族意志,三者相辅相成地保障着民族文化主体性以至整个民族主体性的实现。

就本章论证的要求和目的而言,重要的不是从细节上去探讨张岱年的"民族主体性"和"民族文化和民族精神的独立性"等范畴之间的含义关联,或者在作为"民族主体性"三要素的"独立性、自觉性和主动性"中间,争论哪一个最为重要。这里的关键在于,当参与 20 世纪 80 年代关于中西文化比较问题的讨论时,他为什么着重和反复地强调了坚持民族文化和民族精神的独立性问题? 笔者认为,这是与我国当时的思想和文化气候密切相关的。毋庸讳言,由于对"文革"浩劫及其留下的伤痕之反思,在中国特色社会主义理论形成的初期,中国社会也弥漫着一种"全盘西化"的思潮。对于这种思潮的危害性,许多人是缺乏认识或认识不足的,不少青年人和大学生则是跟着跑的。面对这些状况,张岱年"感到更有坚持原则的必要"[11],在这一问题上典范性地表现出了一个当代中国哲学家的睿智和勇气,坚定和明确地指出:"全盘西化论者……全面鄙弃本民族的传统,这是民族自卑的奴性思想的表现。"[12]"经过一百多年反对外来侵略的艰苦斗争,近年又有个别的人声称甘愿当殖民地的子民,这是令人惊心动魄的!"[13]此外,当时他对"全盘西化"思潮的批判不是独断和教条的,而是在坚持"民族文化和民族精神的独立性"和主动性的同时,又不忘其自觉性,主张坚持文化发展的辩证法,与时俱进,积极汲取包括近代西方文化积极因素在内的一切有益的人类文明成果。从论证文化自信的要求来看,30 余年之后的现在,虽然整个世界和我国的思想及文化气候均发生了很大变化,但种种迹象表明,其所强调的"文化问题关系着民族存亡"之观点仍然有现实意义。

43

二、弘扬民族文化独立性的方法

在初步探讨了张岱年坚持民族文化独立性之意义的思想之后,为分析其关于弘扬民族文化独立性之方法的论述,首先有必要对其理论思维的特征作一简要概括。按照其重要研究者刘鄂培的观点,张岱年的学术体系主要由三个部分组成,文化观——"文化综合创新论",哲学观——"唯物、理想、解析,综合于一",哲学的精髓——"兼和"思想:"在岱年先生的学术体系中,其文化观植根于哲学观,而'兼和'又是哲学观的精髓。"[14]所谓兼和指"最高的价值准则曰兼赅众异而得其平衡。简云兼和,古代谓之曰和,亦曰富有日新而一以贯之。……惟日新而后能经常得其平衡,惟日新而后能经常保其富有"[15]。这是一种结合了中国古代阴阳辩证法和西方近代否定性辩证法精髓的现代唯物辩证法,强调要具体分析和有重点地对待任何事物的对立、斗争与统一、和谐之间的关系,既反对片面强调斗争,也不赞同不谈斗争的和谐,以实现个人、民族和人类可大可久之螺旋形发展的最高价值目标。这一"兼和"观念正是张岱年在 20 世纪的文化论争中能够做到以下这一切的方法论基础:始终坚持自强不息和厚德载物的中华民族精神,倡导辩证法是最重要的思维方法,主张中国古典哲学富于辩证思维,不仅应该发扬光大,而且应该吸取西方近代辩证法中比较强调对立的斗争与转化的积极因素,实现分析与综合的统一,以正确认识人类文化的全部成就,努力于新的思想和文化创造。

44

张岱年关于文化发展辩证法问题的具体阐发,散见在《张岱年全集》的许多论述之中,为了便于集中说明他的观点,笔者主要依据其写于 1990 年底的《文化发展的辩证法》一文展开概括和分析。他指出,为创建社会主义的新中国文化,必须正确处理文化发展过程中的一系列相反相成、对立统一的关系,特别是文化的变革性与连续性、时代性与民族性、交融性与独创性、整体性与可分性等之间的辩证关系。就文化发展的变革性与连续性之间的关系而言,张岱年指出:"任何事物都是不断变化的,任何民族的文化都是在不断变化、不断发展之中。……但是,新旧交替之际并非完全断裂。……文化的发展应是变革性与连续性的统一。……在创建新文化的过程中,必须努力研究传统文化,正确理解传统文化,取精去粗,去伪存真。"[16] 现在,"培育和弘扬社会主义核心价值观必须立足中华优秀传统文化"已经成为思想界和学术界以及公众的广泛共识,张岱年关于创建新文化必须努力研究传统文化的命题似乎没有什么了不起了;但是,在当时从思想和理论上对各种民族虚无主义和历史虚无主义思潮的清理和澄清工作还刚刚起步的条件下,他就能够如此明确和深刻地阐明文化发展的变革性与连续性之间的辩证关系(实际上这是他的一贯思想),展现出娴熟地运用唯物辩证法分析文化问题的能力。这一命题不仅在终止各种民族虚无主义和历史虚无主义思潮的影响方面具有超前性,而且对于我们当下有效地实施中华优秀传统文化传承发展工程,避免从一个极端走向另一个极端,也有深刻的方法论指导意义。

同样适用于以上评价的,还有张岱年关于文化发展辩证法的其他方面的论述。例如:"文化有其时代性,随着生产关系的变化而变化。……用现在流行的名词来说,中国自周秦以来以至清代中期,中国的传统文化是'封建'制的文化,而近代西方的文化是资本主义文化。这是中西文化的时代性的差异。文化不但有时代性,也有民族性。……'五四'以来的文化讨论中,有人专讲中西之异,有人强调古今之殊,都是以偏概全的片面观点。关于中西文化的比较,既应看到时代性的差别,也应看到民族性的殊异。"[17]应该承认,自近代以来关于文化问题的争论中,虽然也存在着综合时代性或民族性辩证关系的努力,但不能否认,片面固执于时代性或民族性一端的论点和思潮毕竟深深地影响着很多人。从我国改革开放以来的情况来看,除了极少数只讲文化民族性以至走向极端的人之外,比较起来,片面地固执文化时代性而忽略或遗忘文化民族性思潮的影响更大。在这方面比较典型的表现是,"传统—现代"两分的文化思维模式导致了不少人全盘否定中国传统文化,而有些坚持原始社会、奴隶社会、封建社会、资本社会和社会主义社会理论框架的人,也存在着忽视这五种社会形态内在地蕴涵着的民族特色的倾向。这一经验教训必须牢记。因为,正如张岱年所指出的那样:"近代以来,同属西欧的英、法、德、意都发展了资本主义文化,但是各有特点。亚洲的古国中国和印度,都落后于西方,但彼此不同,这就是民族性的差异。"[18]

关于文化发展中的交融性与独创性之间的关系问题,张岱年基于古代佛学中国化的成就,以及鸦片战争和西学再次东渐之后,清王朝当权的守旧派盲目排外导致空前民族危机的教训,强调"从文化发展的历史来看,文化交流是必要的。文化交流有益于文化的健康发展。必须虚心吸收外来的文化的成就,藉以丰富自己。同时又应保持民族文化的独立性,藉以保持民族的主体性。一方面,文化交流是文化发展所必需,这可谓文化的交融性;另一方面,又须保持民族文化的独立性,这可以称为文化的独创性。既要重视交融性,也要发扬独创性,这也是文

45

发展的客观规律"[19]。例如,中国传统文化的主要特点有两个方面,在人与自然关系上重视人与自然的统一(天人合一),在人与人关系上重视人与人和谐(以和为贵)。这种传统的长处有助于保持生态平衡,但比较缺乏改造自然的能力;侧重于人与人的互助关系,但缺乏斗争意识。它固然有利于组织一个宏大与稳定的社会,但不利于使这个社会在人与自然、人与人、人与自身的关系上发生革命性的变化,而转进到一个更高更新的阶段。为此,中国文化有必要努力吸取西方文化中的科学和民主要素,使自身获得文明和文化的新鲜血液。但是,中国文化对异质文明和文化,特别是对西方文明和文化新鲜血液的吸取,必须立足中华文明和文化的根基,而绝不能截断民族自身的文明根基和文化血脉,否则就会丧失民族文化的独立性,以至最终丧失整个民族生存与发展的独立性。

从以上对其"文化发展的辩证法"的简略概括和分析中,可以清晰地看到张岱年研究文化问题的方法论特点和优势:"研究文化问题,应特别强调辩证法的重要。"[20]这一方法论作为当代中国学术界和思想界全面把握文化之古今中西辩证关系的典范,值得我们学习和发扬。这种以"兼和"为特征的文化辩证法,既考虑到文化发展过程中矛盾的对立和斗争双方的独立地位,又努力具体地有重点地实现其统一与和谐。例如,在传统文化势力过于强大的清末民初时期,我们有必要重点突出文化的变革性、时代性与交融性,而在传统文化被欧风美雨冲刷百年的当代社会,我们就有必要多强调一点文化的连续性、民族性与独创性,"兼赅众异而得其平衡",以奠定和充实当代中国和中国人、特别是中国青少年的文化底色和基调。当然,辩证法作为方法论,并不会自动地发挥"点石成金"的作用,要正确地发挥其把握文化发展辩证过程的功能,避免走向诡辩论的歧途,就必须以正确的世界观为依据。"方法论是以世界观作为基础的,正确的方法论是由正确的世界观决定的。我们要求按照历史上的每一哲学家思想的本来面目来分析和研究哲学思想发展的过程,就必须依据唯物主义的世界观。"[21]进一步说,能否正确地坚持新时代文化发展的辩证法,要由社会主义核心价值观决定,要由中国新时代的最重要目标(中华民族的伟大复兴)决定,要由中国共产党从革命党向执政党转变的历史性地位决定。而认识到这一点,就涉及以下要探讨的实现民族文化独立性的路径问题了。

三、实现民族文化独立性的路径

张岱年之所以能够如此深入地阐发坚持民族文化独立性的重大理论和实践意义,透彻地分析文化发展的辩证法,除了坚持辩证唯物论和历史唯物论的世界观之外,还包括其有一贯和强烈的爱国主义情感:"爱国主义的情操是任何一个民族的任何个人所必须具备的"[22],以及坚定和鲜明的社会主义之政治和文化立场:"中国文化的发展已经达到一个新时代。这个新时代的中国文化是社会主义的新文化,也可以说是民族文化的复兴。"[23]他并为此提出要综合中西文化之长而建设社会主义的新中国文化:"一个独立的民族文化,与另一不同类型的文化相遇,其前途有三种可能:一是孤芳自赏,拒绝交流,其结果是自我封闭,必将陷于衰亡。二是接受同化,放弃自己原有的,专以模仿外邦文化为事,其结果是丧失民族的独立性,将沦为强国的附庸。三是主动吸取外来文化的成果,取精用宏,使民族文化更加壮大。中国文化与近代西方文化相遇,应取第三种态度。"[24]这里,他总结20世纪20年代与80年代思想界关于中国文化的前途和中西文化比较的论争,相对于"东方文化优越论"和"全盘西化论",提出了必须在马克思主义指导之下,努力弘扬中国文化优秀传统,并吸收近现代西方文化先进成就的"综合创新论"。特别值得注意的是,与一些论者回避社会主义与马克思主义谈论综合古今中西创新文化不同,张岱年始终坚定不移和旗帜鲜明地坚持当代中国文化的社会主义性质,从而找到了在新时代实现中华民族文化独立性的真正路径。

建设社会主义的新中国文化,必须以马克思主义为指导,张岱年始终不渝地坚持这一基本立场;但与此同时,为避免把马克思主义教条化而妨碍新中国文化的发展,他又反复强调要正确地坚持和发展马克思主义。第一,"指导中国革命达到成功的是与中国革命实际相结合的马克思主义;指导中国社会主义文化发展的应是与中国优秀传统相结合的马克思主义"[25],即不是纯粹的"西学",而是中国化的马克思主义。"马克思主义与中国文化优秀传统的结合,应是中国文化发展的主要方向。"[26]第二,对于中国化马克思主义的理解,在保持政治一致的前提下,学术上应允许有不同意见的探讨。"由于任何人都有其局限性,对于文化优秀传统与唯物论的理解难免各有所偏,所以,应允许对于唯物论的不同意见的存在。在唯物论哲学内部也应求同存异。"[27]第三,"每一时代应确立一个主导思想,而同时应允许不同学派的存在。必须确定一个主导思想,藉以保证政治上的统一、社会的安定;同时允许不同学派的存在,藉得保持思想的活跃、学术的繁荣"[28]。张岱年以上对马克思主义与中国文化优秀传统相结合的强调,对唯物论内部不同见解学术争论的肯定,对政治统一与学术繁荣合理关系的期待,其语言虽然朴实,但观点十分合理;不但充分展现出其相关理论思考的深刻性和超前性,而且对于使马克思主义即辩证唯物论和历史唯物论真正成为我们在 21 世纪新时代实现中华民族文化独立性的思想武器,具有重大的理论启示意义。

如果说,坚持和发展中国化的马克思主义是实现中华民族文化独立性的指导思想路径,那么努力弘扬中华民族优秀传统文化则是其文化根基路径。张岱年认为,5 000 年的中国文化虽有盛衰变迁,但始终绵延不绝,必有其优秀传统支撑,包括天人合一、以人为本、刚健有为、以和为贵的基本精神等等。此外,近代以来中国落后了,也证明中国文化有一定缺点或者说缺陷,例如等级观念、浑沦思维、近效取向、家族本位以及其他。因此,为建设中国特色社会主义的新文化,我们就必须自觉地考察、分析、选择、继承中国固有文化的优秀传统。"社会主义新文化不是能够凭空创造的,必须在传统文化的基础上加以改造,推陈出新。"[29]"拒绝继承历史遗产是狂妄无知的表现。"[30]这就是说,在此我们首先要坚定地立足中华民族的优秀传统文化根基,避免各种民族虚无主义和历史虚无主义的沉痛教训。当然,"传统文化中积极的贡献常常是难以理解、不易掌握,而易于丧失、忘却;传统文化中消极的阻碍进步的东西却不易克服、不易摆脱"[31]。稍有不慎,就会出现沉渣泛起或全盘否定的错误。面对这种复杂的情况,我们要努力实现中国优秀传统与马克思主义的结合:"中国的文化传统也必须与马克思主义的普遍真理密切结合,才能提升到更高的水平。"[32]同时还要努力学习并赶上近代西方的科学技术和民主传统,以实现传统文化的创造性转化和创新性发展,使中华优秀传统文化真正成为实现新时代中华民族文化独立性的文化根基路径。

　　关于向西方学习,张岱年的态度也十分明确:我们是一个独立的民族,要保持民族的独立,要发展民族文化,就必须"努力学习西方先进的文化成就,争取做到与发达国家并驾齐驱"[33]。而且这种学习作为非常紧迫的任务,必须急起直追,不能有半点含糊。因为,中国传统文化的主要缺点是缺乏近代民主和近代实证科学,而这正是中国几百年来远远落后于西方的原因。直到晚年,他面对的现实还是:中国的民主和法治还不够健全,科学技术、经济管理还比较落后,因此不学习西方文化的积极因素是不行的。但是,在学习西方时,我们不仅必须立足本国文化优秀传统的坚固基础,还应发挥中华文化的合理方面对于西方文化缺陷的矫正作用。例如,"西方近代强调战胜自然,把自然看做敌对的力量,其结果出现了破坏生态平衡的偏弊。中国哲学强调天人合一,在改造自然方面效果不大,在保持生态平衡上却有重要意义"[34]。还有在人与人关系等方面,也存在着类似的可能。至于更重要的则是,在学习西方时,我们必须明确"中华民族是建设社会主义中国新文化的主体,而社会主义是中国新文化的指导原则。科学技术等等都是为这个民族主体服务的,也都是为社会主义服务的"[35]。"我们现在强调的是社会主义民主,社会主义民主比资本主义民主更进一步。"[36]这是关键的政治自觉。只有这样,我们才可能在主动吸收世界先进文化成就的同时,创造自己的社会主义新文化,而新时代实现中华民族文化独立性的汲取人类文明有益成果路径也就被开辟了出来。

　　总之,上述实现中华民族文化独立性的三条基本路径,结合起来就

49

是张岱年提出的建设中国特色社会主义新文化的"综合创新"路径,只有这一路径,才能够使我们把坚持民族文化独立性的努力落到实处,弘扬民族文化独立性的方法才会是建设性的辩证法,中华民族的文化独立性才会成为中华民族伟大复兴的有机组成部分。因此,我们要特别珍视这条在其论述中得到了典范性阐述的"综合创新"路径。当然,在坚持中华民族文化独立性的同时,我们也不能忽略文化的人类性和世界性,并且要特别尊重其他民族的文化独立性。因为,"文化的民族性的差异,只是相对的。各民族之间还有一些共同性,这表现了文化的普遍本质"[37]。"肯定主体性并不排斥客观性。……任何主体同时也一个客体。在认识主客关系的时候,必须具有客观的态度。"[38]我们坚持中华民族的文化独立性,是为了把文化自信落到实处,绝非故步自封和孤芳自赏,也不是自以为是,傲视他人,更反对文化霸权和文化冲突,而是坚持文化多彩、平等和包容的理念。在走上最符合本民族特性和当下使命的文化发展道路的同时,努力在文化上以相遇超越封闭、交流超越隔阂、互鉴超越自负、共存超越冲突。在实现民族文化复兴和整个中华民族伟大复兴的同时,努力为人类文化和整个人类的生存和发展作出应有的更大贡献。对此,如果说在 20 世纪最后 20 余年,张岱年已经作了深刻的阐发;那么在构建人类文化和命运共同体的新时代,我们就更应该这么去思考和行动了。

本章以《论中华民族的文化独立性——基于张岱年文化哲学的阐发》(《上海师范大学学报》2018 年第 1 期)为基础修改写成。

注释:

[1] 梁启超:《梁启超全集》,中国人民大学出版社 2018 年版,第三集第 17 页。

[2] 张岱年:《张岱年全集》,河北人民出版社 1996 年版,第 6 卷第 153 页。

[3] 同上书,第 6 卷第 194 页。

[4] 同上书,第 6 卷第 128 页。

[5] 同上书,第 6 卷第 260—261 页。

[6] 同上书,第 6 卷第 57 页。

[7] 同上书,第 6 卷第 142—143 页。

[8] 同上书,第 6 卷第 261 页。

[9] 同上书,第 7 卷第 65 页。

[10] 同上书,第 6 卷第 206 页。

[11] 同上书,第 7 卷第 158 页。

[12] 同上书,第 7 卷第 196 页。

[13] 同上书,第 7 卷第 64 页。

[14] 刘鄂培、杜运辉编著:《张岱年先生学谱》,昆仑出版社 2010 年版,第 43 页。

[15] 张岱年:《张岱年全集》,河北人民出版社 1996 年版,第 3 卷第 220 页。

[16] 同上书,第 7 卷第 84—85 页。

[17] 同上书,第 7 卷第 85—86 页。

[18] 同上书,第 7 卷第 86 页。

[19] 同上书,第 7 卷第 88 页。

[20] 同上书,第 6 卷第 442 页。

[21] 同上书,第 4 卷第 105—106 页。

[22] 同上书,第 8 卷第 425 页。

[23] 同上书,第 7 卷第 125 页。

[24] 同上书,第 7 卷第 63 页。

[25] 同上书,第 6 卷第 208 页。

[26] 同上书,第 7 卷第 451 页。

[27] 同上书,第 7 卷第 466 页。

[28] 同上书,第 7 卷第 75 页。

[29] 同上书,第 6 卷第 55 页。

[30] 同上书,第 6 卷第 64 页。

[31] 同上书,第 6 卷第 89 页。

[32] 同上书,第 7 卷第 159 页。

[33] 同上书,第 6 卷第 227 页。

[34] 同上书,第 6 卷第 59 页。

51

［35］同上书,第 6 卷第 129 页。

［36］同上书,第 6 卷第 139 页。

［37］同上书,第 6 卷第 48 页。

［38］同上书,第 6 卷 206 页。

第五章　文化创新与文化观

　　文化是国家和民族的灵魂。一个国家和民族要持续地实现自己的生存和发展目标,使广大公民和民族成员得以自由而全面地发展,使他们能够实现由生存经安乐到崇高的升华,就必须与时俱进,不断地实现自身文化的"吐故纳新"。文化的"吐故纳新"即文化创新需要多方面的资源和条件,但其最深层的根基则在于自身的优秀传统,特别是对于中国这样一个具有 5 000 多年文化(文明)史的国家和民族来说更是如此。近年来,作为中华民族最根本精神基因的中华优秀传统文化,日益成为当代文化创新的深厚根基和基本立场。但毋庸讳言,与已经实现自下而上与自上而下相结合的、立足中华优秀传统文化进行文化创新的广泛实践相比,我国思想界、理论界和学术界的相关思想、理论和学理论证还是滞后的,一些文化学书籍泛论文化的各种属性和特征,虽然有知识传播的价值,但毕竟少见思想、理论和学理的深度,在文化学的核心观点上融通古今中外各种思想资源更还有待时日。因此,从文化学的思想、理论和学理角度进一步论证立足中华优秀文化以实现文化创新的必要性与重要性,就成为一项亟待进行的工作。在此,笔者认为可以通过总结 20 世纪 80 年代"文化热"的理论成果,特别是基于"文化的社会属性暨本质属性"的视角发挥庞朴先生的文化哲学观念,为学术界当下的相关思考和论证提供一些有益的资源和启示。值得注意的是,由于庞朴文化观具有的独特深刻性和系统性,对其的阐发也必将有助于我们更深入地认识到构建即创新当代伦理学必须坚持"文化自信"

范式的重要性和必要性。

一、文化的民族性与时代性

庞朴(1928—2015),现代中国历史学家和哲学史家,改革开放初期复兴中华优秀传统文化的推动者之一。"20 世纪 80 年代'文化热'的出现,与庞朴对文化研究的重视和推动有莫大关系。"[1]他"率先发出'应该注意文化史研究'的呼声,数十次发表演说撰写文章,强调文化研究的重要性,从而导引了新时期学术史上引人注目的文化史研究的勃兴,流风所及,于今不辍"[2]。例如,继 1982 年于《人民日报》发表影响重大的《应该注意文化史的研究》短文之后,在 1986 年《文化的民族性与时代性》的论文中,庞朴强调指出:我们"要建设有中国特色的社会主义的现代化。这至少包含三个含义,一是社会主义,一是现代化,一是中国式的。'中国式'的就意味着建立在中国传统之上,不脱离斯土斯民。现代化就是指西方的工业化。中国式的社会主义现代化内含着三种力量的冲突、统一和和谐,从这个角度探讨中国文化可能会使我们更冷静、更客观、更现实地看待中国的现在和未来"[3]。应该承认,在当时的思想和文化氛围中,能够这样站在中国历史和社会发展的制高点,全面地探讨中国文化的现在和未来,其见解不仅在当时是深刻的,而且对于当今的我们综合各种思想资源,构建当代中国文化学,也有十分重要的启示意义。

就其促进"文化热"的动因而言,面对"文革"结束后的我国文化研究状况,庞朴首先从总结新中国文化发展的经验教训着手,认为我们曾经长期没有很好地研究文化问题,连狭义的文化都谈不全,更不用说对广义文化的把握了,导致学术界对文化学说不出什么东西,"五四"新文化运动留下的问题也没有得到相应的解决。至于为什么会出现这种状况,他认为原因主要来自"左"的思想干扰,与人们对历史观和文化观问题的狭隘理解相关。无论主观意愿如何,实际上唯物史观已经被绝对化地理解为一种经济史观或政治史观了。即人们只注重社会物质生活

54

和阶级斗争,而忽略了对文化和文化史问题的独立和全面研究。当然,相比 1949 年之前许多基于文化史观的论著,文化史研究上的寥落,正是对文化史观的一种批判,也是对唯物史观及其文化观的一种赞同;尽管这种批判和这种赞同都带着偏激情绪,但总的说来,整个史学研究还是进步了。因此,合理的做法是基于实现中华民族伟大复兴的历史进程,在坚持唯物史观(包括其文化观)的基础上,积极吸取各种文化史观的积极成果,一方面要善于总结历史经验,一方面要敢于实现理论突破,以形成更全面、更深刻、更合理的文化观和文化学的学理系统。

　　为此,庞朴提出了其文化观的基本框架:一个概念——文化是人之本质的展现与成因,两个属性——文化具有民族性与时代性,三个层面——文化包括物质层、制度层和精神(心理)层,强调"文化研究首先要明确概念,而中国近代史的文化历程,正是文化三个层面的展开过程;中国文化的出路,则在于把握文化的民族性和时代性,文化传统与传统文化的差别"[4]。笔者认为,对其文化观的基本框架有两个要点值得注意。第一,庞朴文化观是狭义的小文化观和广义的大文化观之综合,既承认主张一个社会可以划分为经济部分、政治部分和文化部分的小文化观,又强调坚持广义的文化不仅限于文、艺、教、科等具体的社会意识形式,而且包括人类从野到文、从文之较浅到文之较深的全部进化活动的大文化观。这些论述表明,在一定意义上可以说其文化观不仅已是小文化观和大文化观之综合,而且这种综合是开拓性的、充满理论自觉的。第二,由于认识到中国特色社会主义要在现代化与民族性之间找到结合点,他特别重视对文化的民族性与时代性问题的论证,不仅给出了其文化观的核心观点,而且成为其对当代文化学发展和完善的主要贡献。因此,本章基于庞朴文化观的阐发,在指出其文化观的综合性之后,主要围绕"文化观中的民族性与时代性"之命题展开。

　　自近代中西文化交流开始以来,关于中国知识分子对文化问题的认识,庞朴认为经历了一个从"将文化作为文化现象来认识"到"将文化作为社会现象来认识"的发展和深化过程,前者把文化仅仅作为包括物质、制度、精神(心理)三层结构的孤立自足之物来认识,只是弄清了文化的现象；后者则致力于把握文化的社会属性即本质属性："作为一种社会现象，文化同组成社会的人群息息相关，同人群的社会变迁步趋相续；这些正是文化用以存在的空间和时间，正如一切存在物无不存在于空间时间中一样。由文化在一定空间存在即同一定的社会人群相关的必然中，产生了文化的民族性；由文化在一定时间存在即同一定的社会变迁相关的必然性中，产生了文化的时代性。民族性和时代性，构成了文化的社会属性和本质属性。"[5]关于文化的社会属性和特征问题，国内近年来出版的各种文化学书籍都有涉及，学术界也有诸如人为性（创造性）、群体性（社会性）、普遍性与多样性、继承性（传承性）、累积性与变异性、系统性与整合性、时间性、空间性、民族性等提法；但是，由于没有紧密地联系中国近代以来古今中西文化的纷纭激荡过程，所以这些平铺直叙并不具有重大的社会史和思想史意义。

与以上这些不同，庞朴则基于近代以来中华民族救亡图存和民族复兴的两大历史性课题，紧扣建设中国特色社会主义文化的奋斗目标，搁置文化学的一般知识细节，直接抓住文化的最本质社会属性——民族性与时代性——展开深入和系统的论证。他认为，"五四"人物基于一种以社会进化论和社会发展论为基础的文化观，高扬了文化的时代性，带有强烈的变革精神，得出了彻底告别过去、再造青春中华的结论，在当时以及后来都有划时代的伟大意义。但其缺陷则在于主张时代性是文化的唯一特性，不理解文化也有民族性，认为东方文化和西洋文化之间只有时代上的差别、传统和现代不可两立和不共戴天，并对中国文化发展产生了深远影响，以至于直到现在，还有不少人经常把中国文化的民族性同封建性或封建性的中国文化相混淆。当然，庞朴倡导对于"五四"先贤要予以同情的理解，承认其观点不仅在当时有其先进地位，甚至至今仍然在一定范围内有其合理性。因为，"历史的发展只能是这样。在革命大变革时期，首先引起人们注意的，必然是文化的时代差别；只有在建设时期，才会考虑民族性问题。民族性问题不澄清，中国文化就搞不好。只有坚持有中国特色的社会主义这一观念，用时代的光芒照亮我们民族的宝藏，才能使文化建设的大道日益康庄"[6]。

　　这样,相对于文化的时代性,庞朴突出地强调了立足文化的民族性在中华民族伟大复兴过程中的极端重要性。他认为,人们容易接受文化的时代性,因为发展的事实(现代世界中的"落后挨打"作为其典型表现)是普遍存在的事实,发展有一个时间的观念,在文化上即体现为文化的时代性。但是,人们对于文化民族性的认识过程则较为曲折,因此特别有必要提出正视文化的民族性问题。文化作为民族的文化是基本的事实,不管什么文化总是一种民族文化。以农业为主的民族有一种文化,以畜牧业为主的民族有另一种文化。这就有了文化的最基本属性之一——民族性。如果说,在救亡图存的革命时期(实现社会制度的变革),人们必然更注重文化的时代性;那么,在民族复兴的建设时期(实现社会主义现代化),人们则应该更自觉地立足文化的民族性。当然,庞朴强调立足文化民族性在建设时期的重要性,并没有把文化的民族性与时代性对立起来,而是深刻地把握了其辩证关系,在突出文化民族性的同时,并不忽略文化的时代性,避免了偏执或偏至:文化的时代性与民族性二者不同,但相互依存;虽然对立,却不排斥。任何一种文化都既是民族的又是时代的,民族性与时代性都既是内容又是形式。"文化的时代性内容中,那些代表历史进步方向的内容,形成时代精神;文化的民族性内容中,那些表现民族生命力的内容,形成民族精神。"[7]合理的文化就是时代精神与民族精神的创造性综合。

　　"从文化学角度看,要建设有中国特色的社会主义,就涉及文化的民族性与时代性这样一个文化的根本属性问题。"[8]正是基于这一根本认识,庞朴总结鸦片战争、五四运动和新中国建立以来我国在文化问题上古今中西之争的经验教训,高屋建瓴地提出以"文化的民族性与时代性"的辩证关系为核心,构建新时期的文化观和文化学,并由此为建设中国特色社会主义文化作出思想界、理论界和学术界的应有贡献。必须承认,就当代学术界构建中国特色文化学的努力而言,他虽然没有写出鸿篇巨制,但在思想、理论和学理的阐发方面,也许是由于笔者的孤陋寡闻,至今尚未看到更具创新性的论著问世。当然,庞朴关于"文化的民族性与时代性"问题的论证,不会凭空发生,完全可能甚至必然

57

借鉴了国内其他学者的成果。例如,著名哲学家张岱年在"文化热"期间发表的一系列论文,特别是在 1990 年发表的《文化发展的辩证法》一文中,论证了文化发展过程中的变革性与连续性、时代性与民族性、交融性与独创性、整体性与可分性等相反相成、对立统一的关系,虽说是"略加剖析",实际上则是其长期倡导的"文化综合创新论"的方法论概述,其中关于"文化不但有时代性,也有民族性"[9]的论证,在学术界的影响重大而深远。但是,比较起来,庞朴对"文化的民族性与时代性"辩证关系的论证,似乎在张岱年探讨的基础上又进了一步:论题更集中、论战更尖锐、论证更充畅。

二、文化的一元说与多元说

这里的论证更充畅,指的是庞朴对"文化的民族性与时代性"之关系的论证,不仅一般地运用了唯物辩证法的方法论,而且广泛地采纳了近现代西方和中国文化学形成和发展的积极成果,特别是对其中的文化一元说与多元说的争论进行了深入的总结和发挥。所谓"文化的一元说与多元说",指近现代文化学对文化之发生和发展的两种基本看法,文化一元说认为人类文化的发生和发展是一元的、单一的、一源的;文化多元说则主张人类文化的发生和发展是多元的、多样的、多源的。从文化学对文化定义的视角来看,文化一元说与多元说的差别和对立主要在于:一种认为不是一切人类活动,而是人类活动中某些对整个人类精神文明有所贡献、参加到文明大道里面去的东西才可叫做文化。一种认为文化是生活和行为的方式或模式,你是用什么样的模式来生活,这一切都叫做文化。前者主要主张从人们一般的技术能力,特别是基于其生产方式和制度建构方面定义文化,趋向于文化一元说。后者主要主张从人们不同的生活方式,特别是基于其价值观念和民族精神方面定义文化,趋向于文化多元说。这种不同也导致了它们对文化时代性与民族性的理解和把握的差别,文化一元说注重文化的时代性,文化多元说注重文化的民族性。

在近现代的文化学中,特别是在近现代文化人类学的发展过程中,文化一元说与文化多元说的相对地位也发生过重大的变迁。例如,文化人类学创始人爱德华·泰勒的文化定义与 19 世纪的文化背景密切吻合,其实质和要点是唯心主义、进化论和欧洲中心主义的。泰勒认为文化进化按照一条单线向前发展,是一元的,主张全世界的人都按照一个图式,一种路线,由低向高往一个目标发展。但是,20 世纪第一次世界大战之后,特别是第二次世界大战以后,欧洲中心主义就破产了,这表现在承认文化是各个民族性格的符号化,因此文化是多元的,不是按单线向前发展,而是各自按照自己的性格向前发展。例如,本尼迪克特提出了文化类型说,主张由人的性格来解释文化和定义文化。此外,还有雅斯贝斯的轴心时代理论、斯宾格勒和汤因比的文化(文明)形态史观,等等。应该承认,庞朴从一元说与多元说的视角概括近现代以来文化学的发展变迁,并以此考察"文化的民族性与时代性"问题,是一个极具思想性的视角。是否可以这么说,18 世纪以来,特别是 19 世纪,除了德国的文明与文化之争之外,西方占主导地位的是文化一元论和欧洲中心论,其典型代表为黑格尔的世界史观和孔德的实证主义等。19世纪后期的文化人类学主要是文化一元说和欧洲中心论的。20 世纪两次世界大战之后,由于西方危机的出现等原因,文化多元说兴起,影响日益扩大,文化民族性的问题受到重视。

至于对文化一元说或文化多元说的合理和缺陷、优长和缺弱的把握,庞朴给出的基本回答是:"文化阶段说与文化模式说,文化一元论与文化多元论,是关于文化的两类最基本的理论,它们分别强调了作为社会现象的文化的两大不同基本属性——时代性与民族性,因而各自具有一定的真理性。"[10] 这么说的根据在于,西方近代的文化一元说作为一种学术思潮或者意识形态,反映了人类生产从农业经济向工业经济转变、社会制度从封建主义向资本主义转变、个人从人的依赖关系向独立性转变的时代性要求,具有历史的进步性。但是,文化一元说的自我中心主义和一元完满主义蕴含着各种文化中心主义,以自己的是非为是非,追求单纯的完满,不仅会使先发现代性国家无视人类文化的多样性,而且会使后发现代化国家丧失文化自我,从而导致种种文化灾难。正是基于这一背景,文化多元说针锋相对,认为每一文化类型都有自己独一无二的价值,不承认现代文化与古代文化有高低之分,以文化相对主义起来对抗一元说的文化绝对主义,虽有其可爱之处和自己的道理,但未免又摆向另一极端,暴露出自己的另一种偏激。因此,合理的文化学应该扬弃文化一元说(认定时代是文化的唯一指标)与文化多元说(认定类型是文化的不二参数)的各自片面真理,把文化阶段论和文化模式论结合起来,为处理好文化的时代性与民族性关系提供学理基础。

60
    在初步界定"文化的一元说与多元说",分析其相对地位的历史变迁,提出要综合其各自的片面真理,以形成合理的文化学之后,对于中国学术界具有更重要思想和理论意义的一个相关问题是:马克思的文化观是文化一元说还是文化多元说? 令人欣慰的是,庞朴在其相关探讨中也给出了富有启示性的回答。毋庸讳言,人们通常理解的历史唯物主义理论,特别是关于原始社会、奴隶社会、封建社会、资本主义社会和社会主义与共产主义社会五种社会形态的理论,包括相应的文化形态和文化阶段理论大体上是在"文化一元说"时代产生的,是一种"文化一元说"主导背景下的文化理论。但是,人们并没有理由据此说,马克思的文化观仅仅是一种文化一元说:现在发现马克思晚年的手稿,已经在思考世界资本主义时代俄国公社是否能有一个独特的道路,"这种考虑问题的方式,到现在我们可以赋予它新的内容,这个方式大概还可以考虑,就是说资本主义是否都是那样一个模式呢? 更广泛一点,现代化是否都是西方那样一个模式呢? 或者简单地说,现代化是否就等于西化呢? 或者说西方的现代化,它是一个民族性的问题呢? 或者说西方的现代化是否有它本民族的特点呢?"[11]这就是说,就马克思本人的文化观而言,虽然其背景首先是文化一元说的;但这种背景和观念不是封闭的,它也是向文化多元说开放的。

    为深化对这一问题的认识,笔者认为还可以通过概括改革开放以来我国文化理论界的一些研究成果来作些分析。例如,陈先达坚持"文化是不同于经济、政治的观念形态"[12]的小文化观,具有文化一元说的色彩,强于论证文化的时代性,即在建设中国特色社会主义文化的过程中,具备意识形态明快性和文化建设实践性的优长;但由于没能充分吸取文化多元说中的合理因素,因此其在论证文化的民族性问题时表现出一定程度的缺弱。[13]与此不同,衣俊卿等人则在马克思主义文化理论的框架内,发挥了一种综合了狭义的小文化观和广义的大文化观,在一定程度上也可以说是综合了文化的一元说和多元说合理因素的文化哲学,为学术界论证文化的民族性与时代性提供了新的视角:马克思恩格斯从两个层面对文化进行了解释。首先,从狭义的层面上而言,文化被界定为"时代精神""文明活的灵魂",它的表现形式是知识、精神生活、意识形态、文化意识、文化观等。其次,马克思恩格斯在更多的意义上是把文化的概念等同于文明。文化泛指人类文明,把文化与社会生活方式、文明形态的变化联系在一起。这就是说,狭义文化主要指建立在经济基础之上的纯粹精神意识形式,即陈先达的小文化观,有利于论证文化的时代性,特别是中国文化的社会主义时代性;而广义文化观则把文化与对人类社会发展的总体理解紧密地结合在一起,指人类生活方式和内容的统一体,为人们论证社会主义文化的中国特色即中华民族性提供了学理基础。

此外,除了上述对小文化和大文化的基本界定之外,为从作用方式上进一步阐明这两种文化的功能,衣俊卿等人还区分了"外在性的"文化和"内在性的"文化之概念。所谓外在性的文化即小文化,把文化视为外在于政治和经济等领域,并与之交互作用的独立存在;而内在性的文化即大文化强调文化内在于社会运动和人的活动所有领域之无所不包和无所不在的特征。这种对文化的界定和区分的实践意义则在于:首先,关于文化表现形态的这种划分把文化与经济基础、上层建筑与经济基础之间的关系由外在的决定作用和反作用的关系,转变为内在的相互渗透、相互交织、相互制约的辩证关系。其次,它不仅赋予了经济社会运动的内在的精神动力和文化动因,还依据内在的文化的进步而非自然的进程来理解社会历史的发展,展示了历史进步的文化内涵。

当然,对于马克思主义文化观的理解,学术界应该提倡百花齐放、百家争鸣,应该让建设中国特色社会主义文化的实践来赋予马克思主义文化观以新的活力。这样来看庞朴对文化的民族性与时代性论证的学理基础,就可以看到他的这一论证不但自觉地运用了唯物辩证法的方法论,总结了近现代文化学关于文化一元说与多元说论争的积极成果,而且也可被视作为马克思主义文化观在 20 世纪与 21 世纪之交中国的一种新发展。

在这样澄清文化一元说与文化多元说的相互关系,特别是马克思的文化观是文化一元说还是文化多元说的问题,以及庞朴相关论证的方法、内涵和意义之后,我们就可以更全面和更深入地理解其关于文化的民族性与时代性的规定了。除了先前已经概括的,例如民族性与时代性构成了文化的社会属性和本质属性,二者对立统一,其内在矛盾是文化进步的动力;文化时代性中的时代精神(代表历史进步方向)和文化民族性中的民族精神(表现民族生命力)变动不居和互有长短,不可把它凝固化和绝对化;建设中国特色社会主义的现代化要处理好文化的民族性与时代性之关系,特别有必要重视文化的民族性;值得注意的还有:既然文化有时代性,所以我们不能用一个绝对的标准衡量不同时代的文化和历史,不同时代有不同时代的价值观念和理性标准,文化民族性的情况也是如此。"但应该强调的是,每个时代的文化都包含着永恒的成分,每个民族的文化都含有人类性的成分。人类性寓于民族性之中,永恒性寓于时代性之中,或者说普遍性寓于特殊性之中,这样就能避免相对主义的偏颇"[14],这就为中外文化交流互鉴和反思传统文化提供了理论上的依据。而指出这一点,笔者对庞朴文化观的概括、分析和相应的阐发,也就从基本规定和学理基础的理论分析,过渡到探讨当代文化建设一个不可回避和亟待解决的重大实践问题——"传统"。

三、传统、传统文化与文化传统

文化的民族性与时代性关系落实到实践的一个重要方面,就是当代人应该如何对待"传统"？这一问题的提出，在庞朴文化观的框架内，也有其学理依据："由于文化有时代性，所以有文化的现代化问题；由于文化有民族性，所以有文化的传统问题。由于任一文化都既有时代性又有民族性，所以任一文化的现代化，首先便是自己传统的现代化；任一现代化的文化，都包含它自己的传统在内。"[15]这一论述可以说为我们探讨传统问题奠定了本体论基础。传统作为民族的文化标志，指在历史中形成、铸造了过去、诞生了现在、孕育着未来的民族精神及其表现。在文化学的叙述中，它通常被奠基于文化的类型。传统不等于恶劣或封建遗毒，作为现代化的基地、进步的起点、民族认同的力量，它已深深地积淀在民族的血液中。用现代化反对传统，把它们对立起来是简单化和不可取的。此外，相对于其他民族文化及其传统，特定民族的传统也有其局限。因此，任何民族和民族文化都不可自我满足或自命不凡，而应该时时反思，尽可能突破、丰富、转化和发展自己。当然，鉴于近代以来中西文化之争的历史进程，对于当代中国人来说，在坚持文化时代性的基础上，应该更重视文化的民族性，应该更有意识和更积极地保存、发扬、更新和创造本民族的传统，"只有考虑传统，才会搞出有中国特色的社会主义，搞出有中国特色的现代化"。[16]

进一步说，传统既是祖宗留下的丰富遗产、后人承续的宝贵财富，又是民族背负的沉重负担、社会前进的随身包袱；为辩证地了解和把握传统的这双重属性，我们首先需要区分"传统文化"和"文化传统"。传统文化的全称大概是传统的文化，落脚在文化，对应于当代文化和外来文化。其内容当为历代存在过的种种物质的、制度的和精神的文化实体和文化意识。按照这一定义，传统文化指一个民族先前的种种文化实体和文化意识，产生之后有影响大小不同和理之正逆之别，为了民族的生存和发展，作为一种存在过的"对象"，后代就对其有"批判继承"或"传承发展"的任务。至于文化传统则不同：文化传统的全称大概是文化的传统，落脚在传统。文化传统与传统文化不同，它不具有形的实体，不可抚摸，仿佛无所есть；但它却无所不在，既在一切传统文化之中，也在一切现实文化之中，而且还在你我的灵魂之中。"文化传统就是民族精神。"[17] 由此可见,传统作为"统绪"的"相传相续",就是根本性东西的世代相承,在文化学的意义上使用这一概念,就把比较抽象的文化"民族性"具体化了。文化的民族性就蕴含在"传统"之中,具体表现为"传统文化"和"文化传统",特别是"文化传统"。虽然在当代文化学的研究中,"传统文化"与"文化传统"作为两个含义交叉和边界模糊的概念,许多论者对其的使用比较宽泛,并不刻意强调两者的差别;但是,一些具有相当系统文化学思想的学者还是对此作了细致区分。

64 　　例如,在当时"文化热"的过程中,张岱年、丁守和、林牧、汤一介等学者对传统问题都作了类似分析;此外,也有人对庞朴区分"传统文化"与"文化传统"作了"有些苛刻的,但也不是毫无道理"[18]的批评。至于现在的关键不在于谁的定义最好,而是要澄清庞朴为什么要作出这种区分,这种区分的意义何在? 例如,为在其小文化观的理论框架内论证传承发展中华优秀传统文化的必要性和可能性,陈先达严格地区分了与此类似的"文化形态"("传统文化")和"文化传统"概念。同样,把"传统"区分为"传统文化"与"文化传统",庞朴也有其特殊的理论旨趣。首先,他这么做是为了从学理上总结"五四"新文化运动的经验教训,特别是批判和反思"文革"时期对文化的毁坏:"'五四''文化大革命'都仅仅把传统理解为一种'传统文化',没有把传统深入地理解为'文化传统',……'传统文化'可以用'好'与'坏'评价,但'文化传统'是既成的,我们只能问怎样转化,而不存在彻底决裂,不存在继承不继承。"[19]其次,他这么做也是为了在"文化热"形成初期,各种反传统思潮影响依然十分强大的条件下,为"文化传统"争取地盘,具有一定的文化防卫性质。因为,面对全盘西化和彻底断裂的反传统主义者之强大攻势,即使放弃了"传统文化",庞朴还可以为人们留下"文化传统"。对于这一点,我们要充分理解其当时的一片苦心,承认这一区分的策略意义。

　　此外,除了当时的历史辨析和社会实践的需要之外,即使在现在,庞朴这样把传统区分为传统文化与文化传统两个方面,无论对于我们在国内实现传统"文化"的创造性转化和创新性发展,在国际实现各文化和文明的交流互鉴和开放包容,都仍然具有重要的启示意义。"没有文化传统,我们很难想象一个民族能够如何得以存在,一个社会能够如何不涣散,一个国家能够如何不崩解。"[20] 这就为中华优秀传统文化是我们的根和魂的思想提供了文化学的学理论证。当然这并非说文化传统是不变的,也并非说文化传统不会接受外部世界的影响,变化自己的内容。这是一个十分复杂的过程。由于民族文化中含有人类文化的成分,即文化的人类性寓于文化的民族性之中,同时文化还有时代性的属性,因此"不同文化传统之间可以进行比较,但很难做出绝对的价值判断;……真正代表各民族文化传统的,恰恰是那些专属于该民族、使其得以同他民族区别开来的那些基本成分"。[21] 同样,从这些论证中我们也可以吸取有益于立足中华优秀传统文化,构建人类文化命运共同体的有益资源。进入 21 世纪以来,随着中华民族伟大复兴的历史进程,中西文化的势位正在发生极为深刻的改变,除了继续采纳国外哲学社会科学的积极成果之外,好学深思的中国学人的学术研究更值得我们的重视,庞朴的文化观就是其典型代表。我们有责任珍视这一份遗产,并作出符合新时代要求的阐释和发挥。

65

　　当然,由于中华民族伟大复兴进程的加速推进,与 20 世纪 80 年代"文化热"时期的状况相比,"传统""传统文化""文化传统"的地位已经沧海桑田。在当前文化学的学术话语系统中,它正逐步地从主要被批判向更多地被认同的方向转变;在社会政治和公众话语系统中,它作为一种曾经常常与"陈陋""鄙陋"等联系在一起的贬义概念,已经更多地被具有褒义的"中华优秀传统文化"之概念所取代。例如,从文化学的学理上看,当前我们经常说的"努力实现传统文化的创造性转化和创造性发展"中的"传统文化",就具有庞朴的"传统文化"与"文化传统"的双重含义;至于"构建中华优秀传统文化传承发展体系"要求中的"中华优秀传统文化",则指"传统文化"中的有益于实现中华民族伟大复兴的优秀部分、优秀方面或优秀因素,特别指其中所蕴含的思想观念、人文精神和道德规范,其意义更接近于庞朴的"文化传统"。"传统文化""文化传统"和"中华优秀传统文化"这种公共使用上的意义差别和变迁过程,实际上是改革开放以来我国"文化自觉""文化自强""文化自信"进程的反映。因此,基于文化学学科构建的需要,我们仍然可以在"传统""传统文化""文化传统"的区分和阐释方面继续深化;但是在当今的文化实践上,我们则应该把重点放在突出和强化"中华文化""中华传统文化""中华优秀传统文化"等范畴的积极应用上。

这么说的根据在于,虽然"传统""传统文化""文化传统"等概念目前已经日益被"中华优秀传统文化"的范畴所补充或取代,"实施中华优秀传统文化传承发展工程"更必将有力地推动中华优秀传统文化的创造性转化和创新性发展。然而,近百年反传统思潮的广泛和深远影响,特别是半个世纪之前"文革"造成的与"传统"的"彻底断裂",以及改革开放后"全盘西化"的历史与文化虚无主义的一度流行,加上几百年来西方现代化导致的东西方文化势差的依然存在,要使我国最广大公民真正认识到中华优秀传统文化是中华民族的"根"和"魂",是中国特色社会主义的文化之根、文明之源,使中华优秀传统文化真正成为自己的精神家园,也许还需要几代人的努力。即使从我国文化学的当前发展状况来看,这一问题在学理上也依然存在。例如,对于中国特色社会主义文化的三个构成部分,中华优秀传统文化、革命文化和社会主义先进文化及其相互关系的理解,除了一些"全盘西化"论者的普遍漠视之外,一些比较教条主义的学者,总是自觉不自觉地在把中华优秀传统文化和革命文化、社会主义先进文化区隔甚至对立起来,总是在分辨哪种文化更为重要上做文章,妨碍了广大公民对中华优秀传统文化是我们坚定文化自信的深厚基础的认识和理解。

而在认同和弘扬中华传统文化的学者间,除了个别企图"以儒代马"的错误做法之外,不少学者也有孤立地倡导中华优秀传统文化的偏向,没有充分地认识到激昂向上的革命文化和生机勃勃的社会主义先进文化是中华优秀传统文化的凝聚升华,也没有在辩证地融通这三部分文化上多下功夫,这反过来也不利于广大公民立足与弘扬中华优秀传统文化。至于出现这种偏差的原因,从文化学的学理理解上来说,就是他们都未能处理好文化观中的民族性与时代性的关系。"西方一元文化观"者眼中只有其理解的文化时代性,即西方的"普世价值";对"马克思主义文化观"持教条主义的人只理解文化时代性中的社会主义规定性,而不重视和不理解文化的中华民族性,对中华优秀传统文化的重要地位讲不清也说不好;而认同和弘扬中华优秀传统文化的学者,则必须摒弃"文化保守主义"的心态,应该更重视文化的时代性,特别是文化的社会主义时代性,为建构中国特色社会主义文化作出自己基础性的贡献。在这方面,庞朴于 20 世纪 80 年代"文化热"时期在"文化的民族性与时代性"问题上所发挥的思想,仍然是我们当今相关学理思考和学科建构的基点,千万不能忽略它。当然,由于历史和文化发展的进程实在太快,对于庞朴的文化观,我们也要实现与时俱进,在新的文化生态下,丰富和发展其积极成果,实现其从构想到系统的转变,继续发挥其在当代中国人进一步处理好文化的民族性与时代性关系上的建设性功能。

67

　　综上所述,为实现新时代的文化创新,在举国上下的广泛文化实践中,学术界有义务在文化观上实现与时俱进、吐故纳新,为这一实践提供更鲜明、更合理、更开放的文化观,使多方面的创新努力有必要和充分的学理参照系。因为历史和当下已经昭示人们,如果没有鲜明、合理和开放的文化观作为参照系,文化"创新"的活动往往就不仅会失去方向、趋于偏执,甚至还有可能走向歧途、导致灾难。因此,从学术学理上探讨合理的文化观,在新时代的文化创新中具有极端重要的基础性意义。意识到这一重任,学术界首先要善于总结"五四运动"以来的经验教训,自觉地在文化理解的定义上把狭义的小文化观和广义的大文化观结合起来,在人类文化发生和发展的路径上把文化一元说和多元说结合起来。其次要充分论证,这种小文化观和大文化观的结合、文化一元说和多元说的结合,其实质就是强调民族性与时代性是文化的根本属性。鉴于近代以来中西文化之争的历史进程,为实现中国特色社会主义新时代的文化创新,当代中国人在坚持文化时代性的基础上,应该更重视文化的民族性,应该更自觉地实现对优秀传统文化的创造性转化和创新性发展。这一切可以说就是庞朴文化哲学给予新时代文化创新的有益启示。

最后,关于本章第二节"文化的一元说与多元说"的问题,这里根据梁漱溟的一些论述做些补充和发挥。在写作于 1942 年春至 1949 年 6 月的《中国文化要义》一书中,他认为"文化之形成,既非一元的,非机械的,因此所以各处文化便各有其个性"[22]或类型。至于如何理解文化的个性或类型,梁漱溟引证日本关荣吉《文化社会学》一书主张综合国民性、阶级性、时代性加以考察的立场,强调"我此处所云个性,盖相当于他所说之国民性"[23]即民族性,并在此基础上批判了关于人类社会进化的"独系演进论"和"阶梯观",认为冯友兰的《新事论》(1939)就持这种观点。这说明,在五四运动以来关于中西文化关系的论争中,相对于主要强调文化时代性的主导思潮,梁漱溟为了弘扬儒学,主要强调文化的民族性和中国国情的特殊性;虽然有点不合时宜,也未占主流地位,但也不是没有道理,在当今看来,甚至是一种富有启发性的洞见。特别难能可贵的是,在"文革"时期,为了论证"怎样去认识老中国的特殊"和"中国今后对世界的贡献",他不仅写了《中国——理性之国》(1967—1970)一书,而且撰写了《试论中国社会的历史发展属于马克思所谓亚洲社会生产方式》(1974)的论文,在论证中国的社会和文化发展为时代性和民族性之综合的基础上,突出地论证了民族性,为其关于《今天我们应当如何评价孔子》(1974)的思想奠定了理论基础。显然,在当今我们探讨"文化的一元说与多元说"之问题时,重温这一现代中国思想史上的重要史实,是十分有意义的。

本章原载陈泽环著《儒学伦理与现代中国——中外思想家中华文化观初探》,上海人民出版社 2020 年版,收入本书时作了修订。

注释:

[1] 庞朴:《师道师说·庞朴卷》,东方出版社 2018 年版,第 16 页。

［2］庞朴:《孔子文化奖学术精粹丛书·庞朴卷》,华夏出版社 2015 年版,2010 年度孔子文化奖颁奖辞。

［3］庞朴:《三生万物·庞朴自选集》,首都师范大学出版社 2016 年版,第 215 页。

［4］同上书,第 7 页。

［5］庞朴:《师道师说·庞朴卷》,东方出版社 2018 年版,第 151 页。

［6］同上书,第 154—155 页。

［7］庞朴:《孔子文化奖学术精粹丛书·庞朴卷》,华夏出版社 2015 年版,第 398 页。

［8］庞朴:《师道师说·庞朴卷》,东方出版社 2018 年版,第 154 页。

［9］张岱年:《张岱年全集》,河北人民出版社 1996 年版,第 7 卷第 85—86 页;陈泽环:《论中华民族的文化独立性——基于张岱年文化哲学的阐发》,《上海师范大学学报》2018 年第 1 期。

［10］庞朴:《师道师说·庞朴卷》,东方出版社 2018 年版,第 169 页。

［11］庞朴:《三生万物·庞朴自选集》,首都师范大学出版社 2016 年版,第 235 页。

［12］陈先达:《文化自信中的传统与当代》,北京师范大学出版社 2017 年版,第 33 页。

［13］陈泽环:《时代性与民族性:文化自信的学术建构》,《深圳大学学报》2018 年第 4 期。

［14］庞朴:《三生万物·庞朴自选集》,首都师范大学出版社 2016 年版,第 211—212 页。

［15］庞朴:《师道师说·庞朴卷》,东方出版社 2018 年版,第 162 页。

［16］同上书,第 139 页。

［17］庞朴:《三生万物·庞朴自选集》,首都师范大学出版社 2016 年版,第 240 页。

［18］邵汉民主编:《中国文化研究 30 年(中卷)》,人民出版社 2009 年版,第 84 页。

［19］庞朴:《师道师说·庞朴卷》,东方出版社 2018 年版,第 158—159 页。

［20］庞朴:《三生万物·庞朴自选集》,首都师范大学出版社 2016 年版,第 240 页。

［21］同上书,第 241—242 页。

［22］梁漱溟:《梁漱溟全集》,山东人民出版社 2011 年版,第三卷第 41 页。

［23］同上。

69

第六章 文化传统、意识形态与国家认同

就对美国当代政治学家塞缪尔·亨廷顿（Samuel P. Huntington,
1927—2008）的研究而言,中国学术界主要基于国际关系问题的视角,
关注最多的是其《文明的冲突》一书[1];比较起来,对其可以视作为《文
明的冲突》姐妹篇之《谁是美国人? 美国国民特性面临的挑战》的研究,
则相对较少。但是,在当今世界,除了文明、国家之间的关系十分重要
之外,一个国家内部文化传统与意识形态之间的关系、各族群文化之间
的关系同样也十分重要。从 21 世纪的新发展来看,无论是对当今最大
的发达国家美国,还是对正在为实现中华民族伟大复兴而奋斗的中国
来说,国内各族群文化之间的关系,特别是文化传统与意识形态之间的
关系,甚至涉及国家认同的文化根基,具有特别重大的意义。令人欣慰
的是,这一点已经开始引起人们的重视。鉴于这一问题在社会道德建
设中也具有特别重要的地位,本章拟以对亨廷顿《谁是美国人? 美国
国民特性面临的挑战》一书的概括和分析为基础,对我国在为不断增
强各族、各地人民的国家认同而努力的过程中,合理地理解和处理好
文化传统与意识形态之间的关系问题,从坚持文化自信和构建当代
伦理学的视角,作一论证。并由此促使人们深入思考:在当今加强公
民对国家认同的过程中,究竟是文化传统重要还是意识形态重要?
或者两者缺一不可,但要使它们在发挥各自独特功能的同时实现相
辅相成?

一、亨廷顿美国国民特性论的含义

在《前言》中，亨廷顿首先坦率地表达了其写作此书的动机和立场，说他这么做是出于两种身份：爱国者和学者。这是比较实在的，不像有些人觉得自己总是在"价值中立"地谈论着"普世价值"，实际上却有着十分鲜明的倾向性。当然，这么说并不涉及作为一种社会科学研究方法的"价值中立"问题。基于一个爱国者的立场，亨廷顿希望美国仍然能够是一个坚持自由、平等、法治和人权的社会。而身为一个学者，他则要深入研究和分析与美国国家特性即国民身份的历史演变及现状相关的一些重要问题：美国的国民特性在地位和基本要素方面发生过的变迁。这里，地位指与许多其他特性相比，美国人对其国民特性之重视程度；基本要素则指使美国人区别于他国人的那些共同之处。当然，爱国之心和治学之心有时是会有冲突的，亨廷顿本人也试图尽可能地避免这一矛盾。但尽管如此，他还是承认，在努力争取超脱地分析上述问题的同时，爱国心的影响还是难以避免的。显然，亨廷顿的这一"夫子自道"也是我们解读此书的基本路径：《谁是美国人？美国国民特性面临的挑战》既是一部研究国家认同问题的社会科学著作，更是一种坚持和发扬盎格鲁—新教文化的立场宣示。这样，笔者以下对亨廷顿美国国民特性论的涵义和实质的概括分析，以及在此基础上对当代中国国家认同中的文化传统与意识形态问题的阐述和发挥，也就从社会科学研究和文化立场宣示两个方面展开。

关于国民特性的概念问题，亨廷顿认为："identity 的意思是一个人或一个群体的自我认识，它是自我意识的产物——我或我们有什么特别的素质而使得我不同于你，或我们不同于他们。"[2] 作为一般性的学术定义，应该说是比较合理的。但值得注意的是，亨廷顿接着关于要有别人，人们才能给自己界定身份，并往往导致"需要有敌人"的引证和发挥，似乎太"现实主义"了的点，是否反映了西方民族"其对外自先即具敌意"[3] 的文化基因，甚至是其提出和论证"文明的冲突"之深层根源，应该引起中国学术界的反思。至于其关于美国现在的实际敌人和潜在敌人是伊斯兰好斗分子和中国民族主义的观点，则更是我们必须警惕的。在给出了上述基础定义之后，他进一步指出："国民特性在西方往往是最高形式的特性，它来源于多个方面。它通常包括疆域因素，还包括一种或几种归属性因素（如人种，民族）、文化因素（如宗教，语言）、政治因素（如国体，意识形态），有时还包括经济因素（如农牧）或社会因素（如各种网络）。"[4]这里，亨廷顿列举了人们对自己身份来源之认同、即对国民特性之认同的六个要素，并强调 identity 的涵义有广有狭，以何者为重，无论对于个人还是国民，都视情况而定。当然，在全球化的过程中，个人和民族之更广泛的宗教与文明 identities 变得更重要，也是很自然的。而有了这个理解"国民特性"的基本理论框架，他就能够声明其书的主题，是强调盎格鲁—新教文化对于美国国民特性而言始终居于中心地位。

在以上基本定义的基础上，亨廷顿接着就确定美国人把握自己国民特性的四个基本要素（人种、民族、意识形态和文化），并开始考察这四个要素之间的相对地位之历史演变。在他看来，美国并不能简单地被说成是一个"移民之国"。事实上美国这个国家主要是由 17—18 世纪来到北美定居的不列颠人创立的，这些人最初根据人种和民族属性及文化，特别是根据宗教信仰来界定它。18 世纪，为了证明自己从英国统治下争取独立的合理性，他们只得从意识形态上来认同自己。这样，在 19 世纪的前期和中期，美国国民特性都包括人种、民族、意识形态和文化四个要素。到了 19 世纪后期，美国的民族属性开始扩大，而在第二次世界大战时，民族属性实际上已不再成为国民特性的界定因素。在 1965 年移民法公布之后，人种属性也不再起界定作用。以至于到了 20 世纪 70 年代，在界定美国国民特性的要素构成中，只剩下了文化和意识形态。当时，300 年来盎格鲁—新教文化的核心地位也受到了冲击，今后"美国特性"似乎就只是在意识形态上坚持"美国信念"。对此，亨廷顿强调美国不能够仅仅由一套政治原则即"美国信念"来界定。因为"美国信念"实际上"是 17 世纪和 18 世纪美利坚早期定居者的有特色的盎格鲁—新教文化的产物。这一文化的重要因素包括：英语；基督教；宗教义务；英式法治理念，统治者责任理念和个人权利理念；对天主教持异议的新教的价值观，包括个人主义，工作道德，以及相信人有能力、有义务努力创建尘世天堂，即'山巅之城'"[5]。

由此，亨廷顿提出美国特性受到挑战即所谓美国国民特性之危机问题：300 年来，盎格鲁—新教文化一直在美国特性中占据核心地位，使美国人民区别于他国人民。但现在它的重要地位和实质内容却受到了挑战。这一挑战不仅是严峻的，而且是多方面的，主要包括：来自拉丁美洲和亚洲的移民新浪潮，学术界和政界流行的多文化主义和多样性理论，西班牙语有形成美国第二语言之势，一些人特别强调人种、民族属性、性别特性等的重要性，一些精英人士基于自身活动的特点，不断地突出其跨国或者世界主义的特点，等等。面对这些挑战，他认为美国特性可能朝着这样一些方向演变：出现一个只强调政治信念的美国，缺乏历史文化核心，团结的因素只是共同承认"美国信念"的原则；出现一个分成两权的美国，有两种语言，即西班牙语和英语，两种文化，即盎格鲁—新教文化和拉美裔文化；出现一个排他主义的美国，再一次定性于人种和民族属性，排斥和压制非白人和非欧洲裔人；出现一个再次充满活力的美国，重申其历史性的盎格鲁—新教文化、宗教信仰和价值观，并因与一个不友好的外部世界的对峙而充实力量，等等。对于亨廷顿来说，他所追求的当然就是最后的那种美国：重要的不是盎格鲁—新教后裔，而是盎格鲁—新教文化。只要坚持这一文化，即使"创建美国的那些白人盎格鲁—撒克逊新教徒的后裔在美国人口中只占很小的、无足轻重的少数，美国仍会长久地保持其为美国。这正是我所知道和热爱的美国"[6]。

以上初步概括了亨廷顿写作《谁是美国人？美国国民特性面临的挑战》一书之爱国者和学者的双重动机和立场，以及其中所体现的美国国民特性论的含义，包括对国民特性概念的一般规定、对美国人把握自己国民特性的特殊规定；盎格鲁—新教文化始终是美国国民特性的核心、20 世纪后期的美国国民特性危机以及对这一挑战的应对；美国人应当重新发扬盎格鲁—新教的文化、传统和价值观,等等。这些命题说明,虽然我们难以苟同其政治动机和立场:为与一个不友好的外部世界对峙而重申盎格鲁—新教文化、宗教信仰和价值观;但是从对国民特性暨国家认同问题的研究要求来看,应该承认其书有一定学术价值。除了对美国特性的生成过程和面临挑战的论述,有助于我们了解美国国情之外,其关于美国国民特性论涵义的上述命题,对我们研究一般的国民特性问题,特别是我国当代社会的国家认同问题,还是有启发意义的。当然,以文化或文化传统为核心界定国民特性,在理论上也并非亨廷顿首创,事实上,早在100多年前就有不少中国思想家这么做了。例如,1915年,中华民族思想大家梁启超就说过:"国之成立,恃有国性,……国性之为物,耳不可得而闻,目不可得而见,其具象之约略可指者,则语言、文字、思想、宗教、习俗,以次衍为礼文法律,有以沟通全国人之德惠术智,使之相喻而相发,有以纲维全国人之情感爱欲,使之相亲而相扶。"[7]果真如此,那么亨廷顿美国国民特性论对我们的启示何在呢? 笔者认为,关键在于其尖锐和深入地阐发了国家认同中的文化传统与意识形态的关系问题。

二、亨廷顿美国国民特性论的实质

亨廷顿上述对美国国民特性四个基本要素,特别是对其中的文化传统与意识形态相互关系的理解,可以说是其美国国民特性论的实质。他认为,虽然就历史进程而言,美国特性包括人种、民族、文化和意识形态四个方面,但是,美国特性的核心始终是17—18世纪创建美国社会之定居者的文化。"这一文化的主要成分包括基督教信仰,新教价值观和道德观念,工作道德,英语,英国式法律、司法和限制政府权力的传统,以及欧洲的文学、艺术、哲学和音乐传统。在这一文化的基础上,定居者们于18—19世纪建立了'美国信念',其原则是自由、平等、个人主义、代议制政府和私有财产制。后来一代又一代的移民则是同化于这一文化之中,又对它有所贡献和修订,但并没有使它有什么根本的改变。"[8]这里,他从事实描述的角度,进一步阐发了美国之文化传统与意识形态的基本内涵及其相互关系:美国的自由主义政治意识形态是其盎格鲁—新教文化的产物,其中盎格鲁—新教文化是文化根基,"美国信念"只是体现为组织经济、政治和社会生活原则的"美国文化",并没有超出其边界之外;它们之间的关系,则是"内生"的,而不是"外烁"的,是"同质"的,而不是"异质"的。如果与当代世界中一些文化传统与意识形态存在着"外烁"和"异质"关系的国家相比,必须承认,这确实是一种比较理想的文化传统与意识形态的关系结构。因为,作为一种现代性价值,作为意识形态的"美国信念"很自然地奠基于美国的盎格鲁—新教文化的根基之上,有利于充分发挥其特定的社会功能。

75

从功能规范的角度而言,尽管有人认为,即使美国失去了核心文化而成为多文化社会,但只要美国继续忠于"美国信念",这一信念仍将为美国的团结和特性提供意识形态的或政治的基础。对此,亨廷顿予以了明确的否定,强调历史和心理学都表明,这恐怕不足以让一个国家长存;相反,苏联解体的历史昭示,如果缺乏人种、民族和文化共性,意识形态的黏合力就不会很强。这就又提出了一个问题:"一个国家仅靠政治上的意识形态就可以立住吗?"对此,亨廷顿给出了否定性的回答,认为仅靠政治信念无法立国。为了说明这一基本观点,他从历史和现实、美国和世界多方面进行了阐发。例如,美国特性有四个要素,如果仅以政治信念来界定美国特性,那将是严重背离历史。此外,没有什么国家能仅靠意识形态或一套政治原则立国,最明显的例子是苏联东欧的共产党国家,它们用意识形态把不同文化和不同民族的人联合在一起,苏联、南斯拉夫、捷克斯洛伐克均是如此;但是,当共产主义对人们的吸引力消退,上述国家均已消失,取而代之的是一些按照民族和文化立国的国家。"共产主义意识形态在中国也减弱了,但对中国未形成威胁,因为中国有几千年之久的汉文化作为核心维持团结,它已激起了新的中国民族主义。"[9]这里,亨廷顿对20世纪80与90年代之交苏联东欧政治版图剧变原因的分析,以及对当代中国意识形态、文化核心和团结根基等的评价,合理与否,应该予以充分的探讨——既不宜简单拒斥,也不能盲目肯定。现在可以明确的只是,亨廷顿本人的观点是:作为立国的根基,文化传统比意识形态重要得多。

为了论证自己的这一基本观点,亨廷顿给出了理由,主要有三点。第一,人们要改变自己的意识形态并不难,有些人一生之中的政治观点先后大相径庭。例如,东德有些人年轻时笃信纳粹主义,中年时信仰共产主义,晚年后则成了真诚的民主派,但他们依然是德国人,这一点始终没有变化。这就说明,如果一个国家只靠政治意识形态立国,可能比较脆弱。第二,"美国信念"只是怎样建构一个社会的原则,并不能界定这个社会的范围、疆界或成分。俄国人、华人、印度人和印尼人可以接受"美国信念"的原则,这样,他们就会与美国人有共同之处;但这并不等于他们就是美国人。只有在移居美国社会之后,通过学习和了解美国的语言、历史、习俗等等,接受盎格鲁—新教文化,在政治认同于美国而不再是原籍之国,他们才可能成为美国人。第三,与亲缘和亲情、血缘和族情、文化和民族属性等相比,政治信念可能不会在人们心中激起类似强烈和深厚的感情。人们认同于亲缘、血缘、民族属性等,产生归属感,如果没有这样的继承物,任何国家都不会生存。例如,"美国是'一个有着教会灵魂的国家',但这教会灵魂不仅是,甚至不主要是在于教会的教义,而是在于教会的仪式、赞美诗、习俗、诫命、祈祷书、先知和圣人以及善与恶。所以一个国家,恰如美国,可以有自己一套信念,但其灵魂则是界定于共同的历史、传统、文化、英雄与恶人以及胜败荣辱,这一切都是珍藏于'神秘的记忆心弦'"[10]。这就确立了文化传统相对于意识形态的更为重要、更为深远的立国根基之功能。

对于亨廷顿的这三点理由,当然是可以探讨的。第一,基于人们不难改变自己意识形态的现象,就得出一个国家若仅靠政治意识形态立国是脆弱的结论,对于其中所蕴含的复杂因果关系之理解毕竟简单了点,因为一些人意识形态的转变和国家兴衰存亡之间并不存在直接的关系。第二,亨廷顿关于意识形态只是如何组建一个社会的标志,文化传统才能够界定这个社会的范围、疆界或成分的观点,虽然不一定适用于所有社会,但对于人们澄清意识形态的社会功能还是有益的。这就是说,意识形态尽管有其广泛的意义,但必须承认它首先而且主要是一个政治领域的范畴。人们既不能忽视意识形态的重大功能,但也不能无限制地扩大其作用边界。第三,意识形态大概不会像文化传统那样,在人们心中激起那么深厚的感情。对于少数人,特别是对于一些知识分子,这一命题不一定适用;但是对于绝大多数民众而言,应该说是现实的。这就从归属情感的角度,强调了文化传统对于国家认同的重要性,值得我们重视。总之,对于亨廷顿的一家之言,我们虽然不能全盘照抄,但也可以从中获得一些启示。当然,即使在借鉴这些观点时,我们也要注意,他之所以能够如此广泛地论证文化传统相对于意识形态之更为重要、更为深远的立国根基功能,有其独特的社会背景,即由于美国文化传统和意识形态有着"内生"和"同质"的关系。正是这种"优势",使其在充分阐发盎格鲁—新教文化重要性的同时,与其说是限制了"美国信念"的地位和功能,毋宁说是从更广泛的范围、更深层的根基上论证了作为意识形态的"美国信念"。这一点是与许多现代非西方国家中的文化传统与意识形态关系不同的。

77

在着重从文化传统与意识形态关系阐发了美国国民特性问题之后,亨廷顿还从美国的核心文化或主流文化、全国性文化和亚文化等的关系角度进一步强调了其盎格鲁—新教文化始终居于中心地位的信念。在他看来,许多国家都有一核心文化,或者说主流文化,不同程度地为其大多数国民共享。同时,除了全国性文化,这些国家按照人种、民族、宗教、地区等区分的各种群体还有各自居从属地位的文化,即国家层次以下的亚文化,此外还会有跨国性的文化。"美国一向充满着这样的一些亚文化,但也有自己的主流文化,那就是盎格鲁—新教文化,大多数的美国人,不论其亚文化背景如何,均共享这一主流文化。"[11]当然,美国人也容忍和尊重无神论者与不信教者的权利,作为"局外人",他们可以心安理得地把自己看作陌生人,但不可以把无神论观念强加于美国基督徒。这就是亨廷顿所理解的美国基督徒和非基督徒之间的关系,美国是一个有着世俗政府的基督教占主导地位的国家。一个人即使接受了作为意识形态的美国信念,但作为一个非基督徒,他在美国毕竟只是个"局外人"。这里,他表现出一种强烈、坚定,甚至独断的盎格鲁—新教文化信念,不仅是其美国国民特性论的实质,甚至也解释了其"文明冲突论"的实质——"文化认同对于大多数人来说是最有意义的东西。……西方的生存依赖于美国人重新肯定他们对西方的认同"[12]。那么,在基本澄清了亨廷顿的相关思想之后,我们是否可以借鉴这种理论和信念来考察当代中国国家认同中的文化传统与意识形态等的关系问题呢? 笔者认为,只要运用得当,是可以的。

三、国家认同中的文化传统与意识形态

为此就有一个进一步厘清意识形态和文化传统的概念及其相互之间边界的问题。就亨廷顿而言,其严格区分意识形态和文化传统是显而易见的,否则他的《谁是美国人》一书就无从说起了。其实,这也是西方学术界的一般观点。除了巴拉达特关于意识形态是一个诉诸简单语词、行动导向和群众取向的"政治术语"之观点之外,比较权威的定义则是:"从广义上说,意识形态可以表示任何一种注重实践的理论,或者根据一种观念系统从事政治的企图。从狭义上说,意识形态有五个特点:①它包含一种关于人类经验和外部世界的解释性的综合理论;②它以概括、抽象的措辞提出一种社会政治组织的纲领;③它认定实现这个纲领需要斗争;④它不仅要说服,而且要吸收忠实的信徒,还要求人们承担义务;⑤它面向广大群众,但往往对知识分子授予某种特殊的领导任务。"[13]由此可见,西方学术界主要从"政治"角度界定意识形态,而与文化及文化传统区别开来:文化即"人类知识、信仰和行为的整体"[14]。这样来理解文化,文化就包括语言、思想、信仰、风俗习惯、禁忌、法规、制度、工具、技术、艺术品、礼仪、仪式及其他有关成分,其范围显然比意识形态广泛得多。正是在这一理论的基础上,亨廷顿的意识形态和文化传统及其相互关系的观点也得到了必要的论证。比较起来,我国学术界虽然也区别了文化和意识形态,但似乎存在着一种对意识形态的理解太广泛,对意识形态和文化传统相互之间边界的把握比

较模糊、对文化及其传统之国家和民族的独立性、自主性、根基性认识不足，有一种使文化及其传统从属于意识形态的倾向。

例如，一种比较通行的观点认为：作为经济基础的必然反映，意识形态属于上层建筑的范畴。人们对世界和社会的系统看法、见解以及信仰和追求，还有对哲学社会科学各门学科，包括经济学中涉及生产关系的思想理论观点，等等，都是意识形态的具体表现。这就是说，尽管在对意识形态及其与文化传统关系的理解和处理之问题上，我国学术界已经出现了多样化的趋势，但不少学者仍然更多地强调了意识形态的优先地位。这种强调意识形态重要性的观点，当然有其合理性，尤其是在当代中国社会国际和国内意识形态斗争十分尖锐的条件下。不过，这种观点在强调意识形态优先地位的时候，往往对国家和民族的文化和文化传统的地位和功能认识不足，因此就合理地理解和处理意识形态和文化传统关系的问题而言，存在着一定的局限性。这就是说，当代中国，在经历了100多年的苦难和奋斗之后，尽管我们已经比历史上的任何时期都更接近实现中华民族之伟大复兴；但《诗》云：'行百里者，半于九十。'此言末路之难"（《战国策·秦策五》），为最终实现民族复兴的目标，我们绝不可有任何松懈，而是应该更加努力。至于在所有为实现这一目标的努力中，其中一个必要条件、一个重要方面就是要不断地增强我国各族、各地人民的国家认同。而就合理处理文化传统与意识形态的关系以增强"国家认同"，我国学术界为此所做的工作而言，必须承认，近年来虽然取得了很大进步，国内文化结构也发生了深刻的改变，但由于各种反传统思潮的长期和广泛影响，除了在个别学者中有以文化认同化解意识形态认同的倾向之外，更普遍的则是对文化认同的忽视。

首先，在一些具有自由主义思想倾向的学者中，虽然已经比较敏锐地看到了执政党和政府20多年来引进"国学"的努力，但他们对传统文化及其历史和社会的功能，对当代中国社会"立足中华优秀传统文化"的积极意义，似乎都缺乏必要的"温情和敬意"，这种状况是亟须加以纠正的。另外，在一些积极坚持马克思主义在意识形态领域指导地位的学者中,则存在着一种只关注意识形态认同,却不够重视以至忽视"文化认同"的倾向。但是,在一个以"超百万年的文化根系,上万年的文明起步,五千年的古国,两千年的中华一统实体"[15]作为基本历史国情的当代中国,离开"立足中华优秀传统文化"去处理意识形态以及意识形态与文化传统的关系,是否可能有效地增强各族、各地人民的国家认同? 值得考虑。与此不同,已经深入地研究了"全球化时代的文化认同与国家认同"问题的韩震则合理得多。他首先强调了文化传统与意识形态之间的互补关系,马克思主义和中国优秀传统文化两者缺一不可;其次指出了中华民族文化传统的"多元一体",认为尽管以汉族文化为主流的传统文化是构建新的中华文化的主要出发点,但绝不能把国学局限在汉族正统王朝文化的范围之内。应该承认,这一见解具有建设性。但是,从其对这一命题的相关论证来看,基于当前我们已经确立了中华优秀传统文化是我们民族的"根"和"魂"的立场,韩震对中华优秀传统文化在当代中国文化认同和国家认同中的重要性之认识似乎还未充分到位,传统文化在他那里毕竟主要还只是一种"借助"和"吸纳"的对象。

从以上的概括分析来看,在为增强我国各族、各地人民国家认同而努力的过程中,特别是在为此而增强人民的文化认同和意识形态认同而努力的过程中,我国学术界在相关问题上仍然存在着比较多的分歧。毋庸讳言,由于 20 世纪以来中国反传统思潮的长期和广泛影响,一些人对文化认同和意识形态认同都采取了相对冷淡的态度,一些人则只重视意识形态认同而忽略文化认同,一些人虽然已经试图把文化认同和意识形态认同结合起来,但对作为文化认同之"根"和"魂"的"中华优秀传统文化"的地位和功能的认识还不够到位。现在的问题是,为什么会出现这种状况呢? 为回答这一问题,就有必要回到笔者对亨廷顿美国国民特性论之基本特点的分析:美国文化传统和意识形态的关系是"内生"和"同质"的。当代中国文化传统和意识形态的关系则具有一定程度"外烁"和"异质"的性质,正是这种性质导致了这一关系的复杂性。一方面,作为居意识形态指导地位的马克思主义,为发挥中国特色社会主义道路、制度、理论、文化的奠基功能,必须有一个不断地中国化暨民族化的过程;另一方面,作为不再具备国家意识形态功能的传统文化,特别是其主体——以孔子为代表的儒学——为发挥民族复兴的文化根柢功能,必须有一个自觉的因革损益的时代化过程。回顾历史,我们在这方面既有经验,更有教训。正是这一关系的复杂性,导致了学术界对此的异见纷纭。虽然学术界的百家争鸣是好事,但对于一个健全的社会而言,在文化传统与意识形态关系的问题上,一些基本的共识是必不可少的,中国思想界、理论界和学术界有必要为此做出努力。

　　实际上,就我国思想界、理论界和学术界关于国家认同问题的主导理念和广泛共识而言,早就已经实现了意识形态和文化传统两种认同的辩证统一。例如,对于由 56 个民族组成的中华民族大家庭的巩固和发展而言,国家已经充分认识到为加强中华民族大团结,长远和根本的是增强文化认同,建设各民族共有精神家园,积极培养中华民族共同体意识的重要性,要求各族群众增强对伟大祖国的认同、对中华民族的认同、对中华文化的认同、对中国特色社会主义道路的认同。至于对台湾同胞,国家也强调两岸同胞要不断增强民族认同、文化认同、国家认同。中华文化是两岸同胞共同的精神财富,也是两岸同胞血脉相连的精神纽带。两岸同胞要加强文化交流,发挥各自优势,共同传承中华文化优秀传统,建设共同精神家园,实现心灵契合。这就为我们深入理解和正确处理文化传统、意识形态与国家认同之间的关系指明了方向。从而,如果说上述民族认同、文化认同、国家认同可以概括为广泛的文化认同,那么道路认同就是明确的意识形态认同;文化认同的实质是建设各民族共有精神家园,积极培养中华民族共同体意识,道路认同的实质则是要巩固马克思主义在意识形态领域的指导地位,坚持中国共产党的领导地位和社会主义的发展方向;就这两种认同的关系而言,文化认同是文明根柢,道路认同是政治建构,两者缺一不可,相辅相成地构成实现中华民族伟大复兴的必要条件之一。当然,充分肯定文化认同的重要性,并不是不要意识形态认同。不然将又是一种文化偏执,特别是在"立足中华优秀传统文化"思想正不断地为更多人所接受的情况下。总之,如果能够形成这样一种共识,那么不仅中国学术界可以使亨廷顿的美国国民特性论为我所用,而且对当代文化自信的学术论证也具备了更广泛的视野和更深刻的内涵。

本章以《文化传统、意识形态与国家认同——由亨廷顿美国国民特性论引发的思考》(《齐鲁学刊》2015年第6期)为基础修改写成。

注释:

[1] 刘晓晓整理:《论亨廷顿〈文明的冲突〉:52位中国学者的观点》,载王育济主编:《中国历史评论(第四辑)》,上海古籍出版社2014年版,第115—142页。

[2] 亨廷顿:《谁是美国人? 美国国民特性面临的挑战》,程克雄译,新华出版社2013年版,第17页。

[3] 钱穆:《中国现代学术经典·钱宾四卷》,河北教育出版社1999年版,第705页。

[4] 亨廷顿:《谁是美国人? 美国国民特性面临的挑战》,程克雄译,新华出版社2013年版,第23页。

[5] 同上书,《前言》第1—2页。

[6] 同上书,《前言》第3页。

[7] 梁启超:《梁启超全集》,中国人民大学出版社2018年版,第九集第148页。

[8] 亨廷顿:《谁是美国人? 美国国民特性面临的挑战》,程克雄译,新华出版社2013年版,第32页。

[9] 同上书,第247页。

[10] 同上书,第248页。

[11] 同上书,第45页。

[12] 亨廷顿:《文明的冲突》,周琪等译,新华出版社2013年版,第4—5页。

[13] 中国大百科全书出版社《不列颠百科全书》国际中文版编辑部编译:《不列颠百科全书·国际中文版》(修订版),中国大百科全书出版社2009年版,第8卷第322页。

[14] 同上书,第5卷第56页。

[15] 苏秉琦:《中国文明起源新探》,辽宁人民出版社2013年版,第131页。

第七章　意识形态、
文明根柢与道德基因

1911 年辛亥革命之后,儒学丧失了作为国家意识形态的地位,这意味着儒学的衰亡,还是儒学的机遇? 围绕这个问题,100 多年来,儒学经受了暴风骤雨的洗礼,终于迎来了新的历史性契机。在为实现中华民族伟大复兴而奋斗的过程中,儒学终于又获得了发挥其建设性功能的广阔天地。毫无疑问,这一契机不仅是儒学发展的大事,而且也是中华文化发展的大事,甚至是事关整个中华民族复兴和人类进步的大事,"对孔子精神做符合时代精神的革新意味着精神和伦理文化对于物质主义文化的一次胜利,它将不仅对于中国,甚至对于全世界都有着重大的意义"[1]。当然,从我国思想界、理论界和学术界以及公众文化生活中的一些状况来看,对此显然还有各种不同的意见,许多与此相关的重要理论和实践疑难也有待进一步澄清。特别是对于儒学千百年来对于中华民族的道德教化功能,对于孔子的中华民族精神导师地位,实际上并没有得到充分的认同;更有甚者,直至现在社会上对儒学和孔子的恶毒攻击、轻率谩骂和激进批判的现象还屡见不鲜,甚至出现在一些重要的媒体中。因而,基于文化自信的立场,深入探讨意识形态、文明根柢与道德基因之间的关系,明确儒学在当代中国社会中的地位和功能,对于我们立足中华民族的优秀伦理和道德传统构建当代伦理学,也具有重要的理论和实践意义。

一、意识形态和文化传统

关于经过 1911 年的辛亥革命,儒学已经丧失了长达 2 000 多年的国家意识形态地位的现实,100 多年来的中国学术界和思想界都予以承认。至于对此后的儒学命运问题,除了少数企图恢复其意识形态功能的呼吁之外,占主导地位的学术和思潮往往认为儒学已经彻底结束了其历史使命;当然,坚忍不拔的新儒家仍在为儒学的再生而努力。令人欣慰的是,自改革开放之后,特别自进入 21 世纪 10 年代以来,随着中国综合国力的迅速提高,当代中国人的文化自信也大为增强,包括思想界、理论界和学术界在内的中华民族已经有可能比较平和地理解儒学了。例如,面对儒学是否仍有生命力的提问,在其《儒学的现代命运——儒家传统的现代阐释》一书中,崔大华首先以伦理道德思想为特质,从观念体系、意识形态和生活方式三个维度给出了自己对于儒学和儒家传统的独特界说,强调儒学的根本精神是一种理性的、世俗的伦理道德精神,坚定地守卫着人类文明生活的底线——要有伦理、有道德地生活。接着,基于儒学是中华民族精神生命之所在,中华民族的兴衰荣辱,都能从不同维度上显示出与儒学关联的史实,崔大华认为,20 世纪初,当中华民族国势衰危、国民道德颓靡,儒学被视为是酿成这种厄运之精神根源而受到否定性批判,也是很自然的。

但是,“在中华民族迈上复兴之路时,儒学也有了新的定位,即蜕去了它在历史上被附着的有权力因素的那种国家意识形态性质,而以其固有的伦理道德思想特质、以其作为中国传统文化中之具有久远价值的基本精神来表现其功能时,人们发现,儒学还是珍贵的,仍在支持着、模塑着我们中华民族作为一种有悠久历史的文化类型和独立的生活方式的存在”[2]。具体说来,儒学的这种现时代生命力首先体现为儒学在中国现代化进程中的贡献和生长:儒学不仅能在实现中华民族伟大复兴过程中具有提供动力因素、秩序因素和适应能力的功能;而且也会实现其现代转化,强化法治社会里伦理秩序中的道德义务责任意识和公民社会里公民道德中的儒家德性观念。此外,儒学的现时代生命力还体现为对西方现代性人生意义失落精神危机的救治和超越,对生态伦理和生态运动、全球伦理即普世伦理、女性主义思潮和女性主义运动的补益性回应,等等。这里,崔大华基于意识形态和文化类型、生活方式的区别考察儒学现代命运的方法,是有启示意义的。这样做就避免了彻底否定或全盘肯定儒学的两个极端,为人们因革损益、继往开来,更好地发挥儒学在实现中华民族伟大复兴过程中的建设性功能开拓了富有启发性的思路。

当然,为充分发挥这一思路,我们就有必要澄清意识形态的定义和功能,意识形态与文化及其传统的联系和区别,意识形态与文化及其传统分别作为考察人类历史和社会问题的两个基本视角,以及当代意识形态与作为中国、中华民族、中华文明的文明根柢与道德基因的儒学的关系问题。关于意识形态的定义,西方学者一般认为:"意识形态是具有符号意义的信仰和观点的表达形式,它以表现、解释和评价现实世界的方法来形成、动员、指导、组织和证明一定的行为模式或方式,并否定其他一些行为模式或方式。"[3] "虽然'意识形态'一词经常被用在其他背景中,但它首先而且主要是一个政治术语。"[4] 至于我国学者则强调人们对世界和社会的系统看法、见解、信仰、追求,以及对哲学、政治学、社会学、新闻学、法学、史学、文艺学、宗教学、伦理学,包括经济学中涉及生产关系的思想理论观点等,都是意识形态的具体表现。从以上对关于意识形态定义的简略引证来看,无论是我国学者还是西方学者,都认为意识形态具有两种属性:既是一种完备的世界观、人生观、价值观理论,又主要是一种政治建构学说。这一点可以说为我们把握意识形态的基本特性和社会功能奠定了初步基础。

但进一步的概括和分析则表明,在对意识形态之内涵和范围的理解方面,我国一些学者主要强调意识形态属于上层建筑,是经济基础的必然反映,突出了其反映世界性生产方式演进的方面,但对其与民族文化传统的联系和区别则关注较少;就范围而言,一些学者虽然也区别了文化和意识形态,但仍然存在着一种对意识形态的理解太广泛,有一种使文化及其传统从属于意识形态的倾向。比较起来,西方学者虽然忽略了从阶级关系定义意识形态与文化传统,有很大的局限性,却比较注意意识形态与文化及文化传统的区别:"从广义上说,意识形态可以表示任何一种注重实践的理论,或者根据一种观念系统从事政治的企图。"[5]至于文化则为"人类知识、信仰和行为的整体"[6],包括语言、思想、信仰、风俗习惯、禁忌、法规、制度、工具、技术、艺术品、礼仪、仪式及其他有关成分,其范围显然比意识形态广泛得多。关于上述两种观点的联系与区别,以及其相应的理论和实践意义,应该进一步分析,不宜简单地下结论,但这至少启发我们,无论在合理地界定意识形态或文化传统的基本概念时,还是在具体研究某国某时的意识形态或文化传统问题时,都应该更重视和更深入地探讨意识形态和文化传统之间的关系问题。

例如,在中国古代社会中,自汉武帝"罢黜百家,表章六经"之后,儒学就从原先的一个民间学派上升为"国教"即转变为官学,从一种伦理道德思想发展成为具有法律性和宗教性功能的大一统国家之意识形态。就意识形态和文化传统的关系而言,首先,这一时期的儒学,既是一种意识形态,同时是一种文化传统。这就是说,儒学原本是一种已经生存着的民族文化传统(当然不是文化的全部),然后才成为中华民族之国家的意识形态,发挥着当时政治建构的功能。由于这种意识形态有作为文化母体的本民族文化传统基础,就十分有利于它作为民族文化传统本身发挥必要的社会功能。其次,儒学作为一种文化传统,在居于国家意识形态地位时,它与中国文化传统的其他部分,有一种复杂的关系。虽然,儒学有一种"权威主义独断论"的性格,但在实际的操作中,与其说儒学绝对地排斥和消灭了其他学派和思想,毋宁说它还要并且能够吸取和利用它们,甚至和它们存在着一种相辅相成的关系,如从汉代开始的"儒表法里"、宋代之后的三教合一:"儒家治世、道家治身、佛家治心",等等。由此可见,意识形态和文化传统是两个范畴,它们之间的关系也是复杂的;合理地理解和处理两者的关系,需要具体情况具体分析。

二、作为文明根柢的儒学

以上，在基于儒学丧失了国家意识形态地位的视角提出探讨儒学当代命运的问题之后，接着崔大华的话题，笔者首先考察了国内外学术界和思想界关于意识形态和文化传统的一些基本概念，强调为合理地理解儒学的当代命运，必须全面和深入地探讨意识形态和文化传统的关系，并通过对儒学古代命运的简要分析，初步形成了本书关于当代意识形态与儒学关系的思考。在当代中国社会，我们毫无疑问要巩固马克思主义在意识形态领域的指导地位，努力巩固全党全国人民团结奋斗的共同思想基础，这是首要的方面。但是，我们同时也要看到，由于马克思主义像 20 世纪的其他重大意识形态一样，是西方文明的产物，因此不能直接照搬到中国来，而是必须使其与中国的历史传统、文化积淀、基本国情和道路特色结合起来，否则就会水土不服。因此，为充分发挥马克思主义在意识形态领域的指导作用，就必须不断地实现马克思主义中国化、时代化、大众化。实际上，中国特色社会主义理论本身就是马克思主义中国化的最新成果。而这种中国化的一个重要方面，即从意识形态和文化传统之间的关系来看，就是马克思主义与作为中华民族传统文化主体之儒学的相结合，这可以说是我们合理地理解当代意识形态与儒学关系的基本出发点。

其次，基于上述关于意识形态既是一种完备的世界观、人生观、价值观理论，又是一种政治建构学说的观念，在当代自由、平等、公正、法治的社会中，马克思主义的意识形态指导功能主要体现在政治建构范围内，而不能取代整个文化的功能。这就是说，基于意识形态和文化传统的联系和区别，作为当代意识形态，马克思主义主要作为中国特色社会主义基本制度的理论基础，确定在政治上坚持中国共产党的领导地位、坚持经济建设的社会主义本质、在社会和文化生活中坚持每个人自由全面发展的前进方向，等等。至于在终极关怀的信仰和道德生活及其认识、管理、方法等领域，与其说马克思主义要否定传统儒、释、道等各家各教的终极关怀及其相应的生活观念和方式之合理性,毋宁说要努力与它们形成一种互补与协调的关系。此外,鉴于相对于科学技术和经济活动、政治生活,以道德为核心的价值观念与本国和本民族传统的最为紧密的联系,在这方面,为确立中国特色社会主义的道路自信、理论自信、制度自信的根基"文化自信",为培植社会主义核心价值观的"生命力"和发挥其"影响力",为建设我国各民族、各地区的共有精神家园,为积极培养中华民族共同体意识,我们就更必须立足以儒学为主体的中华优秀传统文化。

关于上述马克思主义的意识形态指导地位和文化传统作为文明根柢、文化根基和文化母体的地位,作为合理地理解和处理当代意识形态和文化传统之间关系问题的一种见解,也可以从我国当代学者的一些论述中得到支持。例如,汤一介在《儒学与马克思主义》一文中指出:"我们的国家要建设的是有中国特色的社会主义社会,因此,我们必须传承中国文化的传统。……影响着我国社会可以说有两个传统,一个是几千年来的国学,即中国历史上的传统文化,其中影响最大的是儒家思想文化,我们可以称之为老传统;另一个是影响着中国社会、改变着中国社会面貌的马克思主义,我们可以称之为新传统。我们必须传承这两个传统,并且要逐步使两个传统在结合中创新。"[7]这里,汤一介既肯定了当代中国分别有儒家思想文化和马克思主义两个传统的合理存在,又提出了实现这两种传统的综合创新以推进中国特色社会主义文化建设的任务,确实为我们处理好当代意识形态和文化传统的关系,特别是马克思主义与儒学的关系问题提供了有益的思路:为实现建设中国特色社会主义的伟大目标,就要使儒学现代化和马克思主义中国化,把人文道德理想和革命批判精神结合起来。

此外,在《中国之路与儒学重建》一书中,郭沂认为,在当今世界范围内,有一种现代价值与传统价值二元并行的趋势,前者指现代民主主义思潮,在不同国家表现为国家意识形态,属于"政治"范畴;后者主要指能够代表民族精神和民族信仰的文化传统,属于"文化"范畴。就两种价值的关系而言,在西方国家出现了一种作为国家意识形态的民主主义思潮和作为西方民族意识形态的基督教并行两立的格局;同样,在一些非西方的现代化国家中,也并非是全盘移植西方文明,而是把民主主义作为国家意识形态,至于其根本价值则仍然是民族的。至于中国和中华民族,作为一个和整个西方文明相当的中华文明的承担者,在古代,其传统的民族意识,特别是在汉武帝之后,儒学表现为国家意识形态。而在丧失了国家意识形态地位的辛亥革命之后,儒学也能够像其他文明的宗教一样在现代社会继续扮演民族意识形态的角色。这么说的根据在于:"中国传统制度的崩溃,只意味着作为社会制度的儒学,或者说作为国家意识形态的儒学失去了依托,并不表明整个儒学生命的死亡。事实上,作为'人伦日用'和作为精神信仰的儒学,已经进入中国人的潜意识中,已经渗透到中国人的血液中,甚至已经成为中国文化遗传基因的主要组成部分。"[8]

89

进一步说,按照郭沂的看法,中国现阶段的基本价值取向应包含两个部分,国家意识形态"是治国方针,决定着国家的政治体制,制约着国家发展的方针政策,更多地出于现实的需要"[9];民族意识形态"是民族灵魂,规范着伦理道德,护持着风俗习惯,支撑着精神信仰,维系着民族认同,更多地出于历史的延续。……国家意识形态和民族意识形态扮演着不同的角色,它们相辅相成,缺一不可"[10]。从以上的引证来看,虽然郭沂的相关用语还可商榷,但对于笔者思考当代意识形态与儒学的关系问题,有一定参考价值。这就是说,在处理中国当代意识形态和文化传统的关系问题上,我们首先要重视区分意识形态和文化传统,既坚持意识形态的政治建构功能,又发挥文化传统的文明根柢作用,使两者共同成为实现中华民族伟大复兴的政治和文化基础。毋庸讳言,100年来,我国之所以长期出现了反传统思潮,其原因之一就是有一种以意识形态去排斥、取代甚至消灭文化传统的倾向。当然,在区分了意识形态和文化传统的基础上,如何实现双方在当代社会的融合,则是更艰巨的事业。古今中外的历史经验昭示我们,意识形态民族化和文化传统时代化的结合比较有利于一个国家的治理。因此,我们要在已有成就基础上继续努力。

三、作为道德基因的儒学

意识形态主要是政治建构,文化传统则是文明根柢,这里的"文明根柢"概念主要来自姜义华,为了进一步说明本书的这个基本观点,有必要对此范畴作些分析。在《中华文明的根柢——民族复兴的核心价值》一书中,参考 20 世纪英国历史学家汤因比以文明为单位研究世界历史的观点,姜义华认为中华文明是一个原生性的、独立的、自成体系的文明,是世界上五大原生性的第一代文明中唯一没有中断,至今仍然具有旺盛生命力的原生性文明。基于这一观点,他就能够从"文明"的视角考察中华民族的复兴,认为中华民族正在实现伟大复兴,伟大复兴是中华民族立足中华文明的根柢,走中国自己发展道路的结果,并由此提出了"中华民族伟大复兴的三大文明根柢"的概念:100 年来大一统国家的成功再造、家国共同体的传承与转型和以天下国家为己任的民族精神的坚守与弘扬,为我们在中国传统的国家治理体制、社会和经济结构、民族精神这些深厚和悠久的文明根柢中去寻找中华民族复兴的原因给出了一个很好的提示。本书关于文化传统是文明根柢、作为文明根柢和文化根基的儒学等提法,就直接来自于此。因为,"以天下国家为己任的民族精神"[11]就是典型的儒学价值,或者说主要是由儒学支撑起来的中华民族精神。

当然,以上的分析主要还是援引性的,为充分说明"文明根柢"这一范畴的学理依据,还需要从历史观和方法论的角度作些发挥。从方法论上说,为确立"文明根柢"这一范畴,我们就必须拓展历史观的视野,善于从多个角度考察世界历史,考察中华民族的生成、发展、绵延和走向未来的历史。即不仅要基于通常的社会基本矛盾运动的视角考察意识形态和文化传统的关系问题,而且也要学会从"文明"的视角出发;不仅要基于一般的现代化范式考察意识形态和文化传统的关系问题,而且更要从中华民族复兴的基点出发。正是基于这一与意识形态既有联系又有区别的"文明"和"中华民族复兴"的视角,本书可以从"作为文明根柢的儒学"的角度探讨儒学的当代命运,即在当代中国的整个社会结构中,为儒学确定其合适的位置,而不至于使其成为一个无家可归的"游魂"。这就是说,相对于作为第一生产力的现代科学技术,相对于作为中国特色社会主义基本制度理论基础的马克思主义及其最新成果,相对于作为当代社会体制建设借鉴的各种人类文明有益成果,中国传统文化主体的儒学主要作为当代中国的文明根柢之一或文化根基,成为当代中国社会结构中一个不可或缺的基本要素。

　　而从历史进程上看,孔子继承了以周公为代表的六经传统,虽然在当时的政治上并不成功,但奠定了中华民族的道德基础。对于春秋战国时期向秦始皇大一统国家的转变,虽不能说没有参与,但儒家毕竟没有发挥像法家和时君那样的主导作用,其"难与进取,可与守成"的特性已经确立。汉朝吸取秦朝二世而亡的教训,至汉武帝"罢黜百家,表章六经",确立了儒学的国家意识形态地位,"二千年来国教之局乃始定矣"[12],既维护了当时的大一统制度,又成为保障中华民族安定发展的道德条件。虽然后来各个朝代的情况不同,但只要能够维持基本的儒家秩序,社会即会获得安定的一个必要条件。近代东西方帝国主义入侵,儒学又遇到进取和守成的难题,在特殊的历史条件下遭到毁灭性打击。但自改革开放以来,道德品质、社会秩序、民族认同、贡献世界等的要求,中国社会开始重新呼唤儒学;因此,当今儒学应该和可以在马克思主义作为国家意识形态的条件下,获得文明根柢之一或文化根基的地位,并发挥相应的社会功能。至于在当代中国社会结构中具有文明根柢之一或文化根基地位的儒学,其发挥特定社会功能的路径则可以用"作为道德基因的儒学"的命题来表达。

　　这里的道德基因概念,是从现在学术界和思想界通常运用的文化基因范畴转化而来的。所谓文化基因,用历史学家许倬云的定义来说:"不同的人群,身处不同的自然环境,会各自发展相应的行为模式和社会结构。我们也许可以借用生物基因的观念,称这些特质为文化基因。"[13]这是一种从不同自然环境中人群的行为模式和社会结构的角度界定文化基因概念的方法。据此,本书的道德基因概念,就指相对于西方等域外文明和文化的为中国人所特有的道德观念和信仰体系,即在我国大地上形成和发展起来的道德价值,它已经绵延了几千年,经历了各个时代和各种生活方式的挑战,仍然是我们民族的根和魂。至于这一道德基因的基本内涵,当前的解读和定义也不少,除了以上引证的崔大华《儒学的现代命运——儒家传统的现代阐释》一书中的相关论述之外,儒学研究专家陈来近期对"中华民族的核心价值"的概括较好,可以用来表达本书对于"作为道德基因的儒学"的基本理解:"道德比法律更重要,社群比个人更重要,精神比物质更重要,责任比权利更重要,民生比民主更重要,秩序比自由更重要,今生比来世更重要,和谐比斗争有价值,文明比贫穷有价值,家庭比阶级有价值。"[14]

上述关于与作为政治建构的意识形态相对应,文化传统是文明根柢、儒学是中华文明的根柢之一和道德基因的观点还是一种不很成熟的看法,本书提出来请大家批评指正。如果这一观点能够成立的话,那么它似乎有助于澄清当前涉及培育和弘扬社会主义核心价值观进程中的一些疑难问题。例如,社会主义核心价值观作为能够反映中国各族人民共同认同的价值观"最大公约数",要求全国人民无论民族、阶层、信仰、观念的不同,均应自觉认同和努力践行。但是,从目前理论界、学术界和思想界的研究和宣传的情况来看,由于一些作者对意识形态和文化传统的关系理解不同,导致在对社会主义核心价值观的把握中,有的只强调马克思主义的指导地位,有的只强调立足中华优秀传统文化,特别是只强调立足儒家道德传统,而不能全面地综合其四个基本要素:社会主义本质要求、中华优秀传统文化、世界文明有益成果和时代精神,特别是其中既有联系又有区别的社会主义本质要求和中华优秀传统文化。但是,如果我们在合理地理解当代意识形态和文化传统关系的基础上,做到在巩固马克思主义在意识形态领域指导地位的同时,更好地立足中华优秀传统文化,特别是作为中华文明的根柢之一和道德基因的儒学,即既坚定地以马克思主义为指导,又自觉地坚守中华文化立场,这些疑难就容易得到解决,而构建当代伦理学体系的文化自信范式也由此得到了有效的落实。

　　本章以《意识形态、文明根柢与道德基因——关于儒学当代命运的思考》（《上海师范大学学报》2015 年第 6 期）为基础修改写成。

注释：

　　[1] 史怀哲(施韦泽)：《中国思想史》，常暄译，社会科学文献出版社 2009 年版，第 108 页。

　　[2] 崔大华：《儒学的现代命运——儒家传统的现代阐释》，人民出版社 2012 年版，自序第 2 页。

　　[3] 米勒、邓正来主编：《布莱克威尔政治思想百科全书》，中国政法大学出版社 2011 年版，第 265 页。

　　[4] 巴拉达特：《意识形态　起源和影响》，世界图书出版公司 2012 年版，第 9 页。

　　[5] 中国大百科全书出版社《不列颠百科全书》国际中文版编辑部编译：《不列颠百科全书·国际中文版》(修订版)，中国大百科全书出版社 2009 年版，第 8 卷第 322 页。

　　[6] 同上书，第 5 卷第 56 页。

　　[7] 汤一介：《瞩望新轴心时代——在新世纪的哲学思考》，中央编译出版社 2014 年版，第 140 页。

　　[8] 郭沂：《中国之路与儒学重建》，中国社会科学出版社 2013 年版，第 100 页。

　　[9] 同上书，第 102 页。

　　[10] 同上。

　　[11] 姜义华：《中华文明的根柢——民族复兴的核心价值》，上海人民出版社 2012 年版，第 101 页。

　　[12] 梁启超：《梁启超全集》，中国人民大学出版社 2018 年版，第三集第 53 页。

　　[13] 许倬云：《中西文明的对照》，浙江人民出版社 2013 年版，第 4—5 页。

　　[14] 陈来：《中华文明的核心价值》，生活·读书·新知三联书店 2015 年版，第 2 页。

第二篇

体系构建论

构建当代中国伦理学的"文化自信"范式,应该坚持以马克思主义为指导,坚守中华文化立场,融通马克思主义伦理学、中华优秀传统伦理学和国外伦理学积极成果,使伦理学在指导思想、文化立场、学科体系、学术体系、话语体系等方面进一步体现中国特色、风格和气派。为此,通过宏大叙事与专业研究的相反相成、指导思想与文化立场的互补融通、政治引领与道德共识的相辅相成,以实现意识形态与学科逻辑的辩证统一,是其基本原则。如果说现代科学技术及其生产力是当代伦理学发展的客观动力,那么中国特色社会主义基本制度、新时代的社会体制建设、优秀传统文化作为其表现之一的中华文明根柢,则是其融通上述三种资源暨三种路径的社会结构基础。

第八章　当代伦理学话语体系的构建

改革开放以来,中国伦理学获得了健康发展的历史性机遇。思想解放使伦理学作为一门独立的学科成为可能,以马克思主义为指导保障着伦理学发展的正确政治方向,面向世界使伦理学得以借鉴国外相关领域的积极成果,承续传统使伦理学能够立足民族优秀道德,关注现实使应用伦理学异军突起,政府的大量投入则使伦理学的学科建设有了充分的物质保障。毫无疑问,中国伦理学已经实现了长足的进步,对于这一事实,我们应该予以充分肯定。当然,为构建有利于实现中华民族伟大复兴的伦理秩序,并由此为"构建人类命运共同体"作出较大的贡献,从履行这一宏伟使命的要求来看,当代中国伦理学在指导思想、文化立场、学科体系、学术体系、话语体系等方面都必须进一步体现中国特色、风格和气派,伦理学工作者为此还有许多事情要做,必须继续坚忍不拔地奋斗。有鉴于此,考虑到全面探讨上述五个方面问题的广泛性和复杂性,在基本论证了当代中国伦理学的哲学基础暨文化自信范式之后,本章集中探讨当代伦理学的话语体系构建问题,并由此开始本书的第二篇《体系构建论》。

一、伦理学话语体系与民族命运

就中国哲学社会科学的历史发展而言,当前学术界一般都认为,在漫长的古代社会中,它经历了从先秦子学、两汉经学、魏晋玄学,到隋唐佛学、儒释道合流、宋明理学等几个大的阶段,而绵延始终、影响最大的则是由孔子开创、以伦理道德思想为特质的儒学。对此,正如方克立教授所指出的那样:"中国有这个传统,就是通过解经、注经来发挥自己的思想。……'六经'实际上在孔子以前已经存在,孔子的工作是对它进行整理。这是为传承中国文化做的一个很重要的贡献。"[1]至于儒学与被称为伦理学的这门现代学科的特殊关系,则可以从近代教育家蔡元培的《中国伦理学史》一书中看出端倪:"我国以儒家为伦理学之大宗。而儒家,则一切精神界科学,悉以伦理为范围。"[2]无论是哲学、心理学、宗教学、美学,还是政治学、军事学等学科,概莫能外。当然,在近代西方思想文化和科学知识涌入,特别是在马克思主义成为当代中国哲学社会科学的发展起点之后,无论是儒学在中国哲学社会科学中的地位,还是儒学与伦理学的关系,都发生了根本性的变化。但是,为深入考察"伦理学话语体系与民族命运"的关系,这一古代历史的背景还是不可忽略的。

儒学在中国古代哲学社会科学中居于主导地位,儒学本身就是一种以道德视角为焦点的学科体系和学术体系,如果上述观点可以成立的话;那么应该说,在"百家争鸣"的先秦子学时代诞生之后,从"表彰六经"的两汉经学时代直到20世纪初叶的辛亥革命,儒学以其"三纲五常"的话语体系,作为文化传统和意识形态,不仅总的来说从道德上保障了古代中国可大可久之发展,而且辐射到一些周边国家,形成了英国历史学家汤因比所说的"中国文明的卫星文明"[3]。当然,儒学学术话语体系的这种地位和力量并非固定不变。近代以来,面对东西方帝国主义列强的侵略和资本主义工业文明的挑战,中华民族陷入了国势衰微、国民道德萎靡的境地,儒学自然也受到了激烈的责难和批判,折射出中国伦理学话语体系与民族命运的深层关联。但"塞翁失马,安知非福"?以儒学为核心的中国古代伦理学之衰落,也许正是近现代中国伦理学及其话语体系兴起的契机?早在100多年前,中华民族的思想大家之一梁启超就这么说过:"合世界史通观之,上世史时代之学术思想,我中华第一也;……中世史时代之学术思想,我中华第一也;……惟近世史时代,则相形之下,吾汗颜矣。虽然,近世史之前途,未有艾也,又安见此伟大国民,不能恢复乃祖乃宗所处最高尚、最荣誉之位置,而更执牛耳于全世界之学术思想界者。"[4]

梁启超对中国古代学术思想在世界历史中地位的上述评定不一定精确,但其面对中国近代学术思想落后的现实而不失其复兴希望的强烈情感则是合理的。这么说的根据在于,以儒学为核心的中国古代伦理学的学术话语体系之所以能够有溢出中华民族的影响力,是由于古代中华文明在东亚居于相对先进的地位;而近代以来它之所以受到责难和批判,则是由于长期发挥了意识形态功能的古代儒学及其伦理思想无法承担起中华民族救亡图存的伟大使命。令人欣慰的是,这一使命已经由坚持马克思主义指导地位、坚持把马克思主义基本原理同中国实际和时代特点结合起来的中国共产党完成了。近 100 年来,在中国共产党的领导下,中华民族的历史命运已经发生了天翻地覆的变化,实现了中国从几千年封建专制政治向人民民主的伟大飞跃,实现了中华民族由不断衰落到根本扭转命运、持续走向繁荣富强的伟大飞跃,实现了中国人民从站起来到富起来、强起来的伟大飞跃。毫无疑问,中华民族历史命运的这种历史性变化,为中国伦理学在指导思想、文化立场、学科体系、学术体系、话语体系等方面进入新的历史阶段奠定了广阔和深厚的社会基础。

当然,中国比近代以来任何时期都更加接近世界舞台的中央,中华民族比以往任何时期都更加接近伟大复兴的目标,中国人民从站起来到富起来、强起来的历史性命运转变,只是我们构建当代伦理学及其话语体系,并充分发挥其建设性功能之必要的客观条件;为真正完成这一当代中国伦理学工作者不可推卸的重要职责,我们还必须付出不同寻常的主观努力。至于在所有这些努力中,首先必须清醒地明确的是,我们构建当代伦理学,使其在学术命题、学术思想、学术观点、学术标准、学术话语等方面尽可能地同中国当前的综合国力和国际地位相称起来,绝不是少数专家学者的孤芳自赏,而是有着宏大和崇高的目标:为实现中华民族伟大复兴构建伦理秩序。进一步说,历史和现实已经昭

99

示我们,没有以马克思主义为指导,没有中国共产党的领导,中华民族的伟大复兴是不可能的。从而,为构建充分体现中国特色、风格和气派的当代伦理学,我们必须坚持作为立党立国根本指导思想的马克思主义,不断地把马克思主义中国化、时代化、大众化、特别是把马克思主义伦理学中国化、时代化、大众化的事业推向前进。

二、伦理学话语体系与指导思想

至于从当代中国伦理学发展的现实来看,在坚持以马克思主义为指导方面,虽然不能说完全没有诸如类似吴新文研究员所指出的那种现象:"马克思主义的资源被忽视甚至被放弃""中华优秀传统文化的资源遭到扭曲和狭隘化""西方哲学社会科学的资源被滥用和理想化"[5],即不能否认伦理学界中确实有些人对马克思主义伦理学原理及其最新成果保持着一定的距离,对中华传统道德思想从彻底否定的极端走向全盘肯定的另一极端,对西方道德和伦理学缺乏分析和批判而一味引进,甚至盲目赞同,等等。但据笔者的了解,由于已故的罗国杰教授等老一辈伦理学家(在此不一一列举其他一些代表性人物的名字)砥柱中流般的努力,以及相当数量的新一代伦理学工作者的继承和发扬,改革开放以来的中国伦理学界在坚持马克思主义伦理学原理并不断地推进其中国化方面,取得了明显的成绩。[6]这就是说,从构建当代伦理学的学科体系、学术体系、话语体系等方面的要求来看,伦理学界的主体或主流在这方面所取得的成就是改革开放以前的 30 余年不可比拟的。特别可喜的是,在经过了多次和反复的锻炼之后,新一代马克思主义伦理学工作者的队伍已经形成。

当然,面对当前社会道德观念和价值取向日趋活跃、多元并存的现实,如何巩固马克思主义在中国人民道德生活中的指导地位,形成有利于实现中华民族伟大复兴的伦理秩序;面对世界范围内各种道德思想和道德文化交锋的现实,如何加快中国特色社会主义道德强国建设、增强道德软实力、提高我国在国际上的道德话语权,现在取得的成绩还远远不够,中国伦理学界还有许多事情要做,不可有半点懈怠。具体说来,在坚持马克思主义伦理学原理方面,毋庸讳言,还存在着一定程度的教条主义和实用主义倾向,有些理论概括和表述方式似乎还没有完全摆脱和超越"以阶级斗争为纲"的哲学—伦理学体系的影响。因此有必要在推进马克思主义伦理学原理中国化、时代化、大众化方面继续努力、实现更多的创新。其次,就伦理学内部基础理论(原理)、中国伦理学史、外国伦理学史、应用伦理学四大部分的融通以及在此基础上的创新而言,虽然在各部分分别取得了显著的进步,但是,从既以马克思主义伦理学原理为指导,又能够充分综合中国传统伦理思想和国外伦理思想之积极成果的要求来看,还少见典范性著作的问世。

101

　　进一步说,为在现有成就的基础上,既不自满、又不气馁,而是勇于担当地去克服这种马克思主义伦理学原理中国化、时代化、大众化程度还不够,当代主流伦理学影响力和话语权还需加强的弱点,我们可以参照和借鉴应用伦理学关于"应用什么""应用于什么""如何应用"的设问,即从其可利用的资源、研究主题和努力方向及其方法的着手思路,围绕"伦理学话语体系与指导思想"的问题,提出一些初步的构想。"应用什么":以马克思主义为指导构建当代伦理学,就要应用马克思主义伦理学基本原理及其最新成果。"应用于什么",就是要把它应用于实现中华民族伟大复兴的实践,特别是为其奠定伦理秩序的实践。"如何应用",就是要把马克思主义伦理学基本原理同当代中国道德生活的实际和时代特点结合起来,和中华民族的优秀道德传统结合起来,和积极吸取人类道德文明的有益成果结合起来,不断地把马克思主义伦理学基本原理中国化推向前进。当然,为了充分说明上述并不完全成熟之构想的根据,就有必要对这三个"应用"做进一步的论证。

　　就包括伦理学在内的当代中国哲学社会科学产生和发展的历史背景而言,它是以马克思主义进入我国为起点的,是在马克思主义指导下逐步发展起来的。这就是说,自近代列强入侵和国门被打开之后,传统中国的"哲学社会科学"已经无法承担起救亡图存的任务,许多志士仁人开始引进西方思想,现代意义的哲学社会科学逐步在中国发展起来,促进了中国的现代化进程。但是,真正使中国社会实现了三次"伟大飞跃",使具有 5 000 多年文明历史的中华民族、500 年历史的社会主义主张、60 多年历史的共和国建设达到新境界的,正是用马克思主义武装起来的中国共产党的领导。因此,我国近代以来哲学社会科学的发展和进步,特别是近代以来伦理学的发展和进步,只能和必须坚持以马克思主义为指导,这是 100 多年我国发展历程赋予的规定性和必然性。随着儒家伦理的国家意识形态地位动摇和丧失以来,20 世纪上半叶的中国逐步形成了自由主义、新儒家、马克思主义三大伦理学思想潮流,经过三者之间长时期的交锋,随着马克思主义指导思想地位的确立,终于形成了以马克思主义为主导的,融通了国内其他思潮和流派的道德生活和相应的伦理学结构。

三、伦理学话语体系的融通创新

如果说,与以上关于伦理学"应用什么"的论证相比较,"应用于什么"问题十分明确,那么"如何应用"则是我们更需要细致探讨的问题。这方面,笔者认为,除了对马克思主义要真懂真信、坚持以人民为中心的研究导向和问题导向之外,当前必须特别重视要善于融通古今中外各种资源,即"伦理学话语体系的融通创新"问题。这么说的根据在于,随着我国改革开放历史性进程的不断深化,随着我国思想界、理论界和学术界自上而下与自下而上的不断积极互动,一种关于如何发展当代哲学社会科学的共识不仅已经形成,而且得到了广泛的认同:各门哲学社会科学的当下成果,离不开古往今来各种知识、观念、理论、方法等的融通生成。因此,为发展当代中国伦理学,伦理学人必须善于融通古今中外各种资源,特别是马克思主义的资源、中华优秀传统文化的资源、国外哲学社会科学的资源,包括世界所有国家哲学社会科学、特别是伦理学取得的积极成果。根据这一共识,在构建当代伦理学话语体系时,我们必须善于运用马克思主义伦理学的话语、中华优秀传统伦理学的话语、国外伦理学积极成果的话语,并在此基础上实现古为今用、洋为中用的话语体系之融通创新。

关于马克思主义伦理学话语体系问题,即马克思主义的资源,包括马克思主义基本原理,马克思主义中国化形成的成果及其文化形态,这是中国特色哲学社会科学的主体内容,也是中国特色哲学社会科学发展的最大增量。概括地说,马克思主义伦理学基本原理主要包括以下要点:历史唯物主义的社会形态及其相应的道德形态理论、实现人民解放和维护人民利益的立场、以实现人的自由全面发展和全人类解放为己任的共产主义理想、不仅致力于科学"解释世界",而且致力于积极"改变世界"的实践品格。至于马克思主义伦理学中国化形成的成果及其道德形态的要点,可以说至少有:中华民族伟大复兴的目标、革命英雄主义、爱国主义、全心全意为人民服务、集体主义原则、与时俱进的包容道德、培育和践行社会主义核心价值观。毫无疑问,在当代伦理学的整个话语系统中,由于与中国特色社会主义基本制度直接相关,马克思主义伦理学的话语体系是其主体内容和最大增量,占据着主导与核心地位。当然,对于这种主导与核心地位,我们也不能采取教条主义和实用主义的态度;而是不仅要坚持,还要发展,更要实现其与中华优秀传统伦理学和国外伦理学积极成果等话语体系的融通创新。

至于中华优秀传统伦理学话语体系问题,即中华优秀传统文化的资源,这是中国特色哲学社会科学发展十分宝贵、不可多得的资源。是我国的独特优势。毋庸讳言,100余年来,在中国现代道德和伦理学实现革命性、历史性变革的同时,由于反传统道德思潮的过度影响,在构建当代中国伦理学的话语体系时,我们长时期不能够传承好中华优秀传统道德这一十分宝贵、不可或缺的资源,并成为导致当代中国道德和伦理学话语体系力量软弱的原因之一。令人欣慰的是,随着近年来中国人民文化自信和道德自信意识的逐渐增强,特别是由于党和国家对"培育和弘扬社会主义核心价值观必须立足中华优秀传统文化"思想的大力倡导,以及领导人对中华优秀传统道德和伦理学话语的不断引用:

103

"民惟邦本""天人合一""和而不同""自强不息""天下为公""天下兴亡，匹夫有责""君子喻于义""君子坦荡荡""君子义以为质""人而无信，不知其可也""仁者爱人""与人为善""己所不欲，勿施于人""出入相友，守望相助"等等；在构建当代中国伦理学时，我们已经并将继续走在能够充分运用中华优秀传统伦理学话语体系的广阔道路上。

还有国外伦理学积极成果话语体系的问题，即国外哲学社会科学的资源，包括世界所有国家哲学社会科学取得的积极成果，这可以成为中国特色哲学社会科学的有益滋养；由于近代以来西方及其文化在全世界占据强势地位，因此在这方面，我们虽然要吸取世界所有国家道德和伦理学的积极成果，但是现在把重点放在西方也是可以理解的。至于近代西方文化及其道德本身，它既有科学、人权、民主、自由个性的积极一面，又有非生态性、侵略性和自私性的消极一面。在吸取西方道德和伦理学的积极成果时，我们要防止盲目排斥和全盘西化两个极端，特别是全盘西化的极端。这就是说，我们不仅要善于采纳西方文化及其道德的积极成果，排除其消极方面；而且即使在采纳其积极成果时，也要以中华民族伟大复兴的宏伟事业为主体，使其成为整个当代中国伦理学话语体系中的一种建设性要素。在这方面，可以说社会主义核心价值观国家、社会、个人三个层面的要求及其辩证统一，就是全国思想界、理论界和学术界上下一致努力，以马克思主义为指导，融通了马克思主义、中华优秀传统文化和国外哲学社会科学三种资源而综合创新的典范。

四、伦理学话语体系与文化自信

坚持以马克思主义为指导，融通马克思主义伦理学、中华优秀传统伦理学和国外伦理学积极成果三种资源以构建当代中国伦理学的话语体系，不是学者藏之名山的个别创作，而是当下中华民族伟大复兴事业的一个有机组成部分。因此，我们伦理学工作者不仅要深入考虑这一话语体系本身的完整性问题，而且更要自觉地为提高其影响力和话语权而努力。从这一要求来看,可以说一方面不能否认我们已经取得了很大的进步,特别是体现在社会主义核心价值观三个层面的综合要求上;但同时也必须承认,这一过程还在进行之中,虽然指导思想和基本路径已经明确,但要真正落实为学科建设成果,改变当前各种资源融通不够、甚至各执一端的情况,形成充分体现中国特色、风格、气派的伦理学话语体系,我们还有很多事情要做。至于在此基础上尽可能地充分发挥其影响力和提高其话语权,则是更为艰巨的任务。那么,我们如何加快构建当代伦理学话语体系的步伐,不仅使其在国内深入人心,"润物细无声",而且在国际上发声,让世界知道"道德的中国"和"伦理学中的中国"呢? 笔者认为,这里的关键在于,我们当代中国伦理学工作者本身要努力坚守中华文化立场、要有自觉和强烈的"文化自信"和"道德自信"。

这么说的根据在于,在构建包括伦理学在内的中国特色哲学社会科学的问题上,主要是基于我国当代思想、理论和学术界自上而下与自下而上积极互动之理论成果的深刻启示:绵延几千年的中华文化,是中国特色哲学社会科学成长发展的深厚基础。坚定中国特色社会主义道路自信、理论自信、制度自信,说到底是坚定文化自信。文化自信,是更基础、更广泛、更深厚的自信。在5 000多年文明发展中孕育的中华优秀传统文化,在党和人民伟大斗争中孕育的革命文化和社会主义先进文化,积淀着中华民族最深层的精神追求,代表着中华民族独特的精神标识。从而,在构建当代伦理学话语体系并努力提高其影响力和话语权的过程中,我们必须自觉地坚守中华文化立场、要对绵延5 000多年至今的中华文化和道德有充分的自信。整个世界历史已经表明,尽管道路是曲折的,但我们有责任也有可能争取光明的前途。这就是说,我们必须立足中华优秀传统道德这一深厚基础和独特优势,既不能搭"空中楼阁",更不能抛弃或者背叛自己的文化和道德,而是要在延续国家、民族和人民伦理血脉的基础上,推动中华优秀传统道德和伦理学的创造性转化和创新性发展。

这样回过头来再考察一下伦理学话语体系与民族命运关系问题,

我们就可以看到,构建当代伦理学的学科体系、学术体系、话语体系,就其实质而言,在指导思想上就是实现伦理学范式由儒学为主导向由马克思主义为主导的历史性转变。中国近代历史上三次伟大飞跃是在由用马克思主义武装起来的中国共产党领导下实现的,因此中国伦理学也必须实现相应之指导思想的转换。当然,马克思主义在中国之所以具有这种创造历史的力量,从文化条件上看,恰恰就是其与中华优秀传统文化相结合,并由此孕育出相应的革命文化和社会主义先进文化的结果。例如,爱国主义和为人民服务的革命道德就深深地扎根于"仁者爱人"和"天下兴亡,匹夫有责"等儒学传统之中。丧失了或者说被剔除了传统社会意识形态功能的古代儒学及其伦理思想,就绝不能被彻底打倒,扔进"历史垃圾堆",其仍然有作为当代中华民族道德生活及其伦理学的深厚传统基础和文化根基的地位和功能。此外,对于这一深厚的传统基础和文化根基,我们还应该作更广泛和包容性的理解,不仅有儒、释、道三教的优秀道德传统,而且也包括各少数民族的优秀道德传统和伦理学话语。

至于当代中国伦理学的国际话语权问题,只要我们在实现中华民族伟大复兴的过程中不断取得新成就,只要我们真正实现了伦理学指导思想由儒学为主导向由马克思主义为主导的历史性转变,即在指导思想、文化立场、学科体系、学术体系、话语体系等方面构建了充分体现中国特色、中国风格、中国气派的伦理学,那么它就能够和各国人民创造的多彩道德和伦理学一起,为人类的道德生活提供正确的精神指引作出应有的贡献。例如,20 世纪西方世界的伟大人物施韦泽[7]于1945 年 5 月得知第二次世界大战结束的消息时,就与心爱的中国先哲老子产生了深深的共鸣:"我从书架上取下了《老子》,这位公元前 6 世纪伟大的中国思想家的格言诗,读起了他关于战争和胜利的感人诗句。'兵者,不祥之器,非君子之器,不得已而用之,恬淡为上。胜而不美,而美之者,是乐杀人。……杀人众多,以悲哀泣之;战胜则以丧礼处之。'"[8]由此可见,与西方文化中的侵略性基因相比,老子体现的中国文化之和平性基因的力量是多么强大,影响是多么深远。更何况,当时中华民族还处在正将告别最危险时候的年代。

　　本章以《论中国特色伦理学话语体系的构建》(《伦理学研究》2017年第 1 期)为基础修改写成。

注释:

　　[1]卜宪群:《中国通史——从中华先祖到春秋战国》,华夏出版社、安徽教育出版社 2016 年版,第 252 页。

　　[2]蔡元培:《中国现代学术经典·蔡元培卷》,河北教育出版社 1996 年版,第 5—6 页。

　　[3]汤因比:《历史研究》(修订插图版),上海人民出版社 2001 年版,第 53 页。

　　[4]梁启超:《梁启超全集》,中国人民大学出版社 2018 年版,第三集第 16 页。

　　[5]吴新文:《创造新理论是融通资源的落脚点》,《文汇报》,2016 年 6 月 17 日。

　　[6]参阅孙春晨:《新中国 70 年马克思主义伦理思想研究》,《道德与文明》2019 年第 4 期。

　　[7]在 20 世纪的西方世界,阿尔贝特·施韦泽(Albert Schweitzer, 1875—1965 年)是一个在文化和道德意义上的伟大人物。法兰克福学派的重要代表人物弗洛姆其至认为:"阿尔贝特·施韦泽和阿尔贝特·爱因斯坦大概是最能代表西方文化的知识和道德传统的最高成就的人。"

　　[8]陈泽环:《敬畏生命——阿尔贝特·施韦泽的哲学和伦理思想研究》,上海人民出版社 2017 年版,第 300 页。

第九章　伦理学中的意识形态与学科逻辑

伦理学作为一门现代人文学科，被列为哲学的支柱之一，有自身的发展逻辑。伦理学主要研究人类生活中的善恶和规范（应当）问题，所指涉的对象极为广泛，既和人与自然的道德关系相关，又探讨人与人的伦理关系即人的社会关系，还特别关注人的自身关系，即个人的世界观、人生观和价值观等终极关怀问题。在这一广泛和复杂的对象体系中，由于人的社会关系往往主导着人与自然和人与自身关系的展开，导致如何组织人的社会生活即政治领域，处于伦理学、特别是中国伦理学研究中的重要地位。这样，在构建当代中国伦理学体系时，为奠定其发展的正确方向和合理路径，就突出了如何处理好与政治行动直接相关的意识形态和伦理学学科本身发展的内在逻辑之关系问题。鉴于第八章《当代伦理学话语体系的构建》已经主要从以马克思主义为指导，融通马克思主义伦理学、中华优秀传统伦理学和国外伦理学积极成果三种资源以构建当代中国伦理学体系的路径问题，本章接着拟着重从综合以马克思主义为指导和坚守中华文化立场的角度对此作进一步的阐发。

一、宏大叙事与专业研究的相反相成

经过改革开放以来的长期努力，中国特色社会主义已经进入了新时代。新时代我国社会的主要矛盾已经转化为人民日益增长的美好生活需要和不平衡不充分的发展之间的矛盾。新时代坚持和发展中国特色社会主义的总任务是实现社会主义现代化和中华民族伟大复兴,在全面建成小康社会的基础上,分两步走在 21 世纪中叶建成富强民主文明和谐美丽的社会主义现代化强国。这一新的历史方位不仅是我国伦理学在指导思想、文化立场、学科体系、学术体系、话语体系等方面进一步体现中国特色、风格和气派的基本出发点,而且也成为当代伦理学体系构建的主要内容和宏大叙事:实现中华民族伟大复兴是近代以来中华民族最伟大的梦想,是中国人必须承先启后地承担起的最重要历史使命。作为新时代中国特色哲学社会科学的有机组成部分,伦理学特别要提高为实现中华民族伟大复兴构建伦理秩序的自觉,把所有发展伦理学学科的努力都聚焦到这一点上来。

就伦理学的理论视野而言,所谓"宏大叙事"是相对于"专业研究"而言的,指这种伦理学聚焦事关民族、国家、人类生存和发展的宏观层次或领域的重大问题,而"专业研究"则指那些主要探讨属于狭义伦理学范围内具体问题的伦理学类型。此外,就伦理学的学科内涵而言,凡是努力构建一种完整的世界观、价值观和人生观理论的伦理学体系,都可以称之为"宏大叙事";而诸如专注于对某个伦理学家甚至某个文本探讨等的则是一种专业研究。当然,"宏大叙事"和"专业研究"之间,不光有差别,还有密切的联系,除了处于过渡状态的之外,更重要的是双方具有一种对立统一的辩证关系。一般说来,"专业研究"为"宏大叙事"提供学术基础,"宏大叙事"为"专业研究"确定理论方向,相反相成地服务于人类的道德生活,并由此实现自身的学科进步。就双方在伦理学史中的地位而言,由于历史的长期演进,留下重大影响的往往是"宏大叙事";而在当下时代,由于发展尚未充分,"专业研究"往往构成新的起点。

例如,自孔子以来,中国伦理学发展始终贯穿着以天下国家为己任的主流传统,在深入进行"专业"研究的同时,始终把宏大叙事放在首位。先秦诸子的伦理学都"起于救时之弊",近代以来的中国伦理学更以救亡与启蒙、革命与建设、改革与复兴为主题。另外,西方近代的洛克、卢梭、马克思等伦理学家都体现了强烈的社会热忱,同时也构建了系统的理论体系。但不能否认的是,在伦理学史上,特别是在现代西方伦理学史中,也会出现忽略宏大叙事,只注重专业研究的状况。对于这种状况及其局限,阿尔贝特·施韦泽曾经有过深刻的分析:"在18世纪和19世纪初期,哲学是公众舆论的引导者。……但自19世纪中叶崩溃之后,它已经从一个劳动者变成一个退休者——远离世界,……虽然它十分理智,但却是学究的模仿哲学。在学校里,它还有些作用;但是,对于世界它已无话可说。虽然它涉及所有知识,但哲学已经变得远离世界。触动人们和时代的人生问题,在哲学的活动中已经没有了位置。"[1]

施韦泽这么说的意思是,启蒙运动和理性主义时代的哲学—伦理学提出了伦理的理性理想,推进了欧洲近代甚至是人类历史上一次罕见的改革和进步。而自19世纪中叶自然科学粉碎了庞大的德国思辨哲学体系之后,哲学就放弃了成为普遍理性之引导者和守望者的最终使命,仅仅整理自然科学和历史科学的成果资料,日益专注于研究自己的过去,以此来维持自身在一切领域中的学术活动,并由此导致了19与20世纪之交欧洲文化的衰落以至第一次世界大战的爆发。站在当代中国读者的视角,关于欧洲近代以来哲学与社会发展之间的复杂互动关系,施韦泽的叙述可以作为一种有益的参考意见。但令人更感兴趣的是,其相关思考和论述对我们在构建当代中国伦理学的学科、学术和话语体系,以及如何处理好宏大叙事与专业研究之间的辩证关系有何启示?显而易见,施韦泽在此明确地强调了哲学与伦理学要把关注时代问题、论证世界观放在首位;虽然他高度尊重其哲学老师威廉·文德尔班的哲学史课程,但对其专业化哲学研究之类型的评价是不高的。

当然,施韦泽的上述看法也只能算是一家之言,但笔者比较认同他的观点。改革开放以来,由于对过去把哲学—伦理学宏大叙事绝对化、僵化导致国家浩劫教训的吸取,面向现代化、面向世界、面向未来的社会主义文化新发展方向的确立,我国伦理学学科发展随之日益繁荣,伦理学的教学与研究也进入了体制化的分工阶段,专业化和纯学术研究的重要性日益突出。应该说,这种状况的出现本身就是学科进步的标志之一,伦理学工作者在此尽可以"八仙过海,各显神通"。尽管如此,在当代社会文化和价值观多样化或多元化的条件下,关注民族命运、论证完备世界观、价值观和人生观的"宏大伦理叙事"仍然是伦理学研究的最重要使命。正如施韦泽指出的那样,哲学—伦理学不能对世界"无话可说",所有学术性研究和普及型宣教都应该关注和围绕实现民族复兴和论证与其相应的伦理秩序这一最重要的"宏大叙事"。只有这样,当代伦理学才可能充分发挥其社会功能,并真正实现自身有生命力的发展。

111

　　关注和聚焦民族复兴和论证完备世界观、价值观和人生观的宏大叙事,首先就使伦理学与政治行动和意识形态密切联系了起来,这是当代中国伦理学体系构建的一个基本方面,伦理学界的合理态度应该是努力为此作出自己的贡献。但另一方面,倡导关注国家以至人类命运的"宏大伦理叙事",与其说是要把伦理学体系的构建纯粹政治口号化,毋宁说是要同时更深入地展开伦理学及其各分支学科的专业研究,并由此为充实和完善宏大叙事创造条件。因此,对于中国伦理思想的研究,我们要跟上当前"国学热"的潮流,为中华优秀传统道德的创造性转化和创新性发展作出贡献;对于国外特别是西方伦理思想的研究,我们要不厌其专和深,善于汲取其积极的研究成果和思想资源;对于各种应用伦理问题的探讨,我们更要贴近实际,强烈关注社会生活和科学技术的最新发展,对事关公共生活的重大道德难题,给出伦理学的建设性回答。当然,在这一切的基础上,我们还有必要提高和升华,使之成为综合性的伦理学原理话语体系。

　　"人能弘道,非道弘人"(《论语·卫灵公》),在一个国家和民族的历史进程中,能否处理好伦理学的宏大叙事和专业研究之间的辩证关系,不仅与这一时代的伦理学体系能否成功构建密切相关,而且与整个民族和国家的整体命运也息息相关。文化是一个国家、一个民族的灵魂。文化兴国运兴,文化强民族强。没有高度的文化自信,没有文化的繁荣兴盛,就没有中华民族的伟大复兴。基于伦理学学科的角度,可以说伦理道德作为文化的组成部分、重要因素以至核心本质,至少是一个国家的灵魂、民族的血脉、人民的精神家园之重要组成部分,甚至是其核心与本质。如果上述观点能够得到论证的话,那么我们就可以进一步说,没有高度的伦理道德自信,没有伦理道德的繁荣兴盛,就没有中华民族的伟大复兴。努力构建当代中国伦理学的学科、学术和话语体系,从宏大叙事和专业研究的相反相成着手,推动伦理学的繁荣兴盛,在当代中国的整个伦理生活中,是极其必要和重要的,伦理学界应努力承担起自己的责任。

112

二、指导思想与文化立场的互补融通

为了进一步说明在构建当代伦理学的学科、学术和话语体系时,实现宏大叙事和专业研究相反相成的重要性,这里以"康德研究"为例再做些发挥。近年来学术界对康德伦理学进行了前所未有的集约研究。鉴于康德在西方伦理学史中的地位,这种研究显然是必要和有益的。但不能否认的是,在现有研究中似乎也出现了一种"只见树木,不见森林"(甚至是只见树叶,不见树木)的倾向,即离开康德之后 200 多年的世界历史发展和当代中华民族伟大复兴的宏大叙事,陷入了从文本到文本的无穷分析。对此,笔者觉得有必要提示一下施韦泽的相关批评,我国伦理学界的专业研究是否也要注意避免出现对世界"无话可说",即对亿万人民实现中华民族伟大复兴的实践"无话可说",而成为"学究的模仿哲学"或"学究的模仿伦理学"的弊端? 至于在当代中国伦理学体系的意识形态与学科逻辑关系中,如果说实现宏大叙事与专业研究相反相成解决的是其形式结构关系;那么,指导思想与文化立场的互补融通则反映了其实质价值关系。至于本章对这一实质性的价值关系命题的思考,则可以理解为新时代坚持和发展中国特色社会主义文化基本方略的组成部分。

对于这一构建新时代伦理学体系的基本方略,如果用简洁的语言、鲜明的表述来概括，就是以马克思主义为指导，坚守中华文化立场。历史和现实已经昭示我们，没有由马克思主义奠定理论基础的中国共产党的领导，中华民族的伟大复兴是不可能的。为构建充分体现中国特色、风格和气派的当代伦理学，特别是其中的话语体系，我们必须不断地把马克思主义伦理学中国化、时代化、大众化的事业推向前进。我们既要克服马克思主义伦理学资源被忽视甚至被放弃的现象，同时也要克服对待马克思主义伦理学的教条主义和实用主义倾向（例如有些理论概括和表述方式似乎还没有完全超出苏联哲学教科书体系的叙述），更好地实现伦理学的学科、学术和话语体系的与时俱进，超越发展。为此，我们首先必须更自觉地坚持马克思主义在意识形态领域的指导地位，特别是马克思主义在作为意识形态的伦理学学科中的指导地位。因为，伦理学作为一门研究人类生活中伦理道德问题的学科，深深地与人类的政治生活领域相关。

113

　　其次，在构建当代伦理学体系的过程中，对于"以马克思主义为指导"也应该有全面的理解，而笔者对此的不成熟设想是：坚持马克思主义的指导地位，当然是意识形态指导和文化指导的统一，政治指导和学术指导的统一，但主要是意识形态指导和政治指导，其功能主要在于确定伦理学发展的正确政治方向和政治导向。意识形态主要是一种政治行动理论，决定着文化和学术的前进方向和发展道路，但并不能把它完全等同于或取代文化和学术的全部范围和自身逻辑。例如，伦理学虽然深深地与人类的政治生活领域相关，但它毕竟还研究许多超越狭义政治领域的问题，如当代生命和科技伦理，此外还有历史更悠久、领域更广泛的家庭和社会伦理等问题。因此，伦理学作为一门人文学科，既具有意识形态特质，又深涵文化和学术的自身逻辑。构建当代中国伦理学的学科、学术和话语体系，既不能回避意识形态，也不能否定文化土壤和学科逻辑，而是应该努力实现双方的辩证统一。

　　进一步说，上述关于"以马克思主义为指导"命题的理解，为本章探讨伦理学体系的资源融通奠定了必要基础，特别是实现其构建中的指导思想与文化立场的互补融通奠定了必要基础。这么说的根据在于，我们在构建当代伦理学的学科、学术和话语体系时坚持以马克思主义为指导,并不是要以自以为绝对正确、能够解决一切问题的思想资源取代任何其他思想资源,而是要在实现中华民族伟大复兴的目标之下,把以马克思主义为指导和坚守中华文化立场结合起来,善于融通古今中外的各种思想资源,把源自中华民族五千多年文明历史所孕育的中华优秀传统文化与熔铸于党领导人民在革命、建设、改革中创造的革命文化和社会主义先进文化融通起来,立足当代中国现实,结合当今时代条件,发展面向现代化、面向世界、面向未来的,民族的科学的大众的社会主义伦理道德,努力形成不忘本来、吸收外来、面向未来的伦理学学科、学术和话语体系。

为此,当代伦理学就有必要在"坚守中华文化立场"上不断创新。所谓"中华文化立场",不同于强调文化的时代性,主要是就文化立场的中华民族特性立论的,强调中华文化有不同于世界上其他民族和国家文化的独特"立场",包括不同于作为马克思主义发源地的欧洲和整个西方文化的独特"立场",即中华民族在认识、理解和处理文化问题时有其特殊的地位和态度等等。至于"坚守中华文化立场"的必要性和重要性,以及"坚守中华文化立场"和"以马克思主义为指导"的关系,著名哲学家张岱年早就有过深刻的论述:建设社会主义的新中国文化,必须以马克思主义为指导,但"指导中国革命达到成功的是与中国革命实际相结合的马克思主义;指导中国社会主义文化发展的应是与中国优秀传统相结合的马克思主义"[2]。笔者认为,张岱年的上述观点不仅是对"以马克思主义为指导,坚守中华文化立场"命题的超前阐释,也是对我们在构建当代伦理学体系的过程中,实现指导思想与文化立场互补融通的深刻启示。

对于实现指导思想与文化立场互补融通的重要性和必要性,本章拟以如何处理"社会形态演进"问题为例略加说明。我国的《马克思主义哲学原理》教科书一般认定:原始社会、奴隶社会、封建社会、资本主义社会、社会主义社会这五种基本社会形态的依次更替,即为社会有机系统演进的历史。但现在不少学者提出中国没有奴隶社会,封建制的本质是周朝的分封制,秦朝之后则为郡县制,不能称为封建主义等等,争论不休。由于"社会形态演进"理论深刻地影响着伦理学对中国文化的历史发展和独特立场的理解,简单地定于一尊和莫衷一是都不利于当代伦理学的学科、学术和话语体系的构建。如何解决这一问题?"指导思想与文化立场的互补融通"能否作为一种建设性的设想:承认五种社会形态理论在意识形态领域的指导地位;而在文化和学术建构中,使它作为主体内容与其他观点和思想资源平等竞争、融会贯通。如果做到这一点,那么学术逻辑意义上的争论就不仅有利于政治稳定和社会团结,而且也会促进文化和学术的百花齐放与百家争鸣。

总之,在当代中国特色伦理学的整个学科、学术和话语系统中,由于与中国特色社会主义道路、理论、制度、文化直接相关,马克思主义伦理学的话语体系是其主体内容和最大增量,占据着指导与核心地位。对于这种指导与核心地位,我们首先要坚持,但与此同时我们必须推进马克思主义伦理学中国化时代化大众化,特别是要努力实现其与中华优秀传统伦理学和国外伦理学积极成果等话语体系的融通创新。因此,企图"儒化"马克思主义是错误的,但把革命文化、社会主义先进文化和中华优秀传统文化对立起来,简单地强调革命伦理思想、社会主义先进伦理思想比中华优秀传统伦理思想更重要,似乎在意识形态上十分正确,但实际上也是不合时宜与成事不足的。这里涉及一个伦理学体系的时代性和民族性的关系问题。从当前的情况来看,只讲伦理道德的民族性以至走向极端当然是错误的,但片面地只讲伦理道德的时代性,遗忘、忽略、否定伦理道德的民族性,同样也是错误的。我们要努力克服这两种偏执,努力实现指导思想与文化立场的互补融通,即伦理学体系的社会主义时代性和中华民族性的互补融通。

三、政治引领与道德共识的相辅相成

在处理意识形态和学科逻辑的辩证统一关系时,努力实现宏大叙事与专业研究的相反相成、指导思想与文化立场的互补融通,构建好当代中国伦理学的学科、学术和话语体系的目的是为实现中华民族伟大复兴构建伦理秩序,而不是荒江野老的"纯粹学术"或者生不逢时的"藏之名山"。当然,"纯粹学术"和"藏之名山"本身不仅具有深远的伦理学术意义,而且也可能转化为重大的道德建设力量,我们绝不可等闲视之。从而,在构建当代伦理学的学科、学术和话语体系时,学科建设要扎根于实践生活,学术探讨要追踪到社会变迁,话语构建要落实为道德建设;至于在为实现中华民族伟大复兴而不懈奋斗的过程中,如何实现这一道德建设的实践目标,本章的一个设想就是必须坚持政治引领与道德共识的相辅相成。而这种政治引领与道德共识的相辅相成之所以成为当代加强道德建设的现实与有效路径,不仅与一般的政治与道德之间的互动关系相关,更与当代我国社会的历史方位和主要矛盾相关。

所谓政治与道德之间的互动关系及对其的考察,这里主要是从社会变革和社会治理的角度立论的。回顾世界与中国历史,人们可以看到,在社会变革时期,道德革命或变革往往是政治革命或变革的先导;而政治革命或变革也经常导致道德革命或变革;同样,政治腐败与道德衰败之间也存在着类似上述的关系。至于在社会的常态治理时期,政治与道德之间的互动关系就更加复杂:既有政治清明导致道德健全的,也有政治灰暗导致道德危机的;当然也有反过来的情况,道德良好改善了政治,道德低劣破坏了政治。此外,还有道德与政治在密切关联中仍然保持着自己的相对独立性等状况。虽然,政治与道德之间的互动还受到经济、社会、除了道德之外的其他文化和生态等领域的制约和影响,但鉴于政治领域在一个国家正常运行中的中心地位,高度重视政治对道德的引领和道德对政治的支撑,实现政治与道德之间的良性互动,对于我们思考加强当代社会的道德建设和构建伦理学体系的问题,显然是十分必要和重要的。

令人欣慰的是,自改革开放以来,特别是自 21 世纪 10 年代以来,我国社会实现政治与道德之间良性互动的客观条件日益充分。近年来,基于"人民有信仰,国家有力量,民族有希望"的理念,国家从五个方面提出了加强思想道德建设的基本任务:要提升和完善全体人民的思想觉悟、道德水准、文明素养、风俗习惯和行为规范等,更是为当代伦理学的务实努力指明了方向。由此,加强当代社会的道德建设,必须坚持两个关键要点:第一,建设具有强大凝聚力和引领力的社会主义意识形态;第二,培育和践行社会主义核心价值观。只要把这两个要点落到实处,我们就能够实现政治与道德之间的良性互动,新时代中国特色社会主义政治引领道德建设的正确方向,道德建设形成实现新时代中国特色社会主义政治目标的伦理秩序。而以上加强思想道德建设的五项基本任务和两个关键要点,对于构建当代中国伦理学的学科、学术和话语体系的要求就是:实现政治引领与道德共识的相辅相成。

这就是说,加强当代社会的道德建设,首先要求我们更加重视伦理道德中的意识形态要素,因为意识形态决定着包括伦理道德在内之文化的前进方向和发展道路,强化政治思想及其行动理论对于全体人民在理想信念、价值理念和道德观念形成中的凝聚和引领作用,而不是使它们在政治上疏离、中立化、独立化。其次,牢牢掌握意识形态工作的领导权,主要是为了推动新时代中国特色社会主义思想深入人心,在理想信念、价值理念和道德观念的政治维度上使全体人民紧紧团结在一起,而不是要否认当下中国公民已经具有的在生活方式、道德信念和宗教信仰等方面的自由和权利,强制实现人们生活方式与终极关怀等的单一或一律,更不宜以简单的思维对待人民的道德和宗教信仰。例如,对于某些腐败官员的求神拜佛活动,当前的一些批判还在指责他们搞"封建迷信",其实应该说他们玷污了真正的宗教信仰。毋庸讳言,这种批判话语实际上混淆或混同了意识形态批判与文化和道德批判,应该避免。

而笔者以避免混淆意识形态批判与文化和道德批判为例,提出为真正加强道德建设,有必要实现政治引领与道德共识相辅相成的观点,是与新时代中国社会道德生活的历史方位和广大公民对日益增长之美好生活的主观需求密切相关的。在我国总体上实现小康之后,人民对美好生活的需要日益广泛,不仅对物质文化生活提出了更高要求,而且在民主、法治、公平、正义、安全、环境等方面的要求也日益增长。这种新的需求反映在道德建设问题上,就是我们在更加自觉地坚持中国共产党的领导和中国特色社会主义制度的政治道德建设前提下,除了要更多地关注涉及经济发展质量、效益和广大公民对民生水平更高要求的经济道德建设,更多地关注广大公民对文艺和文化事业、文化产业更加繁荣发展要求的狭义文化道德建设之外,还要更多地关注保障和保证广大公民各种权利的政治、法律、行政、社会、教育、卫生、安全、军事等方面的道德建设,更多地关注涉及广大公民对保护环境、建设美丽中国要求的生态伦理建设。

毫无疑问,这种更多方面、更复杂和更高要求的道德建设状况的存在,促使人们思考在坚持马克思主义在意识形态领域指导地位的条件下,如何合理地对待广大公民不同的生活方式、道德信念和宗教信仰等价值观念以至终极关怀等问题。对构建当代伦理学的学科、学术和话语体系的努力来说,这实际上也就是说:在加强包括道德建设在内的文化建设等问题上,除了"牢牢掌握意识形态工作领导权"之外,我们必须在全体公民中同时努力"培育和践行社会主义核心价值观"。由于当代社会道德建设是一个巨型的复杂系统,面对最复杂的问题,需要动员最广泛的力量。为处理好这些关系,夺取新时代中国特色社会主义的伟大胜利,在道德建设上,我们要充分发挥社会主义核心价值观团结和引导最广大范围的公民的道德和价值观念的功能。而在这方面,传承与发展中华优秀传统文化和伦理道德的重要性就必将日益突出。在提高公民道德水平方面,我们特别要重视弘扬中华优秀传统的伦理道德文化,使其成为主要建设性内容。

如果上述理解可以成立的话,那么从理论上就可以说,坚持以新时代中国特色社会主义思想为指导,融通马克思主义、中华优秀传统文化和国外哲学社会科学三种资源,使伦理学在指导思想、文化立场、学科体系、学术体系、话语体系等方面进一步体现中国特色、风格和气派,是完成构建新时代中国特色伦理学的学科、学术和话语体系任务的正确方向。而通过宏大叙事与专业研究的相反相成、指导思想与文化立场的互补融通、政治引领与道德共识的相辅相成,以实现意识形态与学科逻辑的辩证统一,则是其基本原则。明确了这一点,伦理学界也许可以理清和解决许多和长期以来影响伦理学基础理论发展的问题,特别是一些没有明确边界限定的命题和概念带来的干扰和争论。此外,在当代社会道德建设的实践方面,这一方向和原则也对处理好我国人民伦理道德生活中的主导性和多样化关系,以至于加强与海外的"文化中国"之道德联系,推动构建人类文化和道德命运共同体,都是有益的。

本章以《意识形态与学科逻辑的辩证统一——再论新时代伦理学话语体系的构建》(《道德与文明》2018 年第 4 期)为基础修改写成。

119

注释:

[1] 施韦泽:《文化哲学》,上海人民出版社 2017 年版,第 47—50 页。

[2] 张岱年:《张岱年全集》,河北人民出版社 1996 年版,第 6 卷第 208 页。

第十章　当代伦理学发展的综合创新路径

伦理学和整个社会生活息息相关,伦理学是一门既最具哲学性质,同时又最具实践品格的人文学科。因此,探讨当代中国伦理学的学科、学术和话语体系的构建,除了基础理论方面的努力之外,研究者还必须广泛地分析伦理学发展的实际状况,基于当下现实提出建设性的建议,否则就会陷于空疏、不接地气。这样,我们就可以看到,自改革开放以来,特别是 21 世纪以来,我国的伦理学研究取得了长足的进步,无论在伦理学的基础理论方面,还是在中外伦理思想领域,或者是在应用伦理学范围,都不断有新的力作问世。例如,就伦理学的原理学科、外国伦理学学科、中国伦理学科的情况来看,王泽应的《伦理学》、甘绍平的《伦理学的当代建构》和崔大华的《儒学的现代命运——儒家传统的现代阐释》等论著,就代表了当代中国伦理学发展的积极成果(当然还有其他代表性成果不能逐一列举),值得认真研读并加以阐释发挥。当然,就在实现中华民族伟大复兴过程中充分发挥伦理学之社会功能的要求而言,我国伦理学界绝不能满足于已有的成绩,而是要在过去努力的基础上,更上一层楼,真正建构起无愧于前人和时代的伦理学体系。在这方面,我们既不能妄自菲薄,更不可盲目自满,而是应该脚踏实地、坚忍不拔地前进。

一、当代伦理学发展的基本路径

所谓"当代伦理学发展的基本路径",作为笔者思考"中国伦理学为实现自身的历史使命而应该如何发展"问题的概念,就宏观社会背景而言,其基本含义为:从现在起到中华人民共和国成立 100 年,中国人民最重要的目标就是要把祖国建设成为富强民主文明和谐美丽的社会主义现代化强国,实现中华民族的伟大复兴。为实现这一宏伟目标构建伦理秩序,是当代中国伦理学的最重要使命;而探寻构建最适合实现这一使命之伦理学体系的路径,则是我国这一代伦理学人应该努力承担起来的特殊职责。而就微观学术背景而言,主要基于当代中国哲学社会科学思想、理论和学术"多元一体"的现实,努力实现伦理学思想和学术的"一体多元"。至于如何探寻这一路径,从当前思想界、理论界和学术界的状况来看,虽然还存在着不少的争论和困惑,但不忘本来、吸收外来、面向未来,融通马克思主义的资源、中华优秀传统文化的资源和国外哲学社会科学的资源,已经成为我国伦理学人的广泛和最大共识。这就是说,在坚持以马克思主义为指导,坚守中华文化立场的前提下,融通古今中外各种资源,特别是把握好马克思主义伦理学、中华优秀传统伦理学和国外伦理学的积极成果,是当代伦理学发展的基本路径:"坚持马克思主义伦理学路径""立足中华优秀传统伦理学路径""吸取国外伦理学积极成果路径",并努力地把这三个路径有机地结合起来,使其成为体现时代精神的典范。

　　关于发展当代伦理学上述三个路径的具体阐发问题,参照"子曰:'我欲载之空言,不如见之于行事之深切著明也'"[1]的名言,笔者在此也首先以通过对代表性论著的分析,而不是单纯的理论探讨来说明自己的观点。当然,这里的考察是挂一漏万的。这样来看王泽应编著的《伦理学》一书之基本构想:"21 世纪是中华民族伦理文化全面振兴和复兴的伟大世纪,……21 世纪的中国伦理学主要是以实现中华民族伟大复兴为主旋律的伦理学,……伦理学的真正复兴是一种立足本来、吸收外来、不忘将来式的综合创新,……以此促进中华民族伟大复兴和促进和谐世界的建设"[2],应该说是一种很合理的观点。而《伦理学》一书的阐述结构也表明,作为一本优秀的伦理学教科书,王泽应着眼于社会主义和谐社会与中华民族共有精神家园的建设,不仅尽可能地吸取中国伦理思想传统和西方伦理思想传统的积极成果,而且也尽可能地吸取了当代伦理学学科发展的最新成果,努力实现自己在伦理学领域中"立足本来、吸收外来、不忘将来式的综合创新"的目标,确实取得了突出的成绩,应该得到学界同行的充分肯定。至于此书体现了发展当代伦理学的何种路径问题,考虑到作者关于伦理道德本质问题的一些基本观点,例如认为道德是由经济关系所决定并反作用于社会经济关系的价值和精神现象,人类道德的发展演变可划分为五种历史类型:原始社会的道德、奴隶社会的道德、封建社会的道德、资本主义社会的道德、社会主义和共产主义社会道德,等等,笔者认为王泽应的著作属于坚持马克思主义伦理学路径。

如果以上关于当代伦理学发展的基本路径之概念可以成立的话,那么本书就可以据此框架认定甘绍平的《伦理学的当代建构》体现了当代伦理学发展的汲取人类文明有益成果路径。这么说的根据在于,《伦理学的当代建构》一书对人的自由本性的强调,对实存世界与价值世界的区分,对道德从直接性与差异性到抽象性与平等性发展的阐述,对作为仅仅适用于某一族群或共同体内部行为规范的自然或特殊道德与普遍道德(各个族群或文化共同体所共同拥有的重叠的道德直觉与道德公理,人们基于理性洞察而自主建构的人工道德)的区分,对人既不应成为小人,也不可能成为圣人,只能期待和建构常人道德的宣示,对我们作为人类为什么需要道德问题的辨析,特别是对三大最重要的伦理规范:不伤害、公正、仁爱的强调,对四大最重要的社会价值基准或政治伦理价值:自由、人权、民主、正义(公正)的论证,对西方各种伦理学理论的相互吸纳和补充的发挥,对伦理学中自然科学与人文社会科学、自然主义与人文主义的融合交汇、融为一体的倡导,构建了一种陌生社会的常人伦理学、现代(常态)社会的人权伦理学和风险社会的责任伦理学体系,不仅系统地引进和发挥了以当代德国伦理学为中心的西方伦理学,提供了许多国内少见的文献资料,具有高度的学术性,而且充分展现了道德在现代社会中发挥其作用的路径。笔者虽然不能同意其全部观点,例如对小人、圣人和常人的区分,特别是其对儒家伦理的一些评价,但必须承认此书确实是我国伦理学界"吸取国外伦理学积极成果路径"的典范成果。

　　还有崔大华的《儒学的现代命运——儒家传统的现代阐释》一书,则可以说是发展当代伦理学的立足中华优秀传统伦理学路径的积极成果。在此书中,针对一个世纪以来国人对儒学的持续反思和过度批判,崔大华指出,在中华民族走向伟大复兴的过程中:"儒学还是珍贵的,仍在支持着、模塑着我们中华民族作为一种有悠久历史的文化类型和独立的生活方式的存在。"[3]基于对儒学现代命运的这一确定,他强调在把中国建设成为富强民主文明和谐的社会主义现代化国家的过程中,儒学有三大功能:提供带动、支持中国现代化进程的"中华民族复兴"所需的动力因素、秩序因素和适应能力。在他看来,中华民族复兴需要巨大、不竭、普遍的动力,这一动力要深入人心,只能从历史地形成的儒家传统、儒家生活方式的国家伦理认同中得到解释。在儒家传统中,这种认同不仅是一种伦理性质的认同,而且这种认同也会十分自然地孕育出一种责任意识和以"孝"为核心的勤勉品质。显然,崔大华这种紧扣中华民族伟大复兴的主题探讨儒学现代命运的思路,抓住了儒学对人类伦理生活、道德生活的理性维护和创造这一理论本质或核心,是深刻的、全面。此外,卢风的《应用伦理学概论》,作为我国当代应用伦理学研究的代表性成果,其强调"应用伦理学的兴起标志着道德哲学的根本转向"[4]的观点,不仅表达了当今世界伦理学研究的一种趋势,而且也反映了我国伦理学界在此领域已经具备和国际同行对话互鉴的能力。鉴于应用伦理学在当代整个伦理学学科体系中的重要地位,我国伦理学界在此领域中的成果也值得高度重视。

二、作为综合创新成果的伦理学

　　以上的概括分析表明,近年来,我国伦理学发展的成绩显著,无论是"坚持马克思主义伦理学路径""吸取国外伦理学积极成果路径",还是"立足中华优秀传统伦理学路径",各方面都有了代表性的成果。但

123

毋庸讳言,就为实现中华民族伟大复兴构建伦理秩序而言,现有的成果毕竟还不足以充分承担起这一使命。例如,甘绍平《伦理学的当代建构》作为"吸取国外伦理学积极成果路径"的代表,贡献突出,但其阐发的主要是体现在当代(特别是西方)社会中一些具有广泛意义的伦理思想,本身是一种带有特殊性的普遍性,因此有一个与中国当下国情和发展目标相结合的问题;同样,王泽应的《伦理学》自觉地致力于"坚持马克思主义伦理学路径",这是难能可贵的,但是其理解和阐发也有一个不断地中国化、时代化和大众化问题,特别是如何丰富、扩展和突破其道德哲学的理论基础问题;至于崔大华的《儒学的现代命运——儒家传统的现代阐释》,在"立足中华优秀传统伦理学路径"方面贡献突出,而且已经把儒学的现代命运与中华民族伟大复兴自觉地结合了起来,但作为一本出自中国思想史专业学者的著作,至少还存在着一个进一步伦理学化的问题。当然,对于本书的上述观点,也许有人认为,这么说是否有些"狂妄",或者"站着说话不腰疼";但笔者声明,这里完全没有不尊重上述各位学者的意思,也丝毫不认为自己比他们高明。这么说的实质在于,尽管以上述学者等为代表的我国伦理学界已经做出了极大的努力,但毋庸讳言,或者由于笔者的视野局限,至今还少见能够以中华民族伟大复兴为目标和主题,综合"坚持马克思主义伦理学""吸取国外伦理学积极成果""立足中华优秀传统伦理学"三个路径,充分体现时代精神的典范性论著问世。

如果上述判断符合实际的话,那么就提出了如何构建作为综合创新成果之当代伦理学的问题。对此,本书认为,伦理学界首先要进一步明确当代伦理学的使命:为实现中华民族伟大复兴构建伦理秩序。毫无疑问,我们要坚持"建立在个人全面发展和他们共同的社会生产能力成为他们的社会财富这一基础上的自由个性"[5]的共产主义远大理想,我们要继承以修身、齐家、治国、平天下之"大学之道"(《四书章句·大学》)为基本内涵的中华优秀传统文化和伦理道德,我们要吸收自由、人权、民主、正义等世界文明的有益成果,但要使这一切在当代中国真正落实下来,就必须在为实现中国特色社会主义共同理想而奋斗的过程中,把它们与中华民族当下的最重要奋斗目标和最伟大梦想紧密结合起来:到 21 世纪中叶建成富强民主文明和谐美丽的社会主义现代化强国,实现中华民族的伟大复兴。从当前我国伦理学研究的情况来看,在关于伦理学的使命和主题问题上,许多争论老是围绕在单纯思想层面上进行,不知道思想是为了人的,是为了中华民族伟大复兴的。同时,必须明确的是,伦理思考的主体也不仅是个人和人类,而首先是民族;当然,民族也包括个体,同时也离不开人类。从而,我们要自觉地以实现中华民族伟大复兴为伦理思考和论证的基点,展开一种结合或包括了"小文化观""小伦理观"和"大文化观""大伦理观"两种视角的伦理学论证:为实现中华民族的伟大复兴,在道德观念上,必须坚持马克思主义伦理学,必须吸取国外伦理学积极成果,必须立足中华优秀传统伦理学;因此,发展当代伦理学必须综合上述三个路径。

　　为了说明首先要明确使命对于发展当代中国伦理学的重要性,不妨再考察一下廖申白的一段论述:"我们在今天的中国做伦理学的研究,既不是要在中国做出一种纯粹的西方伦理学,也不是要坚持用中国的本土资源与这种伦理学进行冷战,而是要在熟谙自己的本土思想的精神精髓并读懂、读进去西方的基础上,会通中西方思想精髓,形成在今天的世界环境下能够启发人们去恰当地面对和处理人的问题、过一种实践的生活的伦理学。"[6]从其对中西方伦理思想精髓的开放态度来看,应该说这一构想是相当合理的,至少肯定了发展中国伦理学的"立足中华优秀传统伦理学"和"吸取国外伦理学积极成果"路径。当然,由于其把伦理学的主题主要确定为"启发人们去恰当地面对和处理人的问题",这尽管也很重要;但似乎没有直接地与中华民族伟大复兴的主题结合起来,这就限制了其伦理学构想在当代中国社会道德生活中的现实意义。由此可见,在明确当代伦理学使命和确定发展当代伦理学路径的关系问题上,明确使命比确定路径更重要,只有明确了使命,路径确立的理论和实践意义才会充分展现出来。当然,这里说的明确使命问题,是从当代伦理学的整体角度立论的,并不是说所有伦理学论著只能直接针对这一主题展开。不是这样的。实际上,这是一个多元一体和一体多元相统一的概念。当代中国社会的道德生活是十分复杂、多彩多样、独立自主的,伦理学发展相应地也应该是百花齐放、百家争鸣的;但同时也必须注意和强调的是,这种百花齐放、百家争鸣的伦理学,都承担着一个使命、都围绕着一个主题:中华民族的伟大复兴。

进一步说,如果我们明确地把为实现中华民族伟大复兴构建伦理秩序作为伦理学的使命,那么我们就有可能比较好地确立发展当代中国伦理学三个路径之间的辩证关系。因为,本书提出的伦理学发展路径概念,虽然首先出自我国当代思想、理论和学术界的思想启示、理论成果和学术借鉴,但是它在当代中国的整个社会结构中,也有其相应的实践基础。就社会基本结构对伦理学的影响而言,如果说作为第一生产力的现代科学技术,是伦理学发展的客观动力和基本对象之一,那么中国特色社会主义的基本制度,作为借鉴各种人类文明有益成果体现的当代社会体制建设,中华优秀传统文化作为其体现之一的中华文明根柢,就是上述当代伦理学发展的坚持马克思主义伦理学、吸取国外伦理学积极成果、立足中华优秀传统伦理学路径的社会结构基础。这里,发展当代伦理学的"坚持马克思主义伦理学"路径,表明为实现中华民族伟大复兴的中国梦,必须坚持中国特色社会主义的基本制度,"吸取国外伦理学积极成果"路径体现了在一些基本理念和运行体制上必须"改革开放"的要求,"立足中华优秀传统伦理学"路径则体现了必须立足民族文化根基的要求。从而,基本制度、运行体制和文化根基三方面在此相辅相成,与作为第一生产力的现代科学技术一起,共同成为中华民族伟大复兴的社会结构基础。而王泽应的《伦理学》、甘绍平的《伦理学的当代建构》和崔大华的《儒学的现代命运——儒家传统的现代阐释》等论著,由于其分别作为上述三个发展路径的积极成果,不仅应该引起伦理学界的高度重视,而且也预示着能够综合上述三个路径之著作的问世。

三、当代基础伦理学的深入探究

如上所述,笔者之所以这么思考当代伦理学发展的基本路径问题,从指导思想方面来说,主要是基于我国当代思想、理论和学术界主导理念的深刻启示和广泛共识:以马克思主义为指导,坚守中华文化立场。对于发展当代中国伦理学路径这样宏大的理论和实践问题,我们的指导思想一定要明确,文化立场一定要坚定,理论视界一定要宽广,不能偏执一端,而是必须自觉和努力地把"坚持马克思主义伦理学""吸取国外伦理学积极成果""立足中华优秀传统伦理学"三个方面有机地结合起来,以真正形成为实现中华民族的伟大复兴而奋斗的"时代精神"。至于就来自伦理学专业领域内的触动而言,主要是阅读了王泽应的《伦理学》、甘绍平的《伦理学的当代建构》和崔大华的《儒学的现代命运——儒家传统的现代阐释》等论著的结果。当然,笔者的这种阅读是不完整的,在此希望得到大方之家的指正。但不能否认的是,这些在伦理学基础理论(当今伦理学学科体系中的"伦理学原理"或"道德哲学"部分)研究领域取得积极成果的论著,对笔者的相关思考具有很大的帮助。因为,从改革开放以来我国伦理学研究所取得的成就来看,如果说中外伦理思想领域已经有了广泛和深厚的论著,应用伦理学异军突起,那么比较起来,伦理学基础理论上的原创性著作似乎还较少见。原因在于,不仅就知识积累的要求来看,伦理学基础理论研究要比中外伦理思想和应用伦理学研究复杂许多;而且这里还涉及一个难度更大的问题:当代伦理学发展的基本路径。而现在,这个难题似乎开始有解了。

　　为了充分说明这一点,在此不妨引证一段牟钟鉴的论述:"在文化上客观存在着三大体系:社会主义文化、西方欧美文化、中国传统文化。三大文化体系之间有冲突,但更多的是会通;未来的中国新文化体系将从这三大体系的良性互动中产生。马克思主义在政治上居于主导地位,它面临着如何创造性地发展和应用,更具有现代中国的特色的问题。中国传统文化是现代中国文化发展的历史根基,它面临着如何开发资源、推陈出新、创造性转化,使之适应当代和未来社会的问题。西方文化是中国文化发展的营养和借鉴,它面临着如何介绍、改造,把其中优良成分吸收过来,并使之中国化的问题。"[7]虽然,上述论断直接论证的是社会主义文化、西方欧美文化、中国传统文化即马、中、西三种

127

文化之间的关系,但它也十分有益于伦理学界深入思考当代中国伦理学的发展路径问题。改革开放以来,在告别"以阶级斗争为纲"的错误路线之后,我国伦理学也获得了新的发展契机。首先,马克思主义伦理思想中国化的进程又一次迈开了决定性的步伐,中国特色社会主义伦理学的主导地位日益确立。其次,"面向现代化、面向世界、面向未来"使我们能够广泛而充分地吸取人类和世界各国道德文明的有益成果。最后,随着社会主义现代化建设历史性成就的取得,中国人民的文化自觉、文化自信、文化自强之意识不断增强,对中华优秀传统文化、特别是对其中的道德精华的认同不断提高。毫无疑问,这一切为当代中国伦理学三个基本发展路径的敞开奠定了思想史前提。

当然,有了客观社会结构基础和思想史前提,并不等于伦理学界就一定能够处理好这三个基本路径之间的关系了,在此仍然需要广大伦理学工作者付出坚忍不拔的努力。例如,对于主要采取"坚持马克思主义伦理学"路径的学者来说,在坚持马克思主义在政治上主导和指导地位的时候,一定要加快马克思主义伦理思想的中国化、时代化和大众化进程,努力构建新时代中国特色社会主义伦理学的学科、学术和话语体系。在此,"坚持马克思主义伦理学"路径的学者特别有必要实现政治和道德思维范式从"革命党"向"执政党"的转变,"居马上得之,宁可以马上治之乎?"(《史记·郦生陆贾列传》)对"立足中华优秀传统伦理学"和"吸取国外伦理学积极成果"的路径采取尊重和开放的态度,在实现中华民族伟大复兴的共同目标下,努力实现以自身为主体内容的丰富发展及与后两者的综合与融通。同样,主要采取"立足中华优秀传统伦理学"路径的学者,在近百年来丧失的民族文化主体性开始逐步回归、中华优秀传统文化已经被承认为我们民族的"根"和"魂"的今天,不能走向复古主义,而是要自觉地接受马克思主义在意识形态领域的指导地位,主要在提高公民道德品质和境界的个人伦理和治国理政的道德智慧领域中发挥积极功能,同时给予社会各广泛性领域以建设性影响。还有"吸取国外伦理学积极成果"路径问题,主要依托这一路径的学者在从事创造性劳动的同时,一定要注意把自己所引进的国外伦理学和道德的积极成果融入到中华民族的当下目标、基本制度和道德传统中去。

　　总之,中华民族的道德生活自古以来就具有"和而不同"即"和实生物"的积极传统,其多样性、丰富性与和谐性是远远不能够用儒释道"三教合一"加以概括的。21 世纪的今天,在发展当代伦理学的问题上,我们是否一定面临着综合和融通"坚持马克思主义伦理学""立足中华优秀传统伦理学"和"吸取国外伦理学积极成果"三个基本路径的挑战,作为一个学术问题,当然还可以讨论;但是,在构建当代伦理学的学科、学术和话语体系的过程中,努力和善于融通马克思主义伦理思想、中华优秀传统道德和国外伦理学积极成果三种资源已经成为一种明确的和基本的要求,这是毫无疑义的。作为中华民族的传人,特别是其道德精华的传人,我国伦理学界有义务在当代社会进行新的综合和融通,以构建与中华民族伟大复兴相适应的中华道德文明。由于市场经济体制导致的道德生活复杂化、全球化交往导致的道德生活多样化、民主政治发展导致的道德生活自主化等原因,必然使我国伦理学界内部有不同发展路径的出现,这是正常的,也是中国社会和思想进步的体现。但是,"天下同归而殊途,一致而百虑"(《周易·系辞下》),无论哪个途径都承担着为中华民族的伟大复兴构建伦理秩序的使命。可以期待,只要"坚持马克思主义伦理学""立足中华优秀传统伦理学"和"吸取国外伦理学积极成果"三个路径相互尊重、开放包容、求同存异、相辅相成、综合创新,就会有更多更好的基础伦理学研究原创性成果的出现。

四、路径中的主体、根基和滋养

　　在以上主要以我国伦理学的代表性成果为例,初步论证了当代伦理学发展的综合创新路径,即在坚持以马克思主义为指导,坚守中华文化立场的前提下,融通马克思主义伦理学、中华优秀传统伦理学和国外伦理学积极成果的基本路径之后,笔者就可以进一步从内容结构上对这三个路径的互补融通关系,即综合创新路径中的主体、根基和滋养问题做一概括了。首先,我们必须坚持马克思主义伦理学是当代中国伦理学的主体内容及其发展的最大增量。其次,就马克思主义伦理学本身的内容而言,与马克思主义伦理学基本原理相比,更重要的是马克思主义伦理学中国化形成的最新成果及其典型形态。因此,当代中国伦理学必须坚持以人民为中心的导向和问题导向,不断地推进马克思主义伦理学中国化、时代化、大众化,不断地丰富和发展马克思主义伦理学中国化形成的成果及其道德形态。对于中国伦理学人来说,为此必须要站在坚持和发展中国特色社会主义的政治立场上,拥护中国共产党的领导,发展社会主义市场经济,追求实现人的自由而全面发展和全人类解放的理想。当然,这么做主要是在政治建构意义上的,并不是要把某些伦理学教科书所阐发的"原理"绝对化,教条主义和实用主义地到处照抄照搬,忽略和排斥中华优秀传统道德的文化根基和人类伦理的有益滋养,而是要善于把古今中外的各种伦理资源融通起来,相辅相成地使全体中国人民形成一种多元一体又有核心的价值观和道德观,并由此构成实现中华民族伟大复兴的现实伦理基础。当然,就这三种路径之间的相互关系而言,马克思主义伦理学占据着主体内容和主导地位,这点是必须明确的。

关于"立足中华优秀传统伦理学"路径的要点在于:绵延几千年的中华道德和伦理学是当代伦理学生成的深厚基础;道德自信是文化自信的实质和根基;尽管道路是曲折的,但中华优秀道德传统始终是我们独特的伦理优势;中华道德延续着我们国家和民族的伦理血脉,既需要薪火相传、代代守护,也需要与时俱进、推陈出新。从发展的趋势看,虽然 100 余年来各种反传统道德思潮的破坏性影响至今尚未充分消失,但自 21 世纪以来,经过现代性冲击和挑战的洗礼,许多中国人的文化自信和道德自信意识,特别是坚守中华文化立场的意识,毕竟已经不可逆转地觉醒了,这是我们对中华优秀传统道德创造性转化、创新性发展的最广泛、最深厚的社会基础。从目前情况看,对于立足中华优秀传统伦理学的路径问题,思想界、理论界和学术界在何为中华优秀传统道德的问题上,还存在着广泛和深刻的争论。在这些争论中，有的主张儒家之"仁义"，有的主张佛教之"慈悲"，有的主张道家之"自然"。作为一种思想、理论和学术上的争论，当然是好事，要知道，即使在古代社会也有"儒家治世、道家治身、佛家治心"的说法，更何况是在思想自由、百花齐放、百家争鸣的当代。但是，无论争论如何，"孔子思想最重要的作用是确立了中国文化的价值理性，奠立了中华文明的道德基础，塑造了中国文化的价值观，赋予了中国文化基本的道德精神和道德力量，使儒家文明成为'道德的文明'"[8]。如果有更多的人采取这一认识，我们就能够更好地发挥立足中华优秀传统伦理学路径的建设性功能。

　　这就是说，从建构当代中国伦理学的要求来看，尽管我们应该广泛地吸取中华优秀传统道德资源中的所有要素，但其核心则必须是以孔子为代表的儒家伦理。"我们'弘扬中华文化，建设精神家园'可以从读《论语》开始。"[9]"人能弘道，非道弘人。"（《论语·卫灵公》）儒家伦理作为一种道德思想，包括天人合一的道德理念、天下太平的人道理想、民惟邦本的治国理念、修己安人的人生哲学；虽然不是什么灵丹妙药、一信就灵，但作为必要条件之一，如果被大多数中国人自觉不自觉地抛弃了或者背叛了，中华民族的复兴就肯定是不可能的。设想一下，100多年来，如果没有那么多人自觉不自觉地抛弃了或者背叛了蕴含着上述民族文化和道德光辉的儒家伦理，当前我国广大公民，特别是其中占有了较多政治、经济、文化资源的"社会精英"阶层，其道德品行状况是否会好一点？笔者对此的回答是，尽管情况是复杂的，原因是多方面的，但答案却是肯定的。当然，就儒家伦理本身而言，毋庸讳言，作为一种制度伦理思想，它确实在汉武帝之后发挥了帝王统治的意识形态作用，也不能使中国社会发生革命性的变化，既没有使中国走向资本主义的现代化，更不可能直接促成中国特色社会主义的生成；但是，既然康有为的"公羊三世"进化论，孙中山的三民主义，都能够容纳和发展儒家伦理，那么当代中国人为什么一定要放弃以儒家伦理为核心的中华优秀传统道德这一十分宝贵、不可多得的资源，或者抛弃之背叛之而走向反面，或者另搞一套而事倍功半？

至于"吸取国外伦理学积极成果"路径,则有三个要点。第一,当今世界所有国家哲学社会科学取得的积极成果,包括伦理学及其相应的积极道德成果,都可以成为构建当代中国伦理学的有益滋养。当然,必须承认,在各国人民创造的多彩文明和道德成果中,目前对我们影响最大的是西方现代性文明和道德的成果。第二,对人类特别是西方现代性创造的有益伦理学理论和相应的道德成果,我们应该吸收借鉴,但不能把它唯一化,不能把它用来评判以至改造整个中国伦理学。第三,对于国外的、特别是西方现代性的伦理学和道德成果,要有批判精神,有分析和鉴别能力,适用的就拿来用,不适用的就不要生搬硬套,使其在当代中国的社会和道德结构中,找到适当的位置,发挥建设性的功能。进一步说,在当代中国伦理学的发展过程中,作为主体内容的马克思主义伦理学,作为文化根基的中华优秀传统伦理学,作为有益滋养的国外伦理学积极成果,它们的相辅相成只是其相互融通的一个方面;更重要的是,或者说更高层次的是,这三种伦理学资源还有相互渗透、成为多元一体又有核心之体系的一面。例如,马克思主义伦理学不仅能够保障我国现代化建设的社会主义方向,而且也能够保障公民的传统美德不被权威主义独断论滥用而导致信仰和道德危机,能够防止目无法纪者滥用现代性价值而导致社会达尔文主义。同样,以儒家伦理为核心的中华优秀传统道德也成为许多人接受马克思主义即社会主义的信仰并为之终生奋斗的德性基础。而以西方现代性伦理学和道德成果为代表的道德和伦理学则有助于马克思主义即社会主义的要求在社会交往和社会体制方面落到实处,能够使儒家伦理更富有活力和个性。

本章以《道德哲学成果与伦理学的发展路径》(《中州学刊》2017 年第 2 期)和《论当代道德教育的三大资源》(《上海师范大学学报》2016 年第 5 期)为基础修改写成。

注释：

[1] 司马迁：《史记》，中华书局 2013 年版，第 3975 页。

[2] 王泽应编著：《伦理学》，北京师范大学出版社 2013 年版，第 381 页。

[3] 崔大华：《儒学的现代命运——儒家传统的现代阐释》，人民出版社 2012 年版，《自序》第 2 页。

[4] 卢风主编：《应用伦理学概论》，中国人民大学出版社 2015 年版，第 1 页。

[5] 马克思、恩格斯：《马克思恩格斯全集》，人民出版社 1980 年版，第 46 卷上册第 104 页。

[6] 廖申白：《伦理学概论》，北京师范大学出版社 2010 年版，《自序》第 4 页。

[7] 牟钟鉴：《在国学的路上》，中国物资出版社 2011 年版，第 279 页。

[8] 陈来：《孔子思想的道德力量》，《道德与文明》2016 年第 1 期。

[9] 钱逊：《师道师说·钱逊卷》，东方出版社 2018 年版，第 217 页。

第十一章　伦理学发展路径中
的"和"与"同"

"子曰:'君子和而不同,小人同而不和。'和者无乖戾之心。同者有阿比之意。君子尚义,故有不同。小人尚利,故不能和。或说:'和'如五味调和成食,五声调和成乐,声味不同,而能相调和。'同'如水济水,以火济火,所嗜好同,则必互争。今按:后儒言大同,即太和。仁义即大同之道。若求同失和,则去大同远矣。"[1]根据钱穆的理解,"和"与"同"作为一对古老的中国思想范畴,从现代哲学的角度看,至少有三层含义:德性论和人生论的"君子和而不同",存在论的"五声调和成乐",政治论的"求同失和,去大同远矣"。显然,这种关于"和"与"同"问题的哲学思考,属于中华优秀传统文化的思想精华和道德精髓,我们作为后人应该努力传承和发展它。那么,对于当代中国的道德生活,特别是对于当代中国伦理学发展的综合创新路径问题,是否可以运用"和"与"同"这对概念加以分析,从中引发出一些有益的思考和启示呢?综合本书先前的讨论,笔者认为这是可能的,这里以甘绍平的《伦理学的当代建构》为例,尝试一下。

一、权利伦理的适当定位

甘绍平《伦理学的当代建构》的主题为对基础伦理学的探究。所谓基础伦理学,顾名思义,即对伦理学基础或基本问题的研究,也就是我国当今伦理学学科体系中的"伦理学原理"或"道德哲学"部分。此书首先从对伦理学中的人的本质特征或特性(镜像)的论证出发,以奠定其道德和伦理学研究的前提。基于人作为能够进行自由选择和道德行动的主体之精神性本质,甘绍平把道德界定为人际交往公认的、普遍的行为规范,包括调节群体行为的外在习俗和指导个体行为的内在品格,并在此基础上,提出了三大最重要的伦理规范:"不伤害、公正和紧急救援意义上的仁爱",强调这些道德规范的功能,在于对人的共通利益以及和谐相处的需求提供保障。至于人类所有道德规范作用发挥的前提,则是人的自由选择,即其关于道德义务之权利基础的命题:"是否履行道德义务,取决于行为主体是否拥有自由选择的道德权利。"[2]进一步说,在甘绍平看来,以上"不伤害、公正、仁爱"规范作为人类社会的一种共识性之行为基础,得到了德性论、功利主义、义务论、契约主义伦理学的一致认同;但是,在判定道德的终极依据或最高标准之问题上,它们则各有其独特解答和论证方式。面对这西方四大最重要的规范伦理体系彼此差异、相互竞争的道德格局,为了发挥它们在解决最能激发人们伦理兴趣之当代道德冲突中的建设性功能,甘绍平在考察其历史与现代流变的基础上,"将这些伦理资源构建成一种融贯的道德规范应用系统,从而试图为有效应对现实的道德冲突与难题提供伦理导向和指南"[3]。

从以上对《伦理学的当代建构》第一章至第九章思想观点的简要概括来看,甘绍平首先在此提出了一种关于伦理学基础理论的系统框架:从人的精神性本质出发,确定道德的基本定义、规范内涵、社会功能、作用前提。接着,基于"不伤害、公正、仁爱"之最重要伦理规范,着重从应用伦理学的角度探讨了多元规范伦理体系如何达成共识,以解决道德冲突的问题。在相关的阐述过程中,充分体现出此书明确的问题意识、广阔的学术视野、深入的理论思考、独特的个人见解。必须承认,这在我国伦理学界近年来的论著中是罕见的。接着,尽管有着德语哲学界的"基础伦理学"背景,而且也在《何为伦理学》的第二章中初步辨析了"道德"和"伦理学"的基本概念,第十章《元伦理学的核心问题》还是对英美哲学界"元伦理学"关注的"道德判断是否具有认知内容"提问给出了自己的回答,不仅展现了作者伦理学研究视野的广泛性,而且其所发挥的认知主义之弱的伦理实在论观点,进一步论证了"不伤害、公正、仁爱"这三项人类普遍认同之伦理价值的客观存在,特别是"自由、人权、民主、公正"的客观存在。这就是说,作为"体现了现代文明的精髓"之"自由、人权、民主、公正",即使从元伦理学弱的伦理实在论之观点来看,也是一种客观价值、一种客观事实。此外,甘绍平还从当代人类社会制度与政治生活建构的规范性基石的角度强调:"自由、人权、民主、公正作为核心的政治价值,能够同时得到现代社会的认可,是人类长期艰辛探索、实践和奋斗的成果。"[4]

关于对自由、人权、民主、公正问题的具体论证,面对由神经生物学实验挑起的自由意志是否存在的争论,第十一章《意志自由的塑造》阐发了人的自主决断之客观真实的存在;面对人屡受迫害的人道灾难,第十二章《人权论证的进路》强调人权是人类进化史上一项最伟大的成就和人类文明史上最尊贵的"思想遗传密码";在坚持民主是一个道德范畴的基础上,第十三章《民主中的道德表达》认为审议民主是民主中的自由和平等道德内涵得以表达的最理想形式;关于正义问题,第十四章《从正义到国际正义》主张免除任意、得所应得、不偏不倚这样一种形式意义上的正义观符合人的道德直觉和心理期待,并指出关于国际正义的主导性话题则是关于补偿正义原则的讨论。如果说,以上论证主要限于社会领域本身之内,对自然科学影响道德生活的问题只是有所涉及的话,那么甘绍平以下则比较深入地考察了当代思潮中的一个新流派——致力于建构一种将人文社会科学与自然科学整合在一起的全新观念系统的新人文主义,拓展了我国伦理学界了解国外学科发展的新视界。还有,面对科技发展给当代人类本身以及未来世代造成的巨大威胁,《伦理学的当代建构》还探讨了超越责任原则的风险伦理问题,不是父母对子女的关护式关系以及对仁爱的泛泛道德呼吁,而是倡导当代人与后代人之间平等公正的关系以及不伤害与公平对待的价值诉求和行为律令。总之,这些概括均指向了当代道德生活重点转移的这样一种发展趋势:从德性向规则、从情感向理性、从强迫到自愿、从私域到公域、从个人到社会、从思辨到应用、从关护到公平。

在简要概括和分析了《伦理学的当代建构》之后,就可以对其作一初步评价了。首先,必须承认此书相当好地实现了著者原先设定的目标:"对人类业已建构出来的影响社会发展进程的伦理学基本理论、规范和原则进行梳理,对当代社会价值观念的历史变迁进行探究。……力争做到内容求深、学派求新、问题求真。"[5]从其联系应用对西方伦理学最重要流派之最新发展的研究,并由此探讨道德本质问题来看,此书对当代国际伦理学界研究成果的把握,在广度和深度上确实为国内其他同类著作所不及。特别是此书有广阔的伦理视野和敏感的问题意识,对当代全球性重大道德难题进行了深入探讨,典型地体现了中国伦理学者应该具有的世界性和时代性宏观视野。其次,就蕴涵在上述研究中之"伦理学的建构"观念而言,对于我国伦理学界也富有启发性。例如,此书强调,由于与社会实践的密切关联,在当今世界,伦理学已经成为哲学学科中最富有生命力的一门显学,为充分地使其现实化,就不仅要重视应用伦理学的相关研究,而且更要把伦理学基础理论作为伦理学研究的核心。这一观点发人深省。从当代伦理学承担着为实现中华民族伟大复兴论证道德基础即构建伦理秩序的使命来看,伦理学不仅需要中外伦理学史和应用伦理学的开拓,更需要伦理学基础理论研究中的原创性著作。基于这一认识,甘绍平的《伦理学的当代建构》是应该得到高度评价的。当然,在思想和价值观多样化或者说多元化的当代,这种高度评价并不是对其倡导的实质性价值的无限制肯定,而是对其作为一种现代性权利伦理在当代中国社会道德生活和道德结构中之适当地位的充分认定。

二、"和而不同"的发展路径

所谓在思想和价值观多样化即多元化的时代,或者更准确地说,在一个"自由、平等、公正、法治"的社会中,道德生活和道德结构应该是

137

"多元一体"或"一体多元"的,而不应是"权威独断"的。关于这个观点,笔者曾于 2005 年提出过一种"三维异质结构论",认为"当代开放、平等、多元社会的道德结构应当包括底线伦理、共同信念和终极关怀三个基本要素。其中,得到普遍承认的底线伦理处于基础地位,经过民主商谈而达成的共同信念处于中心地位,源远流长、开放常新的各种终极关怀则处于反思地位"[6]。近年来,随着认识的变化和深化,笔者又提出了新的观点:"相对于作为第一生产力的现代科学技术,相对于作为中国特色社会主义基本制度理论基础的马克思主义及其最新成果,相对于作为当代社会体制建设借鉴的各种人类文明有益成果,中国传统文化主体的儒学主要作为当代中国的文明根柢之一或文化根基,成为当代中国社会结构中一个不可或缺的基本要素。"[7]这两种道德结构论之间,当然有不小的区别。从适用性的角度来看,可以说,前者主要属于社会层面,后者则属于国家层面。但是,这两种道德结构论有一个共同点,即它们都是"多元一体"的,而不是"权威独断"的。所谓"多元一体"指一种由多种异质要素相互促进、相辅相成形成的动态结构,即一种"和"的状态;"权威独断"则指只有一种要素构成的僵化实体,处于"同"的状态。体现在现实的道德生活中,"多元一体"指多种合理的道德思想发挥各自的积极社会功能,并构成一个有机整体;"权威独断"则指某种单一的道德思想占据着垄断地位,并试图管制整个社会的道德生活。

此外,就这两种道德生活和道德结构的比较而言,无论是基于人类的道德生活史,还是从各国的伦理学思想史出发,都可以肯定地说,"多元一体",即处于"和"的状态的道德生活是比较合理的;"权威独断",即处于"同"的状态的道德生活则是不合理的。千百年来的历史和现实早已说明了这一点。例如,我国现代"权威独断"的"文化大革命"和"多元一体"的"改革开放"两个时期的鲜明对比就是一个典型例证。当然,为从道德思想史的角度深入理解这一问题,这里就有必要细致地考察一下中国古代的"和而不同"思想。在这方面,除了上述《论语·子路》的"君子和而不同"之外,现代文献主要引证了两篇论述,一是《国语·郑语》中的《史伯为桓公论兴废》："夫和实生物,同则不继。以他平他谓之和,故能丰长而物归之;若以同裨同,尽乃弃矣。故先王以土与金木水火杂,以成百物。……王将弃是类也而与剸同,天夺之明,欲无弊,得乎?"[8]首先,这段论述发生于周幽王时期,距今约2 800年,可见"和而不同"是一种非常古老的中国智慧。其次,史伯此论批判的矛头直指周幽王"去和而取同",即弃贤人而近佞臣,认为这必然会导致周王朝的衰败以至灭亡,既是一种德性论和人生论,同时也是一种政治论。第三,"和实生物,同则不继"则是一种典型的存在论(本体论)思想,认为万事万物的生命力在于多样性要素的统一,如果只有单一性要素,就会走向反面,"声一无听,物一无文,味一无果,物一不讲"[9]。从而,本章关于"和而不同"之道德生活和道德结构的构想,其最深远的思想根源也可以追溯到这一论述。

　　另外一篇是《春秋左传·昭公二十年》中晏婴谏齐景公时的论"和异于同"："和如羹焉:水、火、醯、醢、盐、梅以烹鱼肉,燀之以薪,宰夫和之,齐之以味;济其不及,以泄其过。君子食之,以平其心。君臣亦然。君所谓可而有否焉,臣献其否以成其可;君所谓否而有可焉,臣献其可以去其否:是以政平而不干,民无争心。"[10]当时为西元前522年,孔子差不多三十而立之时,其论述的思想范围与史伯类似,但在举例说明方面则有明显深化,再加上《论语》中的论述,可见这已经是一种常见的智慧了。总之,千百年来,"和实生物""和异于同""君子和而不同",作为典型的中国智慧,成为中华民族可大可久的一种必要思想条件。近代以来,随着中国与西方等世界各国交往的深化,"和而不同"思想面对前所未有的世界历史,经由一些学者的继承和发展,焕发出了新的时代活力。例如,1902年,梁启超就据此考察了"中国学术思想变迁之大势"和中西文化交流的问题:"生理学之公例,凡两异性相合者,其所得结果必加良。……惟埃及、安息借地中海之力,两文明相遇,遂产出欧洲之文明,光耀大地焉。……我中华当战国之时,南北两文明初相接触,而古代之学术思想达于全盛。及隋、唐间与印度文明相接触,而中世之学术思想放大光明。……盖大地今日只有两文明:一泰西文明,欧美是也；二泰东文明，中华是也。二十世纪，则两文明结婚之时代也。……彼西方美人，必能为我家育宁馨儿以亢我宗也。"[11]虽然有些提法不一定精确，还披上了科学外衣，但梁启超关于"两文明结婚"的思想，确实与古代"和实生物"智慧一脉相承。

令人欣慰的是，改革开放以来，由于自觉地汲取了"文化大革命"的历史教训，当代中国学者十分珍视中国文化"和而不同"的优秀传统。例如，李存山最近也对此做了深入阐发。在一篇题为《中国文化的"忠恕之道"与"和而不同"》的论文中，在引证和发挥了孔子、史伯、晏婴相关论述的基础上，他指出在孔子之后，"和而不同"思想在儒学传承中更受到重视："中也者，天下之大本也；和也者，天下之达道也。"（《中庸》）"万物并育而不相害，道并行而不相悖。"（《中庸》）。特别是"《周易·系辞上》说：'富有之谓大业，日新之谓盛德。''富有'是因其'博厚'而包含了众多的事物，'日新'是因其'高明'而刚健笃实，日新其德。"[12]显然，这里的"万物并育而不相害，道并行而不相悖"、"富有之谓大业，日新之谓盛德"的思想，蕴涵着对于我们透彻思考"伦理学发展路径中的'和'与'同'"问题的最深刻启示。总之，以上对古代和近代以至当代关于"和而不同"文献的简要分析表明，在当代道德生活与伦理学发展路径之"和"与"同"的问题上，只有努力做到"多元一体"即"以他平他"，才会有强大的生命力；如果固守"权威独断"即"以同裨同"，"若以水济水，谁能食之？若琴瑟之专壹，谁能听之"[13]，就必然僵化窒息、"尽乃弃矣"。这是一种极端重要的思想方法，是建构健康的道德生活和探寻当代伦理学发展合理路径的一个必要条件，凡是从事相关实践与思考的人绝不能忽视这一点，特别是对于当前我国思想界、理论界和学术界中一些偏执一端的人士来说，更应该有所反思。

三、"和"的本质在于"生"

为了更充分地说明当代伦理学发展综合创新路径的辩证性质，在笔者对"和而不同"命题进行了简要阐发之后，以下再概括发挥一下朱贻庭教授的相关论述。在其近年出版的《中国传统道德哲学 6 辨》的专著中,其中第四辨为"和同之辨",他以"'和'的本质在于'生'"的命题,从宇宙论、伦理学、认识论、文化史四个理论层面,系统和深刻地阐发了中国古代哲学的"和生"思想:"'和'之所以为贵,正在于'和实生物'。'和生'是中国古典哲学和传统道德哲学的又一重要范畴。……'和生'较之'和合'能更好地成为中国传统'和'文化的标识"。[14] 因为,"和生"作为宇宙大道,首先体现为万物生生之道。如果离开"和实生物"而只讲"和而不同",就有可能就和说和,为和而和,这样的"和"导致的结局还是"同",不会有生命力。但是,"'和'的目的不是'和'本身,而是'生',是万物的生命和发展"[15]。他这么说的根据在于,无论是史伯的"和实生物",还是《周易》的"保合太和,乃利贞",都已经从本体论的高度强调了"和"是万物生生不息的本原,说明了"生"作为"和"的本质,揭示了中国"和"文化的本质特征——"生"。"所谓'天地之大德曰生',正表述了古典中国哲学'和'文化的本质。总之,和乃生,不和不生。"[16] 对于朱贻庭的上述论证,特别是其对"和生"与"和合"、"和而不同"与"和实生物"关系的探讨,作为学术研究的一家之言,当然是可以争论的;但无论如何,其关于"和"的本质在于"生"的思想,确实能够启发我们更深入地思考当代中国伦理学发展路径的实质。

我们坚持当代伦理学"和而不同"的发展路径,确实不是"为和而和",即不是简单地为了使马克思主义伦理学、吸取国外伦理学积极成果和立足中华优秀传统伦理学三个路径能够和平共处,而是要通过三个路径的互补融通为实现中华民族伟大复兴构建伦理秩序,并在这一过程中实现伦理思想及其话语体系富有生命力的发展。如果这一与民族目标融为一体的学科目标可以得到认可的话,那么朱贻庭关于"和"的本质在于"生"之命题的发挥显然是深刻的、有益的,使我们能够更自觉地把握当代中国伦理学发展路径的实质和目标。而令人感兴趣的是,除了在论证"和生"作为社会和谐发展的伦理法则方面,进一步强调"和"的本质在于"生",在于生存、发展、更好的发展之外,朱贻庭通过对"'和实生物'还是人类认知发展之道,指明了如何在多元和多维认识矛盾中推进人类认识发展的基本途径"[17]问题的阐发,使笔者对自己关于当代伦理学发展综合创新路径构想的自信心更强了。"和实生物,同则不继"辩证法在认识论上就是务"和同"而拒"专同",主张不同的认识由分歧、争论得以"以他平他"而达成共识,这种"共识"也就是不同认识之间的"和同"。对于史伯这种务"和同"的认识论,朱贻庭指出:"'务和同'就要求'兼综百虑'即务不同认识之间的对话方式而拒两元对立的思维方式。……人们对于不同的观点和理论应该持相互尊重、相互宽容的态度。……在认识论上坚持'和实生物'的辩证法,实现多元或多样学术观点的'合同'——'和生',一个关键因素就是要确立和提升学者的'主体性'。"[18]

为了充分论证和阐发其关于务"和同"而拒"专同"的认识论辩证法及其社会效应,朱贻庭还举中国古代历史中的典型事件说明,赵高"指鹿为马"导致秦朝二世而亡就是搞"专同"的典型,而魏征与李世民之间谏与纳谏导致的初唐"贞观之治",则是君臣达成"和同"的典范。至于"在思想史上,搞'经学'独断论是'专同',而儒释道三教由鼎立而走向合流是'和同'。儒释道合流不仅产生了禅宗这一完全中国化的佛教,而且促成了融合佛道的新儒学即宋明理学的形成,使儒学能以继续成为中国古代文化的主干和主导的意识形态,则是'和实生物'辩证法在文化发展上的生动体现"[19]。而"马克思主义中国化,就是在中国革命和建设的实践基础上马克思主义与中国优秀传统文化的'和同'。马克思主义中国化是'和实生物'的辩证法在文化发展上的伟大胜利"[20]。据此,他强调,世界上没有什么"绝对真理",凡一种学说或一个人的认识即使是相对真理,也总会有一定的缺陷和局限,明智的人通过鉴别,会虚心听取并吸收与己不同的正确意见和观点,以纠正自己的认识与局限,达到与不同观点的"和同",从而发展已有的学说和认识。因此,在现代社会中,为推动学术的发展,就必须务"和同",倡导百家争鸣,反对专制独断,拒"专同"。所谓"专同"就是不允许有不同的意见,甚至剥夺别人有发表不同意见的权利,也就是排斥不同的观点,扼杀文化和学术发展的生机("同则不继")。

从人类认识发展的总过程来看,达到了一种"和同"并不是认识的终止,也不可一劳永逸。即有了一种"和同"并非再也不存在、再也不会产生新的不同观点了。事实上,人的认识是随着实践的推进而不断发展的,这一进程成为原有"和同"的否定性力量。因此,人类认识过程中的"和同"是动态的、发展的,永无止境的。这一认识发展过程的辩证法,用中国古代哲学话语来说就是天下同归而殊途,一致而百虑。关于这种"同归而殊途,一致而百虑"的文化发展"和生"之道,不仅中国古代已经有了融合佛道的新儒学即宋明理学形成的生动体现和历史典范,而且自近代以来,更有中西文明和文化的不断接触、冲突和融通,特别是马克思主义的中国化时代化大众化更是奠定了实现中华民族伟大复兴的思想和理论基础。具体到当代中国伦理学的学科、学术和话语体系的构建来说,也是如此。自近代以来,面对东西方帝国主义侵略和现代性的挑战,以宋明理学为代表的中国传统伦理学通过对近代西方伦理学的吸纳,虽然已经有了一定程度的转化和创新,但毕竟不足于实现中国社会的革命性变化;只有在马克思主义伦理学进入中国之后,中国社会道德革命和伦理学发展才有了真正正确的指导思想之理论基础。当然,马克思主义伦理学之所以能够发挥中国道德革命指导思想的功能,是与其和中华道德立场密切结合分不开的;特别是在改革开放过程中,与其积极吸取人类伦理的一切有益滋养分不开的。这就是说,当代中国伦理学发展"和而不同"的综合创新路径,是一个包含"内在否定性"的辩证过程,绝不能在达到了一种"和同"结构上就停滞下来,而是要不断转化为新的"和实生物"。

143

四、人类伦理的有益滋养

在基本明确了在当代道德生活和伦理学发展路径的问题上,我们必须坚持"和"的立场,反对"同"的做法之后,现在就可以讨论我们如何去坚持"和"的立场了。为了充分说明这一点,笔者这里先举一个历史观方面的例子。众所周知,中国古代史学有"究天人之际,通古今之变"

的优良传统,尊重这种传统有利于加深人民的爱国情感和提高政府的治国理政能力。但不能否认,如果没有西方现代性历史观的引进,这种历史观毕竟不可能使中国人"走出中世纪"即走向现代化。当然,同样值得注意的是,西方现代性历史观的"进化""演进""发展"等观念,固然启发了中国人"走出中世纪"即走向现代化;但是,如果把这些历史观唯一化、绝对化、凝固化,就会陷入西方中心论的陷阱,导致中国人,特别是新生的世代缺乏对中华民族及其文化的温情和敬意,显然也不利于培养他们的爱国主义情感。这就是说,没有一种历史观能够穷尽人们的一切历史认识,也没有一种历史观能够单独地承担起为实现中华民族伟大复兴提供历史认识基础的使命。如果始终固执于某种特定的历史观,不愿意与时俱进,不能够吸取异质历史观的积极成果以丰富和扩展自己,就会使自己"以同裨同",不仅"谁能听之"? 甚至会陷于"尽乃弃矣"的境地。因此,我们需要一种综合性的历史观,即"和实生物""和而不同""富有之谓大业"的历史观,基于实现中华民族伟大复兴的目标,结合古今中外历史观的合理因素,使它们相辅相成,既能启发中国人"走出中世纪"即走向现代化和社会主义,又能加深全国人民的爱国情感和提高政府的治国理政能力。

当然,"和而不同"思想虽然蕴涵着无限开放的可能性,但它作为一种形式性的方法论概念,本身并不必然和某种特定的实质性价值结合在一起。例如,在古代社会中,"和而不同"主要应用于君子的"修己以敬"和"臣事君以忠",而不可能从中直接得出否定君主制的结论来。因此,我们在选择当代伦理学的合理发展路径时,为真正发挥"和而不同"思想的启示性功能,在确认其合理性的基础上,还必须自觉地把这一形式性的方法论原则与合理的实质性价值结合起来。当代伦理学的最重要使命是为实现中华民族伟大复兴构建伦理秩序,这是我们应用"和而不同"方法论时首先必须确定的最核心价值观念和最重要奋斗目标。换句话说,只有在确立这一最核心价值观念和最重要奋斗目标的基础上,"和而不同"思想之无限开放的方法论功能才可能充分地发挥出来。如果这一观点能够成立的话,那么笔者在此就可以提出自己关于发展当代伦理学的"和而不同"路径的基本构想：为实现中华民族的伟大复兴，建成富强民主文明和谐美丽的社会主义现代化强国，必须坚持中国特色社会主义的基本制度，为此就必须坚持发展当代伦理学的马克思主义路径。为实现中华民族的伟大复兴，必须建设自由平等公正法治的社会，特别是以市场经济为基础的各种社会体制和运作机制，为此必须借鉴各种人类文明的有益成果，即坚持发展当代伦理学的吸取国外伦理学积极成果路径。为实现中华民族的伟大复兴，必须要有亿万爱国敬业诚信友善之中国人的持续奋斗，为此必须使当代伦理学的发展立足中华优秀传统伦理学路径。现在，坚持这一路径的条件虽然有所改善，但伦理学人在此仍需努力。

进一步说，笔者的这一构想不仅基于我国当代思想、理论和学术界之理论成果的深刻启示，而且也可以说是伦理学人的广泛和最大共识：为加快构建中国特色哲学社会科学，我们要善于融通古今中外各种资源，特别是要把握好马克思主义的资源、中华优秀传统文化的资源、国外哲学社会科学的资源。实际上，这也是构建当代中国特色伦理学的三种基本思想资源。发展当代中国伦理学的合理路径即综合创新路径也是一种三维异质的结构，是以马克思主义为指导和坚守中华文化立场前提下的互补融通，是坚持马克思主义伦理学、立足中华优秀传统伦理学和吸取国外伦理学积极成果三种路径的"和而不同"。当然，必须强调的是，在这一"和而不同"的"三维异质路径"中，其各要素在上述"三维异质结构"中的地位是不同的，其中马克思主义伦理学路径是主体内容，中华优秀传统文化路径是文化根基，吸取国外伦理学积极成果路径则是有益滋养。正是这三种异质要素或为主导、或为根柢、或为滋养，相互促进、相辅相成地形成了发展当代中国伦理学合理路径的完整结构。而有了这个构想，本书也就可以从当代伦理学的"有益滋养"角度进一步评价甘绍平的《伦理学的当代建构》了。例如，关于"不伤害、公正和紧急救援意义上的仁爱"作为三大最重要的伦理规范问题，由于它既不同于传统儒家"修身、齐家、治国、平天下"框架内的"仁义礼智信"，也有别于作为政治建构之社会主义道德的集体主义基本原则以及人道主义、社会公正和诚实信用等原则，一开始会给人以一种比较陌生的感觉。但仔细思考下来，"不伤害、公正和紧急救援意义上的仁爱"确实适用于一个"自由平等公正法治"社会中的公民之间的人际交往，特别是像中国这样一个规模大到极点、匿名性关系无限的社会中的日常人际关系。

从现实的状况来看，当前我国社会人际交往中存在着大量冲突尖锐的问题，需要从政治、经济到社会和文化，从法律、道德到习俗等方面的综合性措施加以应对。在此，道德规范作用的成本显然是最低的；而在各类道德规范系统中，"不伤害、公正和紧急救援意义上的仁爱"规范与社会成员的日常生活的联系最为密切，从而也最容易引起最广泛公民的共鸣，其作用也最具普遍性。试想一下，如果当下人们在处理与陌生人和一般功能相关人的关系时，都能按照"不伤害、公正和紧急救援意义上的仁爱"规范行事，那么在中国这个巨型社会中，会节约多少"交易成本"啊！因此，作为从当代西方伦理学引进的"不伤害、公正和紧急救援意义上的仁爱"的道德规范，尽管可以有不同的论证基础，但不能否认，它确实是一种我们不应忽视的人类伦理的"有益滋养"。作为一种合理的道德规范，可以从政治建构、文化根基和现实操作三方面，与"仁义礼智信"及"集体主义原则"一起构成一个"和而不同"的道德规范系统和道德结构，促进当代中国"自由平等公正法治"以至"和谐"社会的建设。最后还要指出的是，本书基于"伦理学发展路径中的'和'与'同'"的视角，对甘绍平《伦理学的当代建构》所作的一些概括分析，包括以"不伤害、公正和紧急救援意义上的仁爱"为例的探讨，只是对此书内容和意义的一种挂一漏万的探讨，还没有涉及"自由、人权、民主、公正"等问题。对于这样一部典范性的基础伦理学著作，其中几乎每个章节都可以作为专业分析的对象。由此，笔者盼望有更多的相关研究问世。

本章以《伦理学发展路径中的"和"与"同"——由甘绍平〈伦理学的当代建构〉引发的思考》（《道德与文明》2016 年第 5 期）为基础修改写成。

注释:

[1] 钱穆:《论语新解》,九州出版社 2011 年版,第 323 页。

[2] 甘绍平:《伦理学的当代建构》,中国发展出版社 2015 年版,第 90 页。

[3] 同上书,《序言》第 1 页。

[4] 同上书,第 240 页。

[5] 同上书,《序言》第 5—6 页。

[6] 陈泽环:《道德结构与伦理学——当代实践哲学的思考》,上海人民出版社 2009 年版,《前言》第 6 页。陈泽环:《底线伦理·共同信念·终极关怀——论当代社会的道德结构》,《学术月刊》2005 年第 3 期。

[7] 陈泽环:《意识形态、文明根柢与道德基因——关于儒学当代命运的思考》,《上海师范大学学报》2015 年第 6 期。

[8] 陈桐生译注:《国语》,中华书局 2016 年版,第 304 页。

[9] 同上。

[10] 陈戍国撰:《四书五经校注本》,岳麓书社 2008 年版,第 2603 页。

[11] 梁启超:《梁启超全集》,中国人民大学出版社 2018 年版,第三集第 17—18 页。

[12] 李存山:《中国文化的"忠恕之道"与"和而不同"》,《道德与文明》2016 年第 3 期。

[13] 陈戍国撰:《四书五经校注本》,岳麓书社 2008 年版,第 2604 页。

[14] 朱贻庭:《中国传统道德哲学 6 辨》,文汇出版社 2017 年版,第 127 页。

[15] 同上书,第 128 页。

[16] 同上书,第 129 页。

[17] 同上书,第 138 页。

[18] 同上书,第 142—143 页。

[19] 同上书,第 139 页。

[20] 同上书,第 140 页。

147

第十二章　应用伦理学的文明根柢

　　由于当代社会的日益复杂化,科学技术对人类生活的影响越来越大,领域性、技术性等方面的公共道德问题和道德冲突日益加剧,导致在当代伦理学的整个学科、学术和话语体系中,应用伦理学的地位日益重要。因此,为构建当代中国伦理学,在分析了"理论"伦理学之后,还必须展开对应用伦理学的探讨。就相关的研究状况而言,进入21世纪以来,以首次全国应用伦理学学术研讨会为开端,特别是以发表于《中国人民大学学报》2003年第1期的一组论文[1]为标志,我国伦理学界曾经展开过一场关于应用伦理学学科特征问题的论争。在此,除了江畅、甘绍平、廖申白的带头作用之外,卢风、邓安庆、强以华、曹刚等学者也提供了独特的视角;笔者本人则以《基本价值观还是程序方法论——论应用伦理学的基本特性》[2]等论文参与了这一讨论。10多年很快就过去了,现在来回顾一下当时的论争,可以说这是在改革开放之后,我国伦理学界一次严肃、深入、富于创新性的学术讨论,不仅使我们在应用伦理学学科特征等问题上,迅速实现了与国际学界的"接轨"、交流和交锋,而且也为较快地形成当代中国应用伦理学开辟了道路。在当下新的实践和理论发展的背景下,现在我们又有必要以"应用伦理视域下的道德冲突"为主题展开论辩。显而易见,只要我们认真地和开放地切磋琢磨,这种论辩很可能会成为促进作为当代伦理学重要组成部分的应用伦理学进一步发展和成熟的契机。

一、道德冲突和应用伦理学

关于"应用伦理视域下的道德冲突"命题中的"道德冲突"概念,笔者在认同对其一般理论定义的基础上("行为主体处于一种两难的情形,他本应满足两种义务或两种规范的要求,但他无论怎么做也都无法同时使其得以实现")[3],主要基于我国当代社会现代化建设的实践,把它理解为发生在这一过程中的伦理两难(悖论和差异),例如经济伦理领域的效率与公正、市场与政府、资本与劳动之间的悖论和差异,政治伦理领域的国权与人权、权利与义务、德治与法治之间的悖论和差异,文化伦理领域的中国和西方、崇高与庸俗、创新与守成之间的悖论和差异,生命伦理领域的治疗与造物、家庭与个人、效益与福利之间的悖论和差异,以及环境伦理领域的发展与生态、高科技伦理领域的能做与可做、性伦理领域的自由与规范、传媒伦理领域的发表与责任、宗教伦理领域的神圣与世俗、国际伦理领域的合作与冲突之间的悖论和差异,等等。就与这些两难性道德冲突相关的范围而言,按照笔者关于当代中国"社会的道德结构应当包括底线伦理、共同信念和终极关怀三个基本要素"[4]的构想,它们既非涉及"不杀人""不偷盗""不伤害"等的底线伦理,也非涉及总体性的"世界观""人生观""价值观"等的终极关怀;而是主要涉及人们必须及时处理的当下公共生活中的紧迫问题和重大问题之道德维度,即主要涉及人们道德生活中的"基本共识"或"共同信念"。

例如,在经济伦理领域,现在既需要有效的市场,同时也需要有为的政府;既需要承认资本逻辑的功能,又需要尊重人类劳动的价值。一般说来,市场与政府、资本与劳动之间显然有着不同的社会功能和价值指向,甚至存在着尖锐的矛盾和冲突以至对立的关系;如果只看到和局限于这一点,就很有可能导致我国计划经济时代或自由放任主义的经济理论和实践。但是,当代中国则确认"发展是解决所有问题的关键",为使经济更有效率、更加公正、更可持续地发展,必须使市场在资源配

149

置中起决定性作用和更好地发挥政府的作用。在这样的基本前提下，市场与政府、资本与劳动双方就都是不可或缺的了，它们之间的关系既有矛盾和冲突以至对立的一面，更有互补、融洽以至统一的另一面。人们既不能以市场来钳制政府，也不能以政府来压倒市场；既不能以资本来压迫劳动，也不能以劳动来消灭资本；合理的做法只能是使这两方面协调起来，相互补充、相辅相成地服务于我国现代化建设的目标。以此类推，尽管由于涉及领域不同而有着的一定差别，但总的说来，在国权与人权、权利与义务、德治与法治、中国和西方、崇高与庸俗、创新与守成、治疗与造物、家庭与个人、效益与福利、发展与生态、能做与可做、自由与规范、发表与责任、神圣与世俗、合作与冲突等公共两难问题的道德维度之间，同样也存在着这样一种既有矛盾和冲突以至对立，更有互补、融洽以至统一的关系。

从伦理学学科体系建构的视角来看，这些两难性道德冲突的出现，不是偶然的，而是有其深刻的社会生活和学科发展根源的。从客观的社会根源来看，这是由于改革开放以来，我国社会道德生活发生了历史性的变化：市场经济和科技发展导致的道德生活复杂化、全球化交往和思想多元导致的道德生活多样化、政治文明进步和权利意识强化导致的道德生活自主化等等。正是在这种复杂化、多样化、自主化的条件下，上述道德冲突中那些原先自明的，或者往往可以偏执一端地认为绝对正确的方面，现在变得相对起来，似乎不得不承认，作为自己对立面的一端也是有其存在和发展的合理根据的。而从主观的人类选择角度来看，面对这些道德冲突，人们也改变了原先往往偏执一端的做法，认识到现在的出路不是简单地用一端去压倒另一端，而是要自觉地基于当代道德生活复杂化、多样化、自主化的现实，尽可能地使道德冲突的两个方面协调起来。正是这一社会生活的演变和人们选择的自觉使应用伦理学作为伦理学学科体系中最新分支的地位充分凸显了出来。原先的规范伦理学，无论是我国传统的统合人生哲学与政治哲学为一体的儒家伦理学，还是西方古代的德性论和近代的契约论、功利论和义务论，作为一门典型的伦理学学科，由于其所持的独特立场，虽然能够从某种视角给人们以启示,但都无法直接地或单独地面对当代社会的道德冲突,实践和理论的需要均导致应用伦理学的应运而生。

二、应用伦理学的文化背景

至于在化解道德冲突的过程中,如何发挥应用伦理学功能的方法问题,经过那次讨论,我国伦理学界虽然还存在着一些不同的意见,例如由卢风所界定的解构性后现代主义的"无本质的应用伦理学"、现代主义的"应用伦理学首先是一种程序方法论",以及他本人关于"应用伦理学不仅应积极通过民主对话去努力达成道德共识,还应该始终保持着对现存制度和人们业已达成的共识的批判意识"[5]的观点,笔者把它概括为建构性后现代主义,或生态主义的双向反思之应用伦理学;但毋庸讳言,从可行性暨可操作性的角度来看,边界比较分明、得到广泛认可的还是甘绍平的观点:作为一门于 20 世纪 60 年代末至 70 年代初才形成的新兴学科,"应用伦理学的目的在于探讨如何使道德要求通过社会整体的行为规则与行为程序得以实现,即面对冲突、诉诸商谈、达成共识、形成规则。应用伦理学要为相关方面的立法和法律修改提供理据"[6]。应该说,关于应用伦理学目的、方法和任务的这一界定,不仅积极地面对了当代道德冲突,而且摒弃了传统伦理学依据某种单一理论往往导致独断论方法的弊端,倡导通过民主商谈的程序,使各方达成包含辩护、规范、反思等多种维度在内的伦理共识,为解决紧迫社会问题提供临时性的道德建议,适应了当代道德生活复杂化、多样化、自主化的现实,对于发挥应用伦理学化解各种道德冲突的伦理功能十分有益。

当然,这一方法毕竟只解决了商谈各方如何处理各自道德原则或伦理学理论之间关系的程序问题,即相互尊重;没有也不可能解决商谈本身的特殊社会背景,特别是其文化背景或伦理背景问题。显然,当今世界有国际性、人类性、全球性的一面,但也有国家性、民族性、地方性的一面;不是其中的某一方面,而是这两个方面的综合才构成各国道德生活的真实。例如,德国、美国和中国的伦理商谈,虽然在方法程序上可能基本一致(完全一致是不可能的),但比较起来,这三种商谈所处的社会背景,特别是其文化背景或伦理背景的差别则是巨大的。因此,全面考察如何发挥应用伦理学化解道德冲突的功能问题,就不仅要澄清其程序方法,而且也要深入探讨其社会、文化或伦理背景。实际上,从以上概括的现代主义、解构性后现代主义、生态主义三种不同的应用伦理学观点来看,现在争论的焦点已经不在于其对商谈程序和方法的不同理解,(在这方面,尽管仍然有差别理解的存在,有些学者也有其独到和深入的研究)而是在于其对商谈本身的不同社会、文化或伦理背景的认定,以及与此相关的对何种道德原则或伦理学理论应该在商谈中处于基础或优先地位的诸神之争上。必须指出,是否能够充分认识和妥善处理这一点,是我们在确认应用伦理学的程序方法特征的基础上,更有效地发挥其化解道德冲突功能的关键。

这么说的根据在于,参与应用伦理学商谈的各方,虽然不能独断地把自己的观点强加于人,但也都会有自己对商谈的社会、文化或伦理背景的不同理解,从而也往往会坚持各自特殊的道德原则或伦理学理论的优先性。那么,在应用伦理学的道德商谈中,究竟哪一种原则或理论应该占据优先地位呢? 例如,按照甘绍平的观点,虽然有关道德冲突的伦理权衡模式要以一种由诸多理论、原则、规范构成的扇面作为考量的依据,但它们之间也还是有一个主与次、前与后的排列次序的。"道德权衡的第一层级,是对为义务论所论证的个体原则的恪守,第二层级为功利主义的原则所占据。"[7] 这里,"伦理权衡模式"属于应用伦理学的方法程序论范畴,没有多大争议;而作为"道德权衡的第一层级"的"个体原则",属于实质价值范畴,体现了甘绍平现代主义的基本价值观或普遍主义的终极价值观,则超出了应用伦理学的方法程序范畴,显然是会引起争论的。对此,笔者认为,甘绍平对当代应用伦理学的研究,特别是对当代德国应用伦理学的引进和发挥,不仅有力推动了我国应用伦理学界的相关知识建构,而且由于其对"人权伦理学"的坚持和倡导,也深刻地启发了伦理学界对"人权"问题的重视和理解。但毋庸讳言的是,就其"人权伦理学"的"个体原则"所体现的社会、文化或伦理背景的认定而言,他坚持的主要是当代德国伦理学界的主流观点,体现了他对伦理商谈的社会、文化或伦理背景的一种特殊理解。

三、应用伦理学的新任务

进一步说,在对应用伦理学的程序方法论和基本价值观进行论证时,作为国内应用伦理学界十分重要的一家之言,甘绍平"秉持着一种道德的普遍性的观念与立场",强调自由、人权、民主、宽容是"普世性的道德规范";毫无疑问,这是有根据的。但同时也应该看到,就事物的辩证性质而言,任何普遍性与特殊性都是不可分割的,不仅普遍性就存在于特殊性之中,而且普遍性本身也是多元的。德国伦理学界论证的"人权伦理学"普遍性,是与当代德国的社会、文化和伦理背景的特殊性不可分割。因此,如果体现在德国(西方)特殊性中的普遍性要推进到中国来时,就必须尽可能地与中国的特殊性结合起来。此外,我们面对的道德冲突,主要是我国现代化建设过程中发生的冲突,虽然也具有国际性、人类性、全球性的一面,但更具有国家性、民族性、地方性的一面,这点也是显而易见的。为更好地发挥应用伦理学化解道德冲突的功能,人们对其程序方法论和基本价值观的把握,特别是对作为商谈基础的多种道德原则或伦理学理论的主与次、前与后的次序排列,都应该自觉地把普遍性和特殊性结合起来。在面对道德冲突时,在坚持普遍性的基础上,更多地尊重特殊性,并由此丰富和深化普遍性。因此,就更好地发挥应用伦理学化解道德冲突的建设性功能而言,如果甘绍平能够把现在的引进发挥与中国的社会、文化和伦理背景结合起来,那么其贡献就会更大。当然,我们在此也不能过度苛求。

如果笔者的这一建议是可取的,如果我们要实现西方应用伦理学精华与中国的社会、文化和伦理背景的有机结合,并由此更快和更好地形成当代中国应用伦理学,那么就有必要关注一下当代中国应用伦理学的新任务。20世纪80至90年代以来,我国应用伦理学的兴起,首先

153

有其改革开放和现代化建设的实践基础;但必须承认,就学科体系的特征、框架、原则、方法等基本理论的最初建构而言,都是从引进西方应用伦理学开始的。这种引进,对我国应用伦理学的迅速发展,发挥必要的理论和实践功能,是十分必要的。对于我国伦理学界在这方面所取得的成就,我们不仅始终应予充分肯定,而且仍然应该继续并更好地做下去。但同时我们也应该看到,引进和参照西方的应用伦理学,毕竟只是发展成熟的我国应用伦理学的第一步,我们绝不能只停留在这一步上,而是应该尽可能地强化和深化其中国特色,以更贴近地气的方式为化解当代中国社会的道德冲突发挥自己的特殊功能。特别是在人们进行商谈时所依据的理论、原则、规范方面,总不能永远只是移植和运用西方的伦理学理论范式:诸如德性论、契约论、功利主义、义务论等等。因为,除了其发生的西方文化土壤之外,对于这些理论和原则,往往只有一些专门学者相对熟悉,广大公众则是比较隔膜的。从而,在充分吸取西方应用伦理学基本理论及其框架优长的基础上,除了坚持国家的政治伦理建构之外,我们应该更多地依据中国自身的伦理学理论。如果认为现代中国伦理学还不够成熟,那么在延续几千年的传统伦理学中,总有可取之处。

　　例如,在其《中华文明的根柢——民族复兴的核心价值》一书中,姜义华对中华民族的伦理传统作了很好的概括,提出了"中华民族伟大复兴的三大文明根柢"和"中华伦理的四大核心价值"的命题,"百年来大一统国家的成功再造、家国共同体的传承与转型和以天下国家为己任的民族精神的坚守与弘扬"[8];中华"'民惟邦本'与'选贤任能'的政治伦理,'以义制利'和'以道制欲'的经济伦理,以'中'为体以'和'为用的社会伦理,以及中国'德性普施'、'天下文明'的世界伦理"[9]暨文化伦理。尽管人们对什么是中华民族的文明根柢与核心价值有不同的理解,甚至对其本身也有不同的评价,但不能否认的是,它们与中国的历史与现实有着最深层的联系,也为最广大的中国人所"日用而不知"。因此,在当前面对道德冲突的应用伦理学讨论中,我们在引进西方的三大最重要的伦理规范:不伤害、公正、仁爱,四大最重要的社会价值基准或政治伦理价值——自由、人权、民主、正义(公正)——时,应该自觉和充分地把它们与上述中华民族的文明根柢与核心价值结合起来。特别是在确定何为"道德权衡的第一层级"时,应该具体情况具体分析,应该更多地运用中国传统的道德原则,而不能仅仅限于西方的伦理学理论范式。这就是说,如何既立足中华民族的文明根柢与核心价值,又吸取西方的伦理规范和社会或政治伦理价值,并坚持社会主义的本质要求,以形成广泛性的应用伦理原则,是当代中国应用伦理学的新任务。

从改革开放以来我国伦理学的恢复和发展、特别是从应用伦理学的兴起和繁荣的情况来看,充分认识"应用伦理学的文明根柢"问题的重要性,在立足中华民族伦理根柢的基础上实现中西应用伦理理论和原则的综合与创新,既存在很大困难,又出现了有利条件。困难在于,当前中国之所以国内生产总值跃居世界第二但道德失范严峻、道德冲突尖锐,一个重大原因就在于五千年的中华优秀传统文化和优良伦理道德不仅在"文革"中遭遇彻底扫荡,而且在改革开放初期又受到西方思想和文化的广泛冲击;近年来的情况虽然有所改善,但是上述的扫荡和冲击至今仍然限制着伦理学界和广大公众对"应用伦理学的文明根柢"等问题的认识。有利条件则是,随着近年来"富强、民主、文明、和谐,自由、平等、公正、法治,爱国、敬业、诚信、友善"社会主义核心价值观的确立,特别是"培育和弘扬社会主义核心价值观必须立足中华优秀传统文化"指导思想的倡导,为我们深入认识与合理处理"应用伦理学的文明根柢"问题奠定了社会共同的价值观基础和学术思想前提。基于这样的严重困难和有利条件,我们要为确立中国应用伦理学的文明根柢作出不懈的努力,并由此为当代世界应用伦理学的进一步发展和完善作出特殊的贡献。

四、儒家生命伦理学的探索

令人欣慰的是,在我国当代伦理学人中,虽然还没有成为主流,但也有一些学者早就已经十分关注"应用伦理学的文明根柢问题",在自己的相关研究领域做出了十分有益的开拓;例如,范瑞平对"当代儒家生命伦理学"的研究就是其中的一个范例。面对当代生命伦理问题的尖锐和严峻挑战,以及西方生命伦理学不但已经取得了先拔头筹的斩获,而且展现了赢家通吃,使自由主义和个人主义价值观独领风骚的趋势,他认为"当代中国学界无法不对生命伦理学问题给出自己的回应。不同只是在于,是继续跟在西方的理论、学说和原则的后面做一些应声虫式的研究,还是开始依据中国传统,参考西方思想,进行具有中国文化特色的探索?"[10]正是基于这一认识,自 1995 年底开始,他就决定努力从事儒家生命伦理学的研究,从儒家的基本义理、价值和思想出发,探讨当代中国社会的生物医学、卫生保健以及相关的公共政策问题。在这一研究过程中,他还逐步认识到,随着中国成为一个经济强国,中国人必须要有自己的文化自觉,不但要为世界文明作出经济贡献,而且还要作出文化贡献,应当运用中国传统的伦理资源来应对当今世界的挑战。经过 20 多年的努力,除了在香港城市大学任教,进行其他研究,组织生命伦理学交流等活动之外,范瑞平还发表了 30 多篇相关英语论文,并译成汉语在北京结集出版,为我国立足中华文明根柢的生命伦理学研究开了个好头。尽管其关于当代儒家生命伦理学的观点只是一家之言,可以争论和探讨;但可以肯定,他的这种通过研究儒家生命伦理学以建构当代中国生命伦理学的探索不仅起步早,而且富有启发性。

至于其对当代中国生命伦理学的构建,范瑞平认为由于儒学具有内容最丰富、影响最深远的中国传统文化资源,因此是其探索的出发点,并以"重构主义儒学"这一术语来概括其观点。所谓"重构主义儒学"包括三个要点,首先是要摒弃对儒学的妖魔化,即摒弃把儒家的仁义道德仅仅描绘为"吃人的礼教"的做法;其次要告别殖民化的儒学,即不能用西方的自由主义价值(个人自由、平等、人权、民主)来置换儒学的核心理念;第三也是最重要的一点,构建本真的当代儒学,"本真的当代儒学只能通过重构的方法来完成:面对当代社会的政治、经济和人生现实,综合地领会和把握儒学的核心主张,通过分析和比较的方法找到适宜的当代语言来把这些核心主张表述出来,以为当今的人伦日用、公共政策和制度改革提供直接的、具体的儒学资源"[11]。当然,"重构主义儒学"并不认为传统儒学是全真的或十全十美的,关键在于要坚持儒学最基本的性格、最关键的承诺以及其与当代的相关性,其实质则在于要从"西方文化普适主义"中解放出来,"儒学研究者不能把自由主义的'自由、平等、民主'作为评判儒学的先定标准。相反,儒学研究者更应该去探讨儒学不能接受哪些方面的'自由、平等、民主'并且论证理由何在。这就需要具体的、同自由主义进行诚实的、正面交锋的儒学研究。生命伦理学正是这样一个研究领域"[12]。

范瑞平儒家生命伦理学研究的主要成果是其仁爱原则、公义原则、诚信原则、和谐原则等四项基本原则的提出。针对 30 年来我国生命伦理学界广泛地言说和采用西方自由主义的生命伦理原则,特别是美国生命伦理学家比彻姆和邱卓斯的生命伦理学四项原则:尊重自主、不做恶、行善、公正,他以儒家文化传统为基础,强调仁爱原则当然包含一般的不做恶和行善的要求,但爱的基础在于恻隐之心等建基于儒家的心性学说、家庭主义、关系主义的动力和机制是自由主义的个人主义行善原则不可能具备的。儒家的公义原则以"义"的德性为基础,在社会分配上以美德考虑为依据,照顾弱势群体,但不搞不论好坏、不管勤懒的平均主义,而与只强调人人自由的右派自由主义和只强调人人平等的左派自由主义区别开来。仁爱原则:"仁爱源于亲情,应当适当地推及他人以及天地万物";公义原则:[13]"对利益的追求应当受到德性的调节和制约,有德有才之人应当受到社会的重用和奖赏。"[14]诚信原则:"一个人应当道德真诚,表里如一,信守诺言,言行一致,成为社会交往中的可信赖之人。"[15]和谐原则:"一个人应当同他人和平、友好地相处;在做重要决定时,要按照德性的要求同其他相关的人一起协商、相互妥协、共同作出。"[16]对于范瑞平生命伦理原则构想的合理性与可行性等问题,当然还得探讨;但可以肯定的是,这一构想确实不同于为我国生命伦理学界广泛引证的比彻姆和邱卓斯构想,至少从坚持学科发展的文化根基性和多样性的角度来看,应该得到充分的肯定。

157

近年来,范瑞平还对通过"儒家生命伦理学"来建构中国生命伦理学的理据和成效问题作了回顾和思考,包括建构中国生命伦理学是一个伪命题吗？普适生命伦理学还是文化生命伦理学？直觉主义的还是建构主义的？文化只是资源还是结构？他强调"建构中国生命伦理学"绝不否认努力学习西方生命伦理学的必要性,但是,"如果我们一味使用从西方舶来的生命伦理学的观点、原则和理论来从事我们的研究,那么这种研究就难以与根植于我们心灵深处及存在于我们社会实践中的中华传统文化进行有机的对接与交融。说到底,中国生命伦理学还需要制造一面自己的镜子来更好地审视自身——这就是'建构中国生命伦理学'的本意"[17]。因此,基于当今世界道德多元化的现实,与标榜自身为"普适生命伦理学"之当代强势的自由主义生命伦理学不同,他倡导一种"中庸的文化主义",应用建构主义的方法,坚持任何道德观都不可能是无源之水、无本之木,伦理学的理性论证无法逃脱具体文化资源限制的"文化生命伦理学"。要真正达到这一目标的关键在于,不能把文化仅仅看成是一种可供成为新文化结构的资源或资料,而要充分认识到文化本身就是有结构的,道德文化本身可能是无法脱离某种结构而存在的,广泛和完整的道德观念既不可能是从一种文化的一两项抽象的基本原则演绎出来的齐整系统,也不可能是从众多文化中得来的、杂乱无章地混合起来的东西;因此要贴近一种道德文化(例如儒家道德文化)的结构来进行建构中国生命伦理学的学术研究。这样,范瑞平就在理论伦理学和文化哲学的层次上为自己的儒家生命伦理学研究做了深入的辩护。

本章以《应用伦理学的文明根柢——兼与甘绍平研究员商榷》(载甘绍平主编:《应用伦理研究》,社会科学文献出版社 2016 年版)为基础修改写成。

注释：

［1］参阅江畅：《从当代哲学及其应用看应用伦理学的性质》，甘绍平：《应用伦理学：冲突、商议、共识》，廖申白：《应用伦理学的原则应用模式及其优点》，《中国人民大学学报》2003 年第 1 期。

［2］参阅陈泽环：《基本价值观还是程序方法论——论应用伦理学的基本特性》，《中国人民大学学报》2003 年第 5 期。

［3］甘绍平：《伦理学的当代建构》，中国发展出版社 2015 年版，第 193 页。

［4］陈泽环：《道德结构与伦理学——当代实践哲学的思考》，上海人民出版社 2009 年版，《前言》第 6 页。

［5］卢风主编：《应用伦理学概论》，中国人民大学出版社 2015 年版，第 41 页。

［6］甘绍平：《伦理学的当代建构》，中国发展出版社 2015 年版，第 45—46 页。

［7］同上书，第 214 页。

［8］陈泽环：《未来属于孔子——核心价值与文化传统之思》，上海人民出版社 2015 年版，第 239 页。

［9］姜义华：《中华文明的根柢　民族复兴的核心价值》，上海人民出版社 2015 年版，《序》第 7 页。

［10］范瑞平：《当代儒家生命伦理学》，北京大学出版社 2011 年版，《前言》第 1 页。

［11］同上书，《前言》第 2 页。

［12］同上书，《前言》第 4 页。

［13］同上书，《前言》第 244 页。

［14］同上书，《前言》第 246 页。

［15］同上书，《前言》第 247 页。

［16］同上书，《前言》第 249 页。

［17］范瑞平、张颖主编：《建构中国生命伦理学：新的探索》，中国人民大学出版社 2017 年版，第 20 页。

第十三章 科技与人文之间 的生命伦理学

从我国应用伦理学研究的状况来看，发展相对充分、社会影响较大的主要有生态伦理学或环境伦理学、经济伦理学或企业伦理学、政治伦理学、教育伦理学、科技伦理学、网络伦理学、性伦理学、医学伦理学或生命伦理学等门类；其中生命伦理学由于涉及医学职业伦理、生命科技伦理、卫生健康伦理等广泛领域，研究人员较多，受众面较广，其成果也较可观。自 20 世纪 80 年代以来，在引进和借鉴当代西方生命伦理学的基础上，我国生命伦理学学科的发展取得了长足的进步，不仅在生命伦理的重大问题分析和理论基础探索方面都出现了不少成果，而且也有益于合理解答当代中国生命伦理的实际问题。当然，由于研究视角和专业背景的不同，在生命伦理学研究的主题、方法、规范、理念、思想资源等问题上，还存在不少争论，一种立足当代生命伦理实践，既吸取西方成果、又基于中国哲学思考的生命伦理学还有待形成。从本书的研究主题来看，考虑到生命伦理学在当前应用伦理学学科中的特殊地位，相关的深入分析对于我国整个应用伦理学的进一步建构也具有典型意义。

一、生命伦理学的研究路径

关于生命伦理学的定义，邱仁宗认为："可以将生命伦理学界定为运用伦理学的理论和方法,在跨学科、跨文化的情境中,对生命科学和医疗保健的伦理学方面,包括决定、行动、政策、法律,进行系统研究。"[1]作为我国当代生命伦理学的领军人物,其关于生命伦理学的研究对象和方法等问题的理解,特别强调要以生命科学、生物医学和生物技术以及医疗卫生中的伦理问题为导向、为取向,强调必须从实际出发,以伦理理论和原则为引导,找到相关具体问题的具体解决办法。为此,从事生命伦理学的人们必须对临床、研究和公共卫生的实际具有敏感性,必须善于向相关各领域的专家学习。事实上,邱仁宗本人就是这么做的。无论是其 1987 年的开拓性著作《生命伦理学》中的生殖技术、生育控制、遗传和优生、有缺陷新生儿、死亡和安乐死、器官移植、行为控制、卫生政策,还是 2003 年与瞿晓梅共同主编的《生命伦理学概论》中的辅助生殖技术、人类基因组研究、基因治疗、干细胞研究、器官移植、生命维持技术、转基因食品、人体研究等,他关注的主要是生命科学技术中的伦理问题。显然,这是符合当代生命伦理学研究主流的,即体现了生命伦理学是现代医学伦理学之扩展的这样一种基本学科特性。从 20 世纪后半叶西方以经济伦理学、环境伦理学、生命伦理学、网络伦理学等为主体的应用伦理学之兴起的背景来看,"以问题为取向"的生命伦理学研究路径确实是与西方伦理学反思从单纯的理论构造、规范论证过渡到关注实践的转变趋势相合拍的。

当然,在关于生命伦理学的具体研究路径等问题上,我国生命伦理学界还是有不同意见争鸣的。例如,孙慕义强调:"健康保健,是当今时代人类社会最重要的命题。当人们去捕捉具有新闻价值和吸引公众眼球的克隆人伦理争议问题时,却没有意识到健康保健这个最普通但又最重要的时代课题。我们生活在这个世界,我们的生命存在必须有一个好的医疗和保健作为前提;与平民和大众分离或远离的新异问题尽管带有刺激性和戏剧感,但它们却不应作为我们倍加关注的现实。医疗公平是生命伦理学需要研究或讨论的问题的中心。"[2]不同于邱仁宗着重于生命伦理学的生命科学方面,孙慕义则着重于生命伦理学的医疗保健方面。对此,笔者认为这两种观点看起来有些对立,但实际上是相互补充的。因为,从其整个学术活动来看,邱仁宗并没有否定生命伦理学的医疗保健方面,只是由于研究分工、知识结构和关注焦点的限制,把精力主要放在了生命科学方面;而孙慕义对医疗保健方面的强调,虽然用词有些激烈,但其合理性也是显而易见的。如果说,在当代生命伦理学的研究中,"生命科学"问题属于前沿;那么,可以说"医疗保健"问题属于基础。两方面缺一不可,相互促进、相辅相成地构成了当代生命伦理学的基本主题。进一步说,"生命科学"和"医疗保健"都属于当代生命伦理最重要、最紧迫的实际问题,确实应该予以同等的关注。当然,由于涉及问题的复杂性和广泛性,各个具体的学术单位和研究者个体是可以有所重点选择的。

162

在对邱仁宗和孙慕义两位学者生命伦理学研究观念的上述比较和分析中,我们可以形成这样一种看法:就当代生命伦理学的研究路径而言,既然在生命伦理最重要、最紧迫的实际问题上都可以有所争论;那么,在肯定其基本主题和方法的同时,学术界更可以展开想象力的翅膀,基于更宽广的视野、更根本的层次来理解和探讨生命伦理问题。在这一意义上,正如郭玉宇所说:"生命伦理学(bioethics)开始被称为生物医学伦理学(biomedical ethics),于20世纪70年代左右兴起于西方,是医学伦理学(medical ethics)在当下发展的新阶段。生命伦理学的产生与生物技术的进步息息相关,……当代的生命伦理学有着更深厚的内涵:生命伦理学应当对人的生命状态进行道德追问;对生命的终极问题进行伦理研究;对生命科学技术进行伦理裁判与反省;对生命,特别是人的生命的本质、价值与意义的道德哲学解读。"[3]这就是说,在多数生命伦理学学者应用伦理学理论和方法解决生命科学技术前沿、科学研究、公共卫生、临床实践等伦理问题的同时和基础上,少数生命伦理学学者也应该和有必要对人的生命状态进行道德追问,对生命,特别是人的生命的本质、价值与意义进行道德哲学的解读。这么做不仅不会妨碍生命伦理学基本主题的展开和基本方法的应用,相反还会促进其研究的深入和方法的改善。因为,就像在经济、生态和网络等其他应用伦理学领域中一样,生命伦理的理论性思考给予应用性解答以灵感和启示,应用性解答则给予理论性思考以基础和挑战。

这样就提出了关于理论性思考在生命伦理学研究中的重要性问题。在此,我们不妨参考一下许倬云的相关论述。"今日生命科学的快速发展,正在逐渐将生命的奥秘揭秘。西方文化一向以'神'的意旨作为'生命'的终极意义。现代生命科学的成果,正在减削'神旨'的解释功能。生命的神圣性,必须另辟途径,我们方能重建'人权'的尊严及确立人生在世的意义。"[4]作为一位著名的华人历史学家,他认为当今世界正发生着事关人类命运的七大变化,除了经济全球化、民族主权的国家体制或被超越、资讯(信息)全球化、"科学主义"信念被修正、资源枯竭、文明冲突之外,"生命科学的快速发展"也是其中的一个重要方面,由此启示我们从更宽广的世界历史视野探讨生命伦理问题。例如,基因学的突飞猛进使对生物实施基因改造得以可能,人类是否知道,这种改造从长远看究竟是福是祸? 人类能够更新人体器官,甚至复制一个新的生命,"长生不老"的梦想似乎不难实现,这是否意味着人类已经掌握了决定生死的能力? 人类虽然还不知道第一个生命的第一步是怎么来的,但已经不难在实验室复制一两个生物,如果哪一天真的出现了智能不亚于人类的人工人类,在这种状况下,人类如何为自己找到新的自我定位? 即对自己的存在保持自尊自重,仍然坚持超越性的价值? 显然,要合理地回答这些问题,就不能满足于生命伦理的"应用性"或"实践性"解答,而是要更多地展开关于生命伦理学的"理论性"思考。

由此可见,在对生命伦理学研究路径问题的理解上,我们需要不断地展开争论,进一步开拓视野,从传统医学伦理学的医德(美德和义务),到现代医学伦理学的公益和当代生命伦理学的生命科学技术前沿、科学研究、公共卫生和临床实践,以至以生命为中心的广泛性、前瞻性的社会、生态和文化问题,都应该纳入生命伦理学的研究范围,当然其中的中心自然是"生命科学"和"医疗保健"两大主题。正如邱仁宗所说:"生命伦理学的研究要以生命科学技术、医疗卫生领域中伦理问题为中心进行,这是'的',射这个'的'的'矢'是伦理学理论。多数人应该研究如何射这些'的'。"[5]从而,关于生命伦理学的规范方法、研究模

163

型和思想资源等等,都要基于这一中心进行考虑和落实。因为,当代生命伦理学实际上就是围绕这一中心而兴起和发展起来的;忽略这一中心不仅会模糊其区别于传统和现代医学伦理学的学科特质,而且会使其丧失应对当代生命伦理挑战的现实功能。这是我们在思考生命伦理学的研究路径时首先必须明确的。当然,在确认了这一中心的基础上,我们仍然应该重视传统医学伦理学的医德问题,即卫生健康从业人员的职业伦理学问题,由于当代"卫生健康"事业的复杂化,对此的研究也就有了新的难度。至于以生命为中心的广泛性、前瞻性的社会、生态和文化问题,随着当代生命科学的快速发展及其社会、生态和文化效应的日益突显,生命伦理学研究者对此更必须予以更多的关注。

二、生命伦理学的基本理念

综上所述,在生命伦理学的研究路径问题上,我们应该构成一个以"生命科学"和"医疗保健"为中心,以医德和生命意义为两翼的对象系统,即以当下的紧迫挑战为中心,但并不忽略基于传统和面向未来的课题。如果这一点可以成立的话,那么生命伦理学如何发挥其对"生命科学"和"医疗保健"问题的规范功能呢?这就涉及生命伦理学的基本理念和基本原则等问题。从我国当前生命伦理学研究的现实情况来看,就作为其主要对象的"生命科学"和"医疗保健"两大主题而言,其中关于"医疗保健"的制度、体制和政策问题的研究实际上主要是由经济、管理、社会、法律等专业学者进行的,专业的或狭义的生命伦理学研究者研究的重点则在于生命科技和临床实践问题,相应的生命伦理学基本原则也是围绕这两个问题提出来的。例如,基于"伦理学原则是在一定条件下针对一些实践中遇到的问题提出和形成的"[6]思想,邱仁宗阐发和论证了尊重、不伤害/有益和公正的三项生命伦理学基本原则。我国近年来出版的一些生命伦理学教科书基本上也持类似观点:"目前被生命伦理学以及国内医学伦理学普遍认可的原则主要有不伤害原则、行善原则、尊重原则和公正原则四个原则。"[7]"我们依据的基石仍然

是比彻姆(T.Beauchamp)和邱卓斯(J.Childress)的生命伦理学四原
则"[8]:"(1)尊重自主原则(尊重自主者之决策能力的规范),(2)不伤
害原则(避免产生伤害的规范),(3)有利原则(一组提供福利以及权衡
福利和风险、成本的规范),以及(4)公正原则(一组公平分配福利、风险
和成本的规范)。"[9]

关于这些原则的运用问题,比彻姆和邱卓思也持相当开放的态度,
强调它们并不构成一个一般的道德理论,而只是为识别和思考道德问
题提供一个分析框架,不仅需要细化和权衡,而且与道德美德和道德理
想相关。就具体的道德论证和推理方法而言,他们既反对将理论或原
则应用到案例的自上而下的演绎模式,也不赞同以决疑论为典型的自
下而上的归纳模式;而是支持一种既不给自上而下策略也不给自下而
上策略以优先地位的,通常被称为"反思平衡"或"一致性理论"的整合
模式。这种整合模式诉诸作为所有在乎道德的人都认同的一整套规范
的公共道德,认为它是我们关于论证的观点和方法所必需的初始道德
内容的来源,在此基础上针对实际通过理论反思扩大初始内容,使各种
规范趋于一致,并且对这些出现的规范进行细化和权衡。总之,"公共
道德为合适的深思熟虑的判断提供了内容,并且深入发展了我们的方
法及其与一致性理论的联系"[10]。这里,比彻姆和邱卓思对自己的方
法解读比较复杂,但基本思路是清楚的,生命伦理学的道德论证起点不
是某种道德理论,而是作为约束所有地方所有人的最基本道德规范或
道德共识,即人们最坚信不疑的、只有最低程度偏见的道德信念;在人
们基于这种规范和信念处理实际问题时,不仅要考虑各种规范的全面
性(一致性),而且更要保持其开放性即对其不断地进行匹配、修剪和调
整(反思平衡),用中国哲学的术语来说就是"具体情况具体分析"。

从合理地理解和组织当代多元、复杂和自主的道德生活的要求来
看,比彻姆和邱卓思的生命医学伦理原则思想是比较合理的。作为美
国的伦理学家,他们不仅认为自己的规范原则不以某个哲学或神学的
理论或学说为基础,而且能够说:"近年来,在公共话语中最受欢迎的指
称这一普遍道德核心的概念是人权,但是,道德义务和道德美德是绝不

165

亚于人权的公共道德的关键内容。"[11]因此,他们在中国医学伦理学界被广为汲取和借鉴,是可以理解的。但是,尽管如此,即使在美国,比彻姆和邱卓思的生命医学伦理原则还是避免不了"文化战争":"文化战争的基督教传统和世俗传统有着长期的纠缠和论争,极大地影响了生命伦理学关注的诸多方面。世俗生命伦理学抽去了人们有关生命伦理决策的终极道德意义,导致一系列伦理失范,而基督教传统在维系生命伦理和保证道德命令的终极性方面意义重大。"[12]王永忠这么说,是基于当代美国以至整个西方社会存在着的传统基督教生命伦理学与主流世俗生命伦理学之间的巨大鸿沟,以及由此导致的生命伦理学领域中的长期文化战争。应该说,指出这一现实,不仅对于我们更好地理解西方生命伦理学,而且对于发展中国生命伦理学也具有重要的理论和实践意义。显然,在当代西方多元民主社会中,比彻姆和邱卓思的世俗生命医学伦理原则占据主导地位似乎是一种别无选择。但是,在肯定植根于启蒙运动的世俗意识形态合理性的同时,也应该看到其局限性。正是在这方面,对于西方人来说,基督教生命伦理学也许不仅仅具有一些校正和补助性功能。至于中国人,则更要考虑被引进的生命伦理学原则如何与中国当下实际和中华优秀传统文化相结合的问题。

这就提出了比通行的生命伦理学基本原则更深层次的生命伦理学基本理念问题。对此,笔者认为,20世纪西方伟大的道德人物和独特的思想家阿尔贝特·施韦泽的"敬畏生命"伦理似乎可以提供一种能够化解西方社会内部基督教生命伦理学和世俗生命伦理学之间的文化战争、促进西方生命伦理学和中国生命伦理学之间相辅相成的基本理念。这么说的根据在于,就西方文化内部而言,施韦泽认为:"哲学伦理学和宗教伦理学都是思想。……在任何一个宗教天才中,都活着一个伦理的思想家;而任何一个深刻的哲学伦理学家,无论如何都是宗教的。"[13]这就是说,西方的基督教伦理学和世俗伦理学与其说是根本对立的,毋宁说是互补的。就东西方文化和伦理的关系,特别是就中西文化和伦理的关系而言,不同于19世纪以来占主流地位的西方思想家,施韦泽早就超越了西方中心论的局限,认为"中国伦理是人类思想的一大功绩。较之其他任何一种思想,中国思想都走在了前面……并且赋予了爱还要涉及生灵及万物的内涵"[14]。因此,敬畏生命理念的提出,是施韦泽综合了西方的基督教传统道德和启蒙运动以来世俗道德精髓的结果,是综合了西方和东方(包括印度和中国)文化和思想精华的结果,确实应该是作为当代生命伦理学基本原则深层文化和伦理根基的基本理念。试想,在西方生命伦理学内部尚且存在着宗教和世俗的文化战争,难道中国生命伦理学倒可以简单地照搬比彻姆和邱卓思的生命医学伦理原则吗?

"善是:保存生命、促进生命,使可发展的生命实现其最高价值。恶是:毁灭生命、伤害生命,压制生命的发展。"[15]这是施韦泽敬畏生命理念的基本规定。与目前通行的生命伦理学基本原则相比,敬畏生命的基本理念显然具有更大程度的普适性、更深层次的奠基性。无论是西方内部的基督教生命伦理学还是世俗生命伦理学,无论是广义的西方生命伦理学还是广义的东方生命伦理学,特别是中国生命伦理学,都可以在保持各自特点的同时,承认和坚持这一基本理念。而就导向性和覆盖性而言,如果说通行的生命伦理学基本原则主要适用于"生命科学"和"医疗保健"的领域;那么敬畏生命理念不仅可以给予这一当代生命伦理学的中心领域以深层启示,而且也适用于基于传统的医德领域和面向未来的生命意义领域。相反,通行的生命伦理学基本原则却未能涵盖这两个领域。进一步说,当前由生命科学快速发展而导致的关于生命意义问题的探讨也已经表明,敬畏生命理念的确立具有根本性的地位。当然,笔者这么强调敬畏生命理念的共同性、奠基性、导向性和覆盖性,与其是说要否定作为当代应用伦理学积极成果的生命伦理学基本原则,重新回到传统的思辨哲学伦理学和宗教伦理学,毋宁说是要进一步奠定其基础和扩展其视野。事实上,无论是就敬畏生命理念本身的论证,还是就这一基本理念的实际运用而言,都离不开作为应用伦理学的当代生命伦理学的支持和支撑。从这个角度来看,在当代生命伦理学的发展中,敬畏生命的基本理念和通行的生命伦理学基本原则之间,应该实现积极的互动。

167

三、生命伦理学的中国贡献

在初步探讨了生命伦理学的研究路径和基本理念之后,现在应该和可以探讨一下生命伦理学的中国贡献问题了。从我国当前生命伦理学的发展状况来看,虽然在中国化方面做出了不少努力,取得了一定成绩,但是在学科体系的建构方面,仍然主要停留在引进和借鉴的层次,中国自身的生命伦理学体系尚待形成。在现有的相关成果中,虽然大陆学术界也有了一定的进步,但由于知识结构和思维方式等原因的限制,还是有过度强调"儒家伦理有其历史局限性和文化相对性"[16]的倾向;比较起来,台湾和香港地区一些学者的成果首先值得我们予以重视。例如,李瑞全发表于1999年的《儒家生命伦理学》,以及范瑞平的《当代儒家生命伦理学》和罗秉祥等的《生命伦理学的中国哲学思考》,等等。在此,笔者首先引证一段李瑞全在《儒家生命伦理之方向与实践:同情共感与理性分析并进之路》中的论述作为例证:"生命伦理学在西方的发展,主要是以个人自由主义为基底的论述,……由于人权被高度尊崇,因此,尊重自律原则常取得压倒性的胜利,……近年不少学者……批评主流的说法日多,造成不少的争议。在中国传统中,儒释道三家都对生命有不同的体认和重要的观点。而儒家……不但对于在中华文化区的人们有重要的生命伦理的意义,对于调整西方生命伦理学之方向,也有重要的启示。但西方学界引入擅长伦理论证和分析的伦理学到生命伦理的课题,提供了重要的理性考虑的方式和工具,对于处理无日无之的生命伦理案例,非常重要,是我们所不能偏废的。"[17]

显然,上述李瑞全对当代西方主流生命伦理学优长和缺弱的分析,对西方生命伦理思潮内部争论的概括,对中国传统、特别是儒家生命伦理的特色和当代意义的强调,对于我们立足中华民族文化和思想的精华,在汲取西方生命伦理有益成果的同时,积极建构当代中国生命伦理学,并由此推进这一学科在世界范围内的更好发展,具有重要的启示意义。而在这方面,范瑞平则更旗帜鲜明地宣示了其当代儒家生命伦理学的观点:"生命伦理学(bioethics)已成为当代西方的显学。她张开一把夺目的阳伞,把传统的医学道德罩在里面,留下一点苟延残喘的气息,从而给出充分的空间,让日新月异的生命科技先声夺人,供自由主义、个人主义的道德价值独领风骚。……当代中国学界无法不对生命伦理学问题给出自己的回应。不同只是在于,是继续跟在西方的理论、学说和原则的后面做一些应声虫式的研究,还是开始依据中国传统,参考西方思想,进行具有中国文化特色的探索?"[18]正是基于其"重构主义儒学"的立场,范瑞平既不采取"西方文化普适主义",也不采取"中华文化本土主义",而是以儒家家庭主义与西方个人主义之间的分野为基本线索,针对临床决策、社会正义、医疗政策、尖端技术和思想资源等问题,提出了儒家生命伦理的四项原则:仁爱原则、公义原则、诚信原则与和谐原则,为当今生命伦理领域中的人伦日用、社会政策、公共政策和制度改革等提供直接的、具体的儒学资源,成为中国学者建构当代中国生命伦理学的重要成果。

169

　　此外,罗秉祥等的《生命伦理学的中国哲学思考》则"旨在透过生命伦理学议题,让中国文化传统与西方思想对话。在这个全球化的年代,当很多人担心西方思想会支配世界时,我们有责任在中国及世界学术界建立多元文化,让中国的悠久文化思想,协助我们更深入讨论一些与生命科学及技术有关的悠久哲学问题"[19]。此书基于中国思想资源的视角,通过与西方生命伦理思想的比较和互补,集中地探讨了生命伦理学与生死问题、生命伦理学与现代科技和传统伦理、人权与医疗等方面,虽然没有如同范瑞平那样鲜明和坚定地宣示其儒家家庭主义的立场,但是在发挥中国思想资源的广泛性,分析当代生命伦理问题的细致性方面,三位作者所做的工作确实是很深入的。综合上述李瑞全、范瑞平和罗秉祥等学者的研究成果,可以说在建构中国特色的当代生命伦理学方面,中国学术界已经走出了关键的一步,为今后的相关发展奠定了良好的基础。关于这些学者的研究特点,如果说李瑞全和罗秉祥等学者比较强调西方和中国生命伦理思想之间的互补,那么范瑞平则更强调西方和中国生命伦理思想之间的差异;初看起来,范瑞平的观点似乎比较激烈,但就其揭示了"肇始于 20 世纪 70 年代北美社会的生命伦理学(bioethics)就具有当时社会剧变的鲜明特征。……当时的时代精神是反文化和后传统的,由此而产生的生命伦理学也是反文化和后传统的"[20]社会、文化和思想背景,激发我们更紧迫、更自觉地去建构中国特色的生命伦理学而言,笔者更赞赏范瑞平的工作。

就中国古代生命伦理思想的基本命题而言,例如儒学的"天地之大德曰生"(《周易·系辞下传》),"唯天下至诚,为能尽其性;能尽其性,则能尽人之性;能尽人之性,则能尽物之性;能尽物之性,则可以赞天地之化育;可以赞天地之化育,则可以与天地参矣"(《中庸》),既肯定生命为大自然的造化,又要求人承担起参赞天地化育生命的责任。道家则有"人法地,地法天,天法道,道法自然""辅万物之自然,而不敢为"(《老子》)的命题,告诫人们要效法自然、谨慎作为,因为"夫代大匠斲,希有不伤其手者矣"(《老子》)。中国佛教民间甚至有这样的话语:"救人一命,胜造七级浮屠"(《西游记》第八十回),可见其对生命的重视。面对这些悠久的思想遗产,如果说,桑德尔基于其德性论思考就能够得出"用基因工程打造订做的孩子,是失去了把生命当成礼物的尊重之最极致的表达。然而使用不植入的囊胚做干细胞研究以治疗退化性疾病,则是高尚地运用我们人类的智慧去增进治疗并尽到修复这个世界的职责"[21]的结论;那么,当代中国生命伦理学者就更应该以中国思想关于人与自然、人与人、人与自身的思想为基础,以生命伦理学的基本理念为核心,从生命伦理学研究路径的三方面深入阐发中国思想的贡献,不仅充实当代中国生命伦理学本身,而且也推进整个世界生命伦理学的进步。此外,分析一下桑德尔的论证思路,可以看出其与儒家"参赞天地化育生命"的思想有类似的方面,至于就可资援引的思想资源而言,中国古代的生命伦理思想比亚里士多德主义深远多了。

回顾半个多世纪以来的我国伦理学发展进程,除了不可否认的巨大的、历史性的进步之外,毋庸讳言也存在着相当的偏差。在改革开放之前,这种偏差既表现为极左思潮导致的放弃学科建设,也表现为一些学者对基本理论的简单照搬。改革开放之后,这种偏差主要表现为囿囫吞枣地引进西方学科体系的模式,导致伦理学学科的国家和民族文化自主性与根基性迟迟建立不起来。承认自己的不足,努力学习域外人类文明的各种积极成果,这是好事,我们必须永远保持这种谦虚好学的心态。但是,这种学习,特别是对域外哲学社会科学成果的学习,必须契合中华民族的优秀文化传统,必须结合中华民族的当下奋斗,必须应对中华民族面对的时代挑战。只有自觉地朝着这一方向努力,我们的学科建设才会不仅有助于中华民族伟大复兴的实现,而且还可能由此为整个人类作出积极的贡献。就当代生命伦理学的研究而言,在引进和借鉴西方生命伦理学成果的基础上,我们要充分发挥中国思想资源的贡献。中华民族自有其优秀的文化传统,经常走在人类的前列。只是近代以来,中国逐步落伍了,19世纪中叶之后的100余年间,甚至落到了被动挨打的地步。但是,当今中华民族伟大复兴的曙光已经出现,而民族复兴的核心在于文化复兴和伦理、道德复兴。作为这一复兴的一部分,生命伦理学学者应该在自己的学科建设中作出相应的努力和贡献。现在,已经有一部分学者走在前面了,我们应该跟上去。特别是祖国大陆地区的相关学者,应该看到自己在知识结构、思维方式和思想观念等方面的缺陷,做出加倍的努力。

四、从敬畏生命到敬佑生命

在从生命伦理学的研究路径、生命伦理学的基本理念、生命伦理学的中国贡献三方面对当代中国生命伦理学的基本问题谈了一些初步看法之后,为澄清其前进方向,还有必要进一步探讨生命伦理学基本理念的发展问题:从敬畏生命到敬佑生命。20余年来,"敬畏生命"作为一个得到比较广泛认可的生命伦理学的基本理念,来自施韦泽的"敬畏生命"概念。"敬畏生命"的德语原文为:Die Ehrfurcht vor dem Leben。1965年,新儒家的代表人物之一徐复观在《西方圣人之死——对史怀哲(施韦泽)的悼念》中把它译为:"生的敬畏"。1992年,笔者在《敬畏生命——五十年来的基本论述》中把它译为"敬畏生命",受到广大读者的欢迎。当然，应该承认，"敬畏生命作为中国生命伦理学的一个基本理念，在得到我国学术界广泛赞同的同时，也存在着一些批评和否定的意见。到了 2016 年，在国家表彰我国广大卫生与健康工作者长期弘扬"敬佑生命、救死扶伤、甘于奉献、大爱无疆"的精神之后，"敬佑生命"也逐渐成为中国生命伦理学的一个基本理念。这就提出了如何理解"敬畏生命"和"敬佑生命"两个理念之间的关系问题。对此，笔者的一个初步设想是：这两个概念是相辅相成、相得益彰的，"敬佑生命"是对"敬畏生命"的丰富和发展，前者更适用于生命伦理学（医学伦理学）的实践领域，后者则更适用于生命伦理学（医学伦理学）的理论领域。

172   为了说明这一观点，这里有必要对"敬畏生命"一词作深入阐释。一般说来，关于施韦泽"敬畏生命"理念的词义解释，其中"生命"（das Leben）一词的科学含义与通常"生物"一词类似，指包括人、动物和植物等在内的一切生命现象，这实际上也就是当代生命伦理学对其的主要用法。此外，生命一词在施韦泽那里还有哲学含义和道德含义。所谓哲学的含义比较复杂，除了叔本华和尼采生命意志主义哲学的影响之外，施韦泽主要接受了歌德的自然哲学观念，"倾心于自然神秘的独特生命"，认为世界不仅是过程，而且是生命，超出了人的知识极限而不可论证；承认生命本身就是伦理与之相关的充满神秘的价值，一切生命都是神圣的。生命的道德含义则指，自然作为生命在人那里达到了自觉，只有人能够敬畏生命，敬畏我们在万物中面对的不可把握者，即对我们称之为生命的神秘的基本敬畏。如果人思考自己的生命与整个世界生命关系的奥秘，坚持人与世界、宇宙、无限者建立精神关系的伦理神秘主义，就能够采取敬畏生命的立场和行动。而施韦泽"敬畏生命"中的"敬畏"（die Ehrfurcht）作为一个组合词，在德语中具有"崇敬"和"畏惧"的双重含义，表达对生命的一种"由敬而畏"和"由畏而敬"双向互动的情感和态度。此外，在西方文化生活的各个领域中，"敬畏"一词有广泛和深远的应用，而不仅仅在基督教神学的意义上，并且对它的释义也多种多样。

至于在我国生命伦理学中，对"敬畏生命"概念的探讨也丰富多彩。

例如,有学者认为"敬畏生命主要指的是人类对于自身生命的尊重和畏
惧。这里实际上包含两层意思:一是敬重生命,二是畏惧死亡"[22]。
另外,也有学者认为,"'敬畏生命'一词用在医学伦理学上本身就不妥,
因为,'敬畏'从一般意义上理解有敬而畏之,进而可能有敬而远之之
意,这和医学贴近生命、关爱生命的观念不相符合"[23]。面对这些意
见,笔者认为,作为各种学术观点的交锋,它们的提出对于我国生命伦
理学和医学伦理学深化基本理念问题的探讨,显然是有益的。因为,道
理越辩越明。但毋庸讳言,这些观点也反映出,我国生命伦理学界对
"敬畏生命",特别是对"敬畏"概念的理解,无论是敬畏行为本身还是其
对象,毕竟都还有待深化,应该充分吸取哲学—伦理学界的研究成果。
例如,朱贻庭教授就揭示了"敬畏生命"的更深刻含义:"'敬畏'或'敬畏
感',是主体对对象既敬重又畏惧的复合情感。敬畏的对象是特定的,
或为宗教信徒心目中至高无上的上帝,或为个人和群体所当维护和遵
循的万物生命、道德法律、文化传统等,它们具有崇高的价值。人们因
其崇高而敬,因敬其崇高而畏,即畏己之冒犯崇高也。因此,敬畏重在
'敬'。杨倞注荀子说'敬':'谓不敢慢也。'朱熹说:'敬只是一个畏
字。'……与消极的恐惧心有别,敬畏感是积极的,唯有对崇高价值之敬
畏才会有维护崇高价值的使命感和责任心。"[24]

　　有了以上的概念分析,现在再来探讨施韦泽对"敬畏生命"的哲学
论证,就可以看到这是与他对德国思辨哲学"对自然的强制"而非"对自
然的敬畏"的批判有关的。针对费希特"把全部感性世界都置于理性的
统治之下"的思想,施韦泽指出:"对于地面,人有一点'影响';而对于世
界,人则没有影响。虽然,人给苍穹中的星辰命名,有时也能够计算其
运行的轨道,但是不能够说,人已经把它们置于理性的统治之下
了。"[25]这实际上表达了一种不同于康德"人为自然立法"的认识理
论、黑格尔"自然界是自我异化的精神"的思辨哲学,强调相对于自然的
神秘性,人的认识是有限的哲学观念:"认识的需要! 努力论证你周围
的一切,直至人类知识的极限,并最终遇到某种不可论证的东西。这种
不可论证的东西就是生命! 这种不可论证的东西是如此的不可论证,

173

以至于知识和无知之间的区别是完全相对的。"[26] 具体说来,一个用显微镜观察最微小和最不可预料的生命现象的学者,与一个几乎既不会读、也不会写的老农相比,面对生命之谜,他们之间的区别只是描述程度的不同,而相同的在于:"生命之谜是不可论证的。所有知识最终都是关于生命的知识,所有认识都是对于生命之谜的惊异——对具有无限、常新构造的生命的敬畏。"[27] 应该说,这就是施韦泽给出的人为什么要敬畏生命的理由,即主要基于其不同于近代欧洲认识论哲学和传统基督教神学的生命自然哲学的理由。

174 　　那么,我们如何评价这种理由呢? 虽然施韦泽的生命观念具有多方面的意义,特别是哲学—宇宙论和神秘主义(超出理性主义界限)的意义,不能够完全化约为生物学意义上的"生物概念";但是,"我们的智慧不能创造活的东西,只能生产死的东西"[28],从当代生命科学技术的发展状况和趋势来看,这一命题似乎有点过时了。那么,施韦泽基于生命的神秘性对敬畏生命的论证和倡导,是否也随之过时了呢? 对此,笔者认为并没有这么简单:通过借鉴环境哲学中的超验自然主义的形上学,施韦泽的敬畏生命理念仍然是可以得到论证的。这里的所谓超验自然主义的形上学认为:"人类可以通过科学不断开拓其生活世界的疆界,可以不断扩展其经验知识,但决不可认为自己的生活世界就是自然之全体,也决不可认为人类可通过科技而使其生活世界与自然之全体重合。科学所认知的自然奥秘与自然所隐匿的奥秘相比永远都只是沧海一粟。……超验自然主义力图唤起人们对自然的敬畏之情。"[29] 如果上述超验自然主义的形上学能够得到承认,那么即使在当代生命科学技术迅猛发展的条件下,敬畏生命仍然可以作为生命伦理学和医学伦理学的基本理念。而且,施韦泽在叙述其敬畏生命理念时,实际上也强调了其"行动"的维度。当然,在中国当代生命伦理学的语境中,有了"敬佑生命"的理念之后,我们可以把"敬畏生命"主要应用于理论领域,使其主要作为一个理论性范畴发挥范导性的作用。

　　进一步说,如果以上对生命伦理学基本理念"从敬畏生命到敬佑生命"的丰富和发展之阐发,仍然主要限于学术和理论领域的话;那么,

2020 年的伟大抗疫斗争,作为"从敬畏生命到敬佑生命"的实践,则极大地推进了当代中国生命伦理学基本理念的扩展和深化。例如,在于2020 年 9 月 8 日举行的全国抗击新冠肺炎疫情表彰大会上,"共和国勋章"获得者钟南山在发言中说:"不忘初心,牢记使命。'健康所系,性命相托',就是我们医者的初心;保障人民群众的身体健康和生命安全,就是我们医者的使命。有幸亲历了国家医疗卫生事业由弱而强蓬勃发展、蒸蒸日上,目睹了共和国从贫穷落后不断走向繁荣富强,我由衷感到骄傲和自豪,也由衷感恩党和人民的培养,倍加珍视难得的人生际遇和干事创业舞台。欣逢盛世当不负盛世。面对尊崇和荣誉,我们将始终牢记党和人民的重托,以敬畏生命、护佑生命、捍卫生命为己任,努力为加快实现全民健康、实现中华民族伟大复兴的中国梦奋斗不止!"上述发言不仅充分体现了中国新时代每一个生命都得到全力护佑,人的生命、人的价值、人的尊严得到悉心呵护之生命至上的伟大抗疫精神,而且其对"敬畏生命、护佑生命、捍卫生命"的宣示和强调,在展现中国医者"健康所系,性命相托"的初心和使命的同时,对于学术界进一步诠释和探讨生命伦理学的基本理念也是一个光辉的典范和巨大的鼓舞。

本章以《科技与人文之间——当代生命伦理研究的道德思考》(《道德与文明》2015 年第 6 期)为基础修改写成。

注释:

[1] 邱仁宗、瞿晓梅主编:《生命伦理学概论》,中国协和医科大学出版社 2003 年版,第 2 页。

[2] 恩格尔哈特著:《基督教生命伦理学基础》,中国社会科学出版社 2014 年版,"译者序"第 6 页。

[3] 郭玉宇:《道德异乡人的"最小伦理学"——恩格尔哈特的俗世生命伦理思想研

究》,科学出版社 2014 年版,《前言》iii—iv 页。

[4]许倬云:《中国文化与世界文化》,广西师范大学出版社 2010 年版,《再版新序》第 3 页。

[5]刘俊荣等主编:《当代生命伦理的争鸣与探讨——第二届全国生命伦理学学术会议论丛》,中央编译出版社 2010 年版,第 7 页。

[6]邱仁宗:《生命伦理学》,中国人民大学出版社 2012 年版,第 233 页。

[7]吴素香主编:《善待生命——生命伦理学概论》,中山大学出版社 2011 年版,第 10 页。

[8]汪一江等主编:《新医学伦理学》,安徽科学技术出版社 2013 年版,《前言》第 1 页。

176

[9]比彻姆、邱卓思:《生命医学伦理原则》(第 5 版),北京大学出版社 2014 年版,第 13 页。

[10]同上书,第 390 页。

[11]同上书,第 5 页。

[12]王永忠:《文化战争视角下的基督教生命伦理学》,《东南大学学报》(哲学社会科学版),2015 年第 2 期。

[13]施韦泽:《文化哲学》,上海人民出版社 2017 年版,第 130—131 页。

[14]史怀哲(施韦泽):《中国思想史》,社会科学文献出版社 2009 年版,第 186 页,译文有改动。

[15]施韦泽:《文化哲学》,上海人民出版社 2017 年版,第 37 页。

[16]程新宇:《生命伦理学前沿问题研究》,华中科技大学出版社 2012 年版,第 160 页。

[17]刘俊荣等主编:《当代生命伦理的争鸣与探讨——第二届全国生命伦理学学术会议论丛》,中央编译出版社 2010 年版,第 237 页。

[18]范瑞平:《当代儒家生命伦理学》,北京大学出版社 2011 年版,《前言》第 1 页。

[19]罗秉祥等:《生命伦理学的中国哲学思考》,中国人民大学出版社 2014 年版,《序言》第 1 页。

[20]范瑞平:《当代儒家生命伦理学》,北京大学出版社 2011 年版,第 3 页。

[21]桑德尔:《反对完美:科技与人性的正义之战》,中信出版社 2014 年版,第 119 页。

[22]王敬华主编:《新编伦理学简明教程》,东南大学出版社 2016 年版,第 300—301 页。

［23］李恩昌等：《中国医学伦理学与生命伦理学发展研究》，世界图书出版公司 2014 年版，第 112 页。

［24］朱贻庭：《中国传统道德哲学 6 辨》，文汇出版社 2017 年版，第 58—59 页。

［25］施韦泽：《文化哲学》，上海人民出版社 2017 年版，第 216 页。

［26］施韦泽：《对生命的敬畏——阿尔贝特·施韦泽自述》，上海人民出版社 2015 年版，第 156—157 页。

［27］同上书，第 157 页。

［28］同上。

［29］卢风：《人、环境与自然——环境哲学导论》，广东人民出版社 2011 年版，第 315—317 页。

第十四章　经济伦理与文明类型

　　如果把作为哲学学科的核心或基本构成的伦理学粗略地划分为道德哲学、伦理思想史、道德社会学和应用伦理学四部分的话,那么可以说,在改革开放后中国伦理学的发展过程中,无论是在自身进展还是在社会影响方面,应用伦理学都走在了前列。至于在包括经济伦理、环境伦理、科技伦理、生命伦理、家庭伦理等十几门分支学科的应用伦理学中,由于实践要求紧迫、涉及面广和投入人员多等原因,"中国经济伦理学确立了其在当代中国伦理学谱系中的重要地位,并在当代中国应用伦理学中成为'旗帜'和'显学'"[1]。当然,任何事物都是不平衡地存在和变化着的,经济伦理学也是如此。虽然在产生初期,中国学者借鉴了西方经济和企业伦理学的成果,但在发展起来之后,相对于经济伦理学的框架建构和企业伦理学的实际考察,对西方经济伦理思想史的研究,则是一个相对薄弱的环节。[2]令人欣慰的是,最近徐大建教授出版了65万字的《西方经济伦理思想史——经济的伦理内涵与社会文明的演进》[3]一书,作为相关领域进步的一个标志性成果,虽然原本属于"伦理思想史"的范围,但由于其在系统性和专业性方面的突破性进展,就不仅体现了中国学者"好学深思"之"学问的本能"[4],达到了为经济伦理学奠定理论基础的道德和经济哲学层次,而且对于我们汲取西方经济伦理思想的积极成果,使市场在资源配置中起决定性作用和更好发挥政府作用,促进社会公平正义、逐步实现全体人民共同富裕,也有重要的借鉴意义。据此,本章拟从伦理道德和经济伦理基本问题的确定，论证西方经济伦理思想史的道德主题，从经济的目的、规范到社会文明类型等三方面对此书作一初步述评，并由此对"经济伦理与文明类型"问题谈一些看法。

一、伦理道德和经济伦理基本问题的确定

关于研究西方经济伦理思想史的动因，徐大建申明首先在于纠正许多经济学家和伦理学家不理解经济伦理问题重要性的偏见，强调"经济伦理研究作为一种涉及伦理学、政治经济学、政治哲学和经济社会学等学科的跨学科基础理论研究，不仅对经济学逻辑架构和发展方向的解析、对经济制度伦理基础和工商企业社会责任的阐明，而且对人类社会和文化发展走向的启示来说，都具有重要的理论价值；而要弄明白经济伦理的基本问题及其意义，还必须对经济伦理思想的起源和发展进行研究"[5]。其次则是鉴于目前国内外（本章理解主要是国内）经济伦理研究的状况并不令人满意，特别是少见形成经济伦理问题研究的整体理论框架，以至于一些著作在论述西方经济伦理思想的形成和发展时，缺乏以基本问题历史演变为中心而展现的主线，没有对经济伦理问题作出较为全面系统的、有助于解决现实理论和实践问题的总结。这样，《西方经济伦理思想史》一开始就在从经济伦理问题的重要性、研究现状两方面论证探讨西方经济伦理思想史必要性的基础上，坚持任何科学研究都应当坚持问题导向的信念，概括了作者的研究意图：首先对西方经济伦理思想的渊源和发展作一简明和较为系统的梳理和批判性考察，其次则是试图通过批判性考察对经济伦理的基本问题给出自己的答案。

坚持以问题为导向研究西方经济伦理思想史，就需要明确界定经济伦理的基本问题。从关于人类行为的一般理论出发，基于不同于无生命物体和本能活动的无意识，人类行为则具有自主和自觉选择的特性；由此，徐大建认为关于人类行为的研究可以从区分为行为目的选择与行为手段选择两方面着手。行为目的选择研究主要在于行为目的的

善恶评价,属于伦理问题;行为手段选择研究则关注使行为达到既定目的的因果关系,属于科学问题。用现在学术界比较流行的术语来讲,前者属于价值理性,后者属于工具理性。正是基于人类选择行为的规范和事实、应该和存在、道德和科学的双重性质,徐大建不仅能够从"本体论"或"存在论"上论证伦理问题和伦理学的必然性与合法性,而且也简要地勾勒了当代伦理学的学科体系框架,并由此明确地界定了伦理道德和经济伦理的基本问题:"人类行为研究需要研究行为目的的选择,于是产生了伦理问题和伦理学。对行为目的选择的研究产生了伦理学的核心分支规范伦理学。继而,为了规范伦理学的逻辑论证需要,又产生了方法论性质的元伦理学;为了规范伦理学的事实论证以及社会科学的需要,又产生了属于科学研究的各种描述伦理学。"[6]这里,徐大建提出了一个类似当代德国哲学家科斯洛夫斯基之"伦理经济学""强调经济的伦理—文化和本体论维度,强调经济哲学包括经济伦理学、经济的文化哲学和经济本体论"[7]的经济伦理研究纲领,在国内学术界是走在前列的。

具体说来,规范伦理学包括"个人生存发展的最终目的""社会生存发展的最终目的""个人利益和社会利益的关系"三个基本问题,落实到旨在物质生产的人类经济活动领域,就形成了经济伦理的基本问题:首先是经济活动的社会目的,即经济效率与其衡量标准及相关的人性基础问题,这个问题构成了经济学的伦理框架,决定了经济学的研究方向和研究内容。此外,由于经济效率与个人利益分配相关,又衍生了政治经济学和政治哲学中的经济活动的道德规范即制度问题或经济效率与公平正义的对立统一问题,经济社会学中的社会经济发展与道德法律传统的因果关系问题。在明确界定了伦理道德和经济伦理上述各三个基本问题,特别是对经济伦理三个基本问题作了细致阐释的基础上,徐大建就可以说:"当我们根据伦理学的基本问题关注经济活动领域中的伦理问题时,便能够根据问题自身的逻辑与思想史上经济伦理研究的实际发展两个方面,得出经济学视野中⋯⋯三个基本的经济伦理问题。以这三个经济伦理基本问题的讨论为纲,将其用于各种更为具体的经济活动领域,便可以导出各种更为具体的经济伦理问题,如市场经济的伦理基础,企业的社会责任与商业道德规范,经济活动中道德的形成、发展和发挥作用的规律,社会再生产过程中的生产、交换、分配、消费等环节与宏观、中观和微观等三个层次经济活动中的各种道德问题,由此勾勒出经济伦理的理论体系。"[8]

在从坚持以问题为导向研究西方经济伦理思想史、基于"本体论"或"存在论"论证(经济)伦理问题和(经济)伦理学的必然性、确定伦理道德和经济伦理的基本问题三方面概括了《西方经济伦理思想史》的写作意图、理论范式和研究纲领之后,笔者就可以从学科贡献和思想意义两方面对其作一简略评价了。首先,从中国当代经济伦理学的形成过程来看,尽管有厉以宁等个别经济学家关注过经济伦理问题,但总的来说经济学界的相关成果较少;而从伦理学界的情况来看,虽然关于经济伦理的论著不少,但广泛存在着离开经济学谈经济伦理问题的局限。比较起来,由于徐大建既努力深入西方经济学的学科、学术和话语系统,又自觉立足哲学—伦理学的整体学科框架,就能够在综合经济学和哲学—伦理学广泛视野的基础上展开西方经济伦理思想史以至多方面的经济伦理问题研究,这对推进经济伦理学的发展和完善是有贡献的。从理论范式来看,徐大建主要采取了人类行为理论研究经济学视野中的经济伦理问题,虽然不同于一般的社会制度—结构范式,但这种人类行为选择理论有助于理解和规范市场经济微观主体的经济活动,特别是理解市场经济体制本身的地位和功能、机制和运作等,从而也就更有利于对其进行规范和反思。因此,对于这一创新,我们应该予以充分的理解和肯定;并在此基础上,使其与关注社会基本经济制度的社会结构理论范式结合起来,成为马克思主义政治经济学和经济伦理学的有机组成部分。

181

二、论证西方经济伦理思想史的道德主题

《西方经济伦理思想史》的写作思路是,以经济伦理基本问题聚焦

形成研究的逻辑主线,根据基本问题的历史演变研究代表性思想家的重要文献,围绕基本问题进行批判性总结;其主体是对西方经济伦理思想的纲要性历史研究,包括古代萌芽时期、近代形成时期、现代发展时期Ⅰ和现代发展时期Ⅱ四篇共 11 章,约占全书篇幅的 80%。概括说来,在以公平正义为核心概念,以经济正义为基本问题论述了古希腊和中世纪基督教经济伦理思想之后,徐大建接着以自由平等和经济效率为核心概念,以经济活动的目的选择为核心问题分析近代西方经济伦理思想的兴起。至于对西方现代经济伦理思想发展的探讨,则主要以经济效率和公平正义为核心概念,以经济活动的道德规范为基本问题,论述经济活动的公平正义原则及其与经济效率原则的关系,并得出结论:"纵观西方经济伦理思想的演变,可以看出,贯穿于经济伦理基本问题的核心问题,是经济效率与公平正义的关系,或者说是不同公平正义的选择问题。"[9] 显而易见,这一以贯穿于经济伦理基本问题中的核心问题为中心和线索的研究,不仅给出了一个深入理解和把握西方(特别是近现代自由主义)经济伦理思想发展之关键和要点的特殊视角,而且其相关分析的细致和清晰在当前的研究中是比较少见的。

例如,徐大建认为,西方近现代社会的经济伦理问题和观念产生于市民社会和市场经济活动,与此相应,以经济发展为目的的经济学研究,以及以经济活动的目的和道德规范为对象的经济伦理研究也应运而生。论证"'看不见的手'与公正的旁观者"的斯密(1723—1790)提出了现代经济学基本原理,体现了为经济发展和社会繁荣所需要的经济学功利主义的兴起;倡导"最大多数人的最大幸福"的穆勒(1806—1873)奠定了经济学的功利主义伦理框架,之后这种框架则为注重"产权和交易成本"的新制度经济学所完善。这种传统的优点在于强调规则公平与经济发展的一致性,其缺点是忽略结果公平、导致两极分化,其社会福利最大化原则的效用标准也过于狭隘,不利于衡量人的全面发展。而不同于用经济效率来规定公平正义的功利主义立场,罗尔斯(1921—2002)以公平正义来统率经济效率,否认公平正义仅仅在于规则公平,其优点在于强调规则公平与结果公平的一致,避免两极分化,缺点则是强调结果公平会导致经济效率的下降。森(1933—)在坚持功利主义重视社会福利的基本立场上,批判功利主义在效用观与忽视结果公平方面的缺陷,提出了以自由看待发展的经济伦理观,不仅在很大程度上缓和了结果公平与经济效率两者之间的矛盾,而且在某种意义上开创了一种通过对实质自由和渐进改良的强调逐步过渡到"各尽所能,按需分配"的人的全面发展理念。

　　以上的概括当然是挂一漏万的,甚至可能是存在误解的;此外,毫无疑问,《西方经济伦理思想史》本身的观点也只是一家之言。但是,有了这一对西方经济伦理思想的概括和专业研究,就不妨碍徐大建发挥出的这样的结论:"从经济伦理思想的历史演变来看,经济伦理基本问题的历史演变与经济伦理基本问题的逻辑展开是一致的。由于社会道德的主题随着从古代社会到现代社会的转型,经历了从社会和谐与公平正义到社会繁荣与总体效率的重点转移,再到效率与公平并重这样一个过程,经济伦理的基本问题也经历了从经济正义到经济效率的重点转移,再到经济效率与经济正义并重的过程。"[10] 现在的问题是,这一观点的理论依据和实践意义何在? 从《西方经济伦理思想史》阐述的西方经济发展史来看,其依据的是西方古代和中世纪共同体"自然经济"向近现代契约社会市场经济的演进,从其理解的与经济伦理问题相关的学科区分来看,则是处理经济效率的经济学、处理社会公正的政治经济学、处理社会和谐的政治哲学的递进,应该说是有必要与合理的经济历史和学科学理基础的。至于这一发挥的实践意义,笔者认为主要在于其简明扼要地把握了经济活动在现代领域分化社会中的地位和功能,旗帜鲜明地引导人们遵循经济活动的科学规律,实现经济活动的目的与价值。例如,当我们用解放和发展生产力,最终达到共同富裕来概括我们的经济和社会目标时,实际上就是把经济效率、社会繁荣与社会公正、社会和谐作为基本话语纳入了中国特色社会主义基本经济制度的框架之中。

　　正是在上述对西方经济伦理思想的渊源和发展做简明和较为系统之梳理和批判性考察的基础上,《西方经济伦理思想史》对经济伦理的

183

基本问题给出了自己的答案,即关于经济伦理问题的理论解决方案。第一,"经济活动的社会目的是社会生产的经济效率,这是经济活动的基本伦理原则,并且在经济活动中表现为各种有利于社会经济效率的道德规范"[11]。至于如何理解经济效率,鉴于在西方经济学家关于何谓社会生产之经济效率的各种论述中,用人文发展指数来表示社会生产的经济效率最具合理性,徐大建主张以此为基础并用马克思主义的人的全面发展思想来进一步完善它。第二,虽然经济活动的基本伦理原则是有效的生产活动,但有效的生产活动离不开财富的合理分配,社会经济效率离不开公平正义,因此就会在经济伦理领域中产生经济效率与社会正义的复杂矛盾。西方经济学家往往用经济效率来统率社会正义,西方政治哲学家往往主张正义优先,兼顾效率;对此,徐大建主张"在经济伦理领域中将经济效率与社会正义统一起来的途径应当是,从各种不同的社会正义方案中选择与经济效率相一致的社会正义方案"[12]。第三,对于解决经济效率与社会公正之间的伦理冲突,除了价值关系的哲学论证之外,还需要通过社会科学的研究成果加以验证,"在这方面,社会学中关于人类社会是一个不断调整政治法权和生产关系以发展经济或生产力的过程的历史唯物主义理论,为经济效率与社会正义之间价值关系的逻辑分析提供了一个合理的事实依据"[13]。而概括到这一点,本章就要开始探讨《西方经济伦理思想史》的整个论证结构了。

三、从经济的目的、规范到社会文明类型

《西方经济伦理思想史》认为,从伦理学的基本问题出发考察经济伦理思想史,可以说先后出现了三个经济伦理的基本问题:经济活动的目的选择、经济领域中的道德规范和利益分配、社会经济发展与道德法律传统之间的关系。在基于经济本体论、经济伦理学回答了第一个和第二个基本问题之后,徐大建还要基于经济社会学中的描述伦理学等回答第三个基本问题,并由此为前两个基本问题提供进一步的深层次

论证。这一问题本身包括两个层面:社会存在的层面体现了经济发展的生产力与体现了公平正义的生产关系及政治法律之间的因果关系,作为社会存在的经济发展与作为社会意识的伦理道德之间的因果关系。至于这一论证的必要性在于,不仅对社会的道德批判和伦理规范是否合理归根结底要取决于社会实践,而且对经济发展与道德状况及其因果关系的考察也有助于人们找到解决经济效率与社会公平两难的途径。在这一研究中,《西方经济伦理思想史》首先这样概括:"现代社会学的创始人之一、伟大的思想家、政治经济学家和哲学家马克思通过其历史唯物主义的分析,对这两个层面的经济伦理问题都给出了经典性的答案"[14];体现了经济效率的生产力发展决定了(具体体现公平正义的)生产关系和法定权利,作为社会存在的经济基础和上层建筑又决定了作为社会意识的道德观念。归根结底,经济发展决定了伦理道德的发展。

185

对于马克思(1818—1883)关于生产力的发展与经济关系的变动决定道德面貌的观点,韦伯(1864—1920)通过对世界各大文明的比较研究,得出了不同的观点。他认为:"伦理道德虽然有其社会经济基础,其内容却还要取决于其他因素,不完全由社会经济结构所决定,这就使得伦理道德具有主动性,能够先于与它相适应的社会结构产生,从而成为与它相适应的社会经济结构形成的先导因素之一。"[15]此外,《西方经济伦理思想史》还探讨了哈耶克(1899—1992)对经济发展与伦理道德关系的文化进化论解释:"文化或道德传统的生成和变化不是人的理性设计的产物,而是一个自然演进过程,即自生自发的社会合作秩序的扩张过程,在这一过程中,能够促进经济发展的道德传统会延续下去,不能促进经济发展的道德传统则会衰亡消失。"[16]应该说,徐大建在"生产力是推动社会发展的根本动力""伦理精神对经济发展的巨大作用""自生自发的自由秩序"的标题下对马克思、韦伯、哈耶克经济伦理思想的概括是系统和深入的、其评价富有学理性;不仅对于其写作意图的实现,而且对于当下学术界思考经济发展与伦理道德关系也很有启发意义。但限于本章的篇幅,以下主要从社会文明,即文化和文明的多元论和一元论、文化和文明的类型说和阶段说之争的角度对《西方经济伦理思想史》的马克思和韦伯研究作些分析。因为,此书的副标题就是"经济的伦理内涵与社会文明的演进"。

《西方经济伦理思想史》对于马克思和韦伯经济伦理思想差异的分析,主要是围绕马克思用历史单因果论和韦伯用历史多因果论解释经济发展与道德关系问题之区别展开的,应该说这是学术史上的常见论证,也具有重要的理论和实践意义。但是,笔者认为,对于这一差异的分析,还有必要基于文化和文明的多元论、类型说和一元论、阶段说的不同予以深化,这在当前"文明互鉴"的时代尤其重要。一般说来,广义文化就是人们通常所说的文明,包括物质文明、制度文明和精神文明,狭义文化则主要指精神文化。由于空间和时间是文化和文明存在的基本形式,因此"民族性和时代性,构成了文化的社会属性和本质属性"[17],文明当然也是如此。从时间上看,文明可以区分从农业文明到工业文明,再到生态文明等;从空间上,文明则可以区分为中华文明、西方文明、阿拉伯文明、印度文明等。虽然,在学术范围内,人们不能简单地把马克思"归根结底经济发展决定了伦理道德"的命题简单地归结为只强调经济伦理时代性的文化和文明一元论、阶段说,也不能说韦伯的"世界经济伦理"研究就是我们现在所理解的文化和文明多元论、类型说。但是,如果学术界现在从这一角度深化对马克思和韦伯经济伦理思想的比较研究,毫无疑问是很有意义的。如果《西方经济伦理思想史》能在这一方面有所展开,那就更好。

这么说的根据在于,自近代以来,由于西方资本主义工业文明的兴起,使得其他类型的文明,包括曾经十分辉煌过的东方农业文明相形见绌,导致在19与20世纪之交的流行思潮中,西方文明成为了"文明"的唯一标准,其他则被归结为"野蛮"和"半野蛮"之类;在关于文明的研究中也就只剩下了"时代性",而没有"民族性"的维度。但是,随着第一次世界大战的爆发,西方文化和文明危机的形成,以及其他文明类型现代化进程的展开,文化和文明的"多样性""民族性"维度就重新进入了人们的视野。例如,在学术界就有所谓"多样现代性"命题的提出,至于在

21世纪的当代,显而易见,世界文化和文明多元化、各类型问题的重要性更是日益突出。这一切都要求我们在研究"经济的伦理内涵与社会文明的演进"问题时,需要有更广阔的视野。由于西方经济伦理思想史的宏观性和复杂性,对其的研究除了主要依据西方哲学—伦理学、经济学、政治经济学、政治哲学和经济社会学的视野之外,今后如何更广泛和更充分地利用历史学的全球史和比较文明学等研究的成果,在深化研究市场经济伦理一般特征的同时,明确地揭示和解释经济伦理与各种人类文明类型之间的深层关系,可能是一个必然的和重要的挑战。当然,对于《西方经济伦理思想史》在这方面已经做了的,我们不应苛求,而是应该以此为基础继续努力,从自己做起。

187

　　本章以《经济伦理与文明类型——读〈西方经济伦理思想史——经济的伦理内涵与社会文明的演进〉》(《云梦学刊》2022年第3期)为基础写成。

注释:

　　[1] 王小锡等著:《中国伦理学70年》,江苏人民出版社2020年版,第131页。

　　[2] 我国经济伦理学界对西方经济伦理思想史的研究,除了由尹继佐主编的《当代经济伦理学名著译丛》、陆晓禾主编的《经济伦理国际论坛丛书》等,以及数百篇报刊论文和百余篇硕、博学位论文之外,虽然有乔洪武的《正谊谋利——近代西方经济伦理思想研究》(商务印书馆2000年)、陈泽环的《个人自由和社会义务——当代德国经济伦理学研究》(上海辞书出版社2004年)、李志祥的《批评的经济伦理学:从马克思到弗洛姆》(人民出版社2012年)、张溢木的《古希腊经济伦理思想史纲》(武汉大学出版社2015年),特别是乔洪武三卷本的《西方经济伦理思想研究》(商务印书馆2017年)等,但不仅专著数量不是很多,而且其系统性和专业性也有待提高。

　　[3] 徐大建:《西方经济伦理思想史——经济的伦理内涵与社会文明的演进》,上海人民出版社2020年版。以下在文内引证时简称《西方经济伦理思想史》。

［4］梁启超:《梁启超全集》,中国人民大学出版社2018年版,第十集第294页。

［5］徐大建:《西方经济伦理思想史——经济的伦理内涵与社会文明的演进》,上海人民出版社2020年版,第1—2页。

［6］同上书,第19页。

［7］陈泽环:《个人自由和社会义务——当代德国经济伦理学研究》,上海辞书出版社2004年版,第174页。

［8］徐大建:《西方经济伦理思想史——经济的伦理内涵与社会文明的演进》,上海人民出版社2020年版,第31页。

［9］同上书,第11页。

［10］同上书,第30页。

［11］同上书,第13页。

［12］同上书,第14页。

［13］同上。

［14］同上书,第400页。

［15］同上书,第445—446页。

［16］同上书,第493—494页。

［17］陈泽环:《儒家伦理与现代中国——中外思想家中华文化观初探》,上海人民出版社2020年版,第233页。

第三篇

德 性 培 育 论

在当今复杂社会系统和庞大学科体系的条件下,对人的德性之培育最适合伦理学的地位和功能,德性伦理学也成为构建当代中国伦理学的主导性类型。确认德性伦理学为主体,就突出了伦理学培养能够担当民族复兴大任之中国年轻一代的意义。历史和当下昭示我们,只有中华民族以天下国家为己任的优秀传统道德才能够为"时代新人"提供文化和道德根基。因此,发展当代中国德性伦理学,首先要自觉地礼敬从孔子、老子经康有为、梁启超到孙中山、鲁迅等中华民族的思想大家,特别要充分认识到"孔子:中华民族的精神导师"的地位。当然,我们同时也要自觉地礼敬近代革命时期为了民族复兴而牺牲的英雄烈士,自觉地礼敬为社会主义现代化建设作出杰出贡献的先锋模范。这样,我们就能够在文化和道德上帮助年轻一代成为具有为人民谋幸福、为世界谋进步之大情怀的时代新人。

第十五章　树立和培育合理的文化观

实现民族复兴作为中华民族近代以来最伟大的梦想,是一个漫长的过程,如果从鸦片战争算起,计有200多年的时间,即使从五四运动以来,也将有130多年的岁月。这一时间说明,为实现民族复兴,中国人民需要近10代人前赴后继的努力。由此,培养具有理想信念、爱国情怀、优良品德、广博知识、奋斗精神、健康开朗、审美情趣、热爱劳动等综合素质的时代新人,使年轻一代能够担当起民族复兴的大任,就不仅成为当代中国教育的根本任务,而且也是当代中国伦理学必须努力追求的一个基本目标。对于上述根本任务和基本目标,从文化的视角来看,这实际上提出了一个如何教育年轻一代以马克思主义为指导,坚守中华文化立场,坚定文化自信的任务。而在笔者看来,为深入理解这一任务的意义,并有效地加以落实,除了其他必要条件之外,我们特别有必要在树立和培育合理的文化观上下功夫。有鉴于此,本章以下拟从文化观的涵义与意义、综合创新的文化观、时代新人与文化传统等方面,对在当代社会树立和培育合理文化观的问题作一初步探讨,并为构建当代德性伦理学提供文化哲学基础。

一、文化观的涵义与意义

文化是一个国家、一个民族的灵魂,文化兴则国运兴,文化强则民族强。在5 000多年的漫长历史中艰难创生和不断发展的中华文化,作为强大的精神支柱,使中华文明成为唯一延续至今的原生性文明,并在新的世界历史时代坚韧不拔地走向伟大复兴。"王权出现、礼制初步形成,说明至少4 300多年前,陶寺已进入初期国家阶段。所有这些事实都表明,中华文明最初的基本要素这时已经确切无疑地产生。"[1] 3 000年前周公制礼作乐,奠定了中国文化的道德主义根基;2 000年前汉武帝表彰六经,使孔子创始的儒学在中国文化中占据主导地位;1 000多年来的儒释道三教合流和多元包纳,塑造了中国古代后期的社会生活;近200年来面对东西方帝国主义侵略和现代工业文明的挑战,中西文化开始深度交流,志士仁人们"以文化的力量挽救了中国于灭亡"[2];五四运动引发的马克思主义中国化的百年进程,包括其中的文化进程,更是开辟了实现中华民族伟大复兴的历史通道。正是基于文化对于国家和民族的生存和发展的这种根基性和根本性的地位,近代"救亡图存"时期的著名思想家们都把文化视作"国性"即国家和民族的"特质",予以特别的重视:"大凡一国存立,必以其国性为之基"[3];"夫国无论文野,要能守其国性,则可以不殆"[4];"凡一国之立于天地,必有其所以立之特质"[5];为我们在当代社会坚持文化自信留下了十分独特而宝贵的思想资源。

同样,当代的一些西方学者,对于文化的意义即重要性问题也进行了深入的研究,虽然这些论著有其特殊的政治诉求,但只要基于"文化自信"的思想框架,就不妨碍我们把它也作为一种学术资源以资参考。例如,现代美国著名学者塞缪尔·亨廷顿等主编的《文化的重要作用——价值观如何影响人类进步》,就用文化人类学等学科的方法研究了价值观"意义上的文化如何影响到各个社会在经济发展和政治民主化方面取得进步或未能取得进步"[6]的问题,反映出他们对文化在社会发展中的特殊地位和功能的强烈关注。此外,在《文明的冲突》中,亨廷顿从"文化认同对于大多数人来说是最有意义的东西。……西方的生存依赖于美国人重新肯定他们对西方的认同"[7],强调了文化事关西方民族和国家生死存亡的极端重要性:"在一个世界各国人民都以文化来界定自己的时代,一个没有文化核心而仅仅以政治信条来界定自己的社会哪里会有立足之地？"[8]正是基于这种文明和文化观念,亨廷顿的《谁是美国人？美国国民特性面临的挑战》进一步指出:尽管国民特性或国民认同包括疆域因素、归属性因素(如人种,民族)、文化因素(如宗教,语言)、政治因素(如国体,意识形态),以及经济因素(如农牧)或社会因素(如各种网络)等,但是在全球化的过程中,个人和民族之更广泛的宗教与文明认同即文化认同变得更重要,并对"美国有可能……失去其核心文化,而成为多文化社会"[9]而忧心忡忡。

　　在确认了文化的重要性之后,如何认识和对待文化,即文化观的问题就凸显了出来。所谓文化观,首先包括人们在日常生活和语言文字中对文化的一般把握,但主要指在历史和当下形成的对文化之系统化的思想和学术理解,并且这种理解能够广泛、长期和深刻地影响人们的"文化"生活。例如,"观乎天文,以察时变;观乎人文,以化成天下"(《周易·贲卦·彖传》)和"凡武之兴,为不服也,文化不改,然后加诛"(《说苑·指武》),作为中国古代社会的主导文化观,鲜明地表现出其以道德教化为核心的特征。至于梁启超关于"文化者,人类心能所开积出来有价值的共业也。……文化是包含人类物质精神两面的业种业果而言。"[10]虽然用了佛学术语,实际上是近代学者通过融汇中西观念而定义文化的典型尝试。当然,中华人民共和国成立之后,在我国社会占主导地位的是一种这样理解的马克思主义文化观:"文化广义指人类在社会实践过程中所获得的物质、精神的生产能力和创造的物质、精神财富的总和。狭义指精神生产能力和精神产品,包括一切社会意识形式……"[11]以上这些概括表明,文化作为一种极为复杂的社会生活之现象或者本质,本身是变动不居的,文化观同样也是不断发展的;因此,为树立和培育合理的文化观,我们要围绕和服务于国家和民族的当下共同目标和远大崇高理想,实现积极投身文化生活和努力构建文化观念之间的辩证互动:既以生动的文化实践检验文化观念,又以合理的文化观念指导文化实践。

　　如果这样来理解文化实践与文化观念之间的辩证互动,为树立和培育合理的文化观,那么在思想和学术上我们就有必要关注和重视哲

193

学社会科学相关领域的积极成果,特别是文化哲学和文化学研究的积极成果。改革开放以来,随着经济建设的进步和文化问题的日益重要,我国曾经中断了的文化哲学和文化学学科不仅得以恢复,而且取得了长足进步,出现了一些有价值的代表作,为我们树立和培育合理的文化观提供了学术上的支持。例如,郭齐勇的《文化学概论》指出:"'文化学'……是研究文化现象或文化系统的综合性的学科。……是人文思潮和科学思潮的整合。它要研究的是人类社会从物质生存条件的再生产和人类自身的再生产开始的各地域、各种族的人的活动方式,即人类为实现自身价值、满足自身需要和欲望而进行的创造性活动的演变历程、规律及物质与精神的成果。……文化学研究尤其强调其价值色彩,……为文化的选择和重构提供一个立足点。"[12]虽然30余年来国内学术界出版了不少关于文化哲学和文化学的专著和教材,但比较起来,由于具有深厚的理论功底,又善于吸取中外文化学的贡献,郭齐勇的《文化学概论》具有较高的参考价值。此外,我们在此还可以和有必要参考近现代以来国外文化人类学的积极成果。国外文化人类学流派纷呈、视角多样、方法独特,有助于我们拓展文明互鉴和文化比较的视野,有助于我们在树立和培育合理的文化观时保持开放性和丰富性。

当然,就思想和学术资源而言,最有助于我们树立和培育合理文化观的则是张岱年的文化哲学。从20世纪30年代开始,张岱年就努力构建会通"中、西、马"的文化哲学,最终在80—90年代提出了"文化综合创新论":"建设社会主义的新中国文化,必须在马克思主义普遍原理的指导之下,在吸取西方文化的先进成就的同时,努力弘扬中国文化的优秀传统。"[13]这段话写于1991年。近年来,在构建当代中国文化观的问题上,我国思想界、理论界和学术界形成了主导性和广泛性理念:以马克思主义为指导,坚守中华文化立场,融通古今中外各种资源,特别是要把握好马克思主义、中华优秀传统文化和国外哲学社会科学的资源。可见,在基本精神上,张岱年的文化观和上述文化观的主导理念是完全一致的。树立了这一合理的文化观,我们就能够坚定文化自信,即对源自中华民族五千多年文明历史所孕育的中华优秀传统文化、熔铸于中国共产党领导人民在革命、建设、改革中创造的革命文化和社会主义先进文化及作为其综合的中国特色社会主义文化之自信。特别是处理好中国特色社会主义文化内部三个方面、或者说三种要素之间的辩证关系:博大精深、灿烂辉煌的中华优秀传统文化是我们坚定文化自信的深厚基础,激昂向上的革命文化和生机勃勃的社会主义先进文化是我们坚定文化自信的坚强基石,而不是有意无意地把它们分离开来,甚至对立起来。

二、综合创新的文化观

195

必须看到,当前这种状况并不少见。例如,有一些学者在总结中西思想史时,强调人类历史上的圣贤哲人,之所以被后人所怀念,是因为他们的思想智慧能给后人以启迪,像暗夜里的一束光,照亮人类前行的道路。但无论是像西方柏拉图、亚里士多德、康德以及黑格尔那样的大思想家、哲学家,还是像东方的老子、孔子、龙树这样的东方哲人,一般都只是抽象地揭示宇宙和人生的道理,他们要么是世外高人,主张出世避世而减轻烦恼痛苦,要么是皓首穷经的学究,坐而论道,用消极的处世哲学和所谓的普世价值来抚慰人类的心灵,而不能直面现实。对于这种看法,笔者认为,这里的柏拉图、亚里士多德、康德、黑格尔、龙树,甚至包括老子,他们是否只是抽象地揭示宇宙和人生的道理,本人缺乏研究,不敢下结论;但是,无论是把孔子纳入主张出世避世而减轻烦恼痛苦的世外高人范畴,还是把他视作坐而论道,用消极的处世哲学来抚慰人类心灵,而不能直面现实之皓首穷经的学究,都是欠妥的。这种论述,看起来好像思想开放、视野开阔,实际上是比较封闭和狭隘的,说明我国思想界、理论界和学术界的一些人士在对待人类思想史的优秀成果,特别是在对待中华优秀传统文化方面,还有比较严重的教条主义倾向。这就是说,直到现在,一些理论工作者并没有认识到中国特色社会主义文化源自于中华民族五千多年文明历史所孕育的中华优秀传统文化的深刻和重要道理。

以上从文化的重要性、文化观的定义和功能、中国文化观的典范表述、文化观与文化实践的辩证关系、文化学对于探讨文化观的学术意义、构建当代中国文化观的基本原则等方面,表达了笔者对"树立和培育合理的文化观"问题的基本看法。应该说,在这样初步树立了以马克思主义为指导,坚守中华文化立场并融通古今中外各种资源的文化观之后,即使采用"文化,是一定社会的政治和经济的反映,同时又给予一定社会的政治和经济以巨大的影响"[14]的通常观点,为坚定对中国特色社会主义文化的自信,我们在思想和学术方面,已经没有多大障碍了。但是,为深入理解文化自信是更基础、更广泛、更深厚的自信,是更基本、更深沉、更持久的力量,特别是为深入理解一个抛弃或者背叛了自己历史文化的民族,不仅不可能发展起来,而且很可能上演一幕幕历史悲剧,那么在文化观方面,我们还需要做进一步的拓展和深化。我们不仅要确立构建合理文化观的基本原则,而且要使这个原则有血有肉,在实践中不断地丰富和扩展其内涵。这样,作为关键之一,在文化哲学和文化学的学术论证上就涉及一个"小文化观"和"大文化观"的区别和关系的问题,特别是马克思主义文化观是否只能是一种"小文化观",或者也可能实现"小文化观"和"大文化观"的综合? 至于提出这一问题的原因,是基于当前虽然有了不少关于文化自信的宣讲性论著,但仍然少见基于文化哲学和文化学的学术论证。为更有利于我们自觉地树立和培育合理的文化观,笔者希望这种状况有所改变。

例如,在当前的文化哲学界,陈先达坚持用"小文化观"系统和深入地论证了文化自信问题:"大文化观就是人类所创造的一切都是文化。……小文化观把文化限制在观念形态上。……大文化观是一个哲学概念,并无实用性,……小文化观对于我们建设社会主义先进文化来说,是具有有效的指导作用的。"[15]这就是说,陈先达的"小文化观"在以社会存在和社会意识、经济基础和上层建筑为范畴框架的社会结构理论中,把文化理解为不同于经济和政治的一个基本构成要素,既受经济和政治的制约,又反过来作用于经济和政治,与本章以上引证过的《大辞海·哲学卷》的文化定义一致。必须肯定,这种文化观不仅在我国新民主主义革命和社会主义革命和建设时期,为建设革命文化和社会主义先进文化奠定了理论基础,而且在中国特色社会主义新时代,在对文化自信问题进行思想和学术论证时,仍然占据着不可或缺和基础性的地位。因为,小文化观对当代文化自信的论证明显地具有强于意识形态明快性和文化与道德建设实践性的优点。然而,小文化观对文化与经济、政治关系的这种理解方式,在论证坚定中国特色社会主义道路自信、理论自信、制度自信,说到底就是要坚定文化自信时,就会遇到困难、表现出缺弱。道路自信、理论自信、制度自信可以说包含了经济、政治和文化要素,其中主要是经济和政治因素,但观念性的文化怎么会比包括物质因素的经济、政治更有力量,更为根本呢?

197

　　这样就提出了小文化观内涵的丰富和扩展,即实现与大文化观的综合问题。所谓"大文化观"一般指主张"文化就是人化"的文化观,认为凡人类所创造的一切都是文化,包括观念文化、制度文化和物质文化三个层次,并往往把价值观念作为区分各种类型文化的依据和本质。陈先达认为大文化观是唯心主义和抽象人本主义的,强调物质资料生产方式在精神生产中的最终决定作用,当然有其道理;但他的批判并不妨碍我国马克思主义文化哲学在坚持小文化观的基础上,充分吸取大文化观的合理视角和观点,综合创新地构建起更有利于论证文化自信是更基础、更广泛的文化观。实际上,早已有一些学者指出,马克思恩格斯不仅坚持在经济基础和上层建筑的相互关系中把握文化,不仅关注意识形态和文化发展的相对独立性和复杂性,而且还从文明形态演进的高度理解文化的功能。据此,他们认为文化的确体现为上层建筑的重要组成部分,但文化不仅仅是上层建筑的一个相对独立的部分,而且作为内在的文化机理和文化动力存在于作为上层建筑重要组成部分的政治运行之中,渗透到物质生产、经济运行和社会生活的所有领域。按照这种强调文化内在于社会运动和人的活动所有领域的无所不包和无所不在的地位和功能的论证逻辑,我们在学术上就有比较充分的理由认为经济和政治问题在深层次上都是文化问题,文化自信是道路自信、理论自信和制度自信的根基。

显然,这种不同于"外在性"文化范畴的"内在性"文化范畴的提出,应该说是一种综合小文化观和大文化观的有益尝试,人们只要在文化哲学上采取开放态度,就会承认它比单纯用小文化观能够更充分地论证文化自信。进一步说,提出综合小文化观和大文化观论证文化自信,其关键就是要在当代社会处理好文化的时代性和民族性的关系。在进入全球化的世界历史时代之后,即在中国进入近代以来,古今中西的关系成为事关中国文化发展的核心问题,而其实质就是文化的时代性与民族性的关系。时代性与民族性是文化的两种最基本的社会属性和本质属性:"由时代性展现的文化的时代内容,是变动不居的,在社会历史的转折关头,甚至可以发生前后对立的变化,……由民族性展现的文化的民族内容,则相对稳定且多姿多彩,它使文化得以形成自己特有的思维方式、抒情方式、行为方式和价值取向以及文化诸因素的结构方式,即形成自己特有的类型。"[16]中国特色社会主义文化就是时代性和民族性的辩证统一,即社会主义时代性和中华民族性的辩证统一,为坚定对这一文化的自信,我们需要构建一种有利于全面把握其基本特性的文化观。从我国文化哲学和文化学所能提供的学术资源来看,小文化观有利于突出其意识形态的明快性和加强文化与道德建设的实践性,大文化观有利于坚持其民族精神的根基性和展开文明互鉴的开放性;因此,我们应该实现两者的综合创新,即两者的相辅相成和互补融通。

进一步说,以时代性和民族性的关系为核心,实现小文化观和大文化观的综合创新以构建一种能够充分论证当代文化自信的文化观,实际上也就是在发展中国特色社会主义文化时,自觉地以"马克思主义为指导,坚守中华文化立场"。值得注意的是,这里的"坚守中华文化立场"前所未有地强调了坚持和发扬文化的民族性对于发展中国特色社会主义文化的极端重要性。发展中国特色社会主义文化首先必须坚持以马克思主义为指导,即坚持马克思主义在意识形态领域的指导地位。因为,意识形态决定着文化的前进方向和发展道路,只有建设起具有强大凝聚力和引领力的社会主义意识形态,才能使全体人民在政治上和文化上,特别是在理想信念、价值理念、道德观念观念上紧紧团结在一起。但是,以马克思主义为指导必须与坚守中华文化立场结合起来,意识形态必须扎根文化土壤,文化的社会主义时代性必须立足文化的中华民族性。只有这样建构起来的文化,才会具有不竭的生命力和广泛的影响力。在党和国家近年提出了"以马克思主义为指导,坚守中华文化立场"的文化发展方略和方针之后,为使其成为我国思想界、理论界和学术界广大成员的主导理念和广泛共识,不少理论工作者作了细致和深入的相关解读,取得了很好的效果。道德生活和伦理学作为最具文化属性的领域和学科,为发挥其在当代社会中的建设性功能,特别需要对这一发展方略和方针有深刻的理解和有力的落实,伦理学人必须为此作出加倍的努力。

三、时代新人与文化传统

阐发构建当代中国文化观的基本原则,特别是围绕结合中国特色社会主义文化的社会主义时代性与中华民族性的关键要求,从综合"小文化观"和"大文化观"的角度,提出一种能够更有利于论证当代文化自信的文化观,作为笔者试图落实"以马克思主义为指导,坚守中华文化立场"的文化发展方略和方针的一种学术构想,当然有待充实和完善,但无论如何,在此基础上笔者就可以对时代新人与文化传统的关系,即如何在年轻一代中培育合理的文化观问题谈一些看法了。我们说的时代新人主要指能够担当民族复兴大任的中国年轻一代,特别寄希望于当前正在各类学校里学习的大、中、小学生。众所周知,实现中华民族伟大复兴是近代以来中华民族最伟大的梦想,是中国人必须承先启后地承担起来的最重要使命。中国特色社会主义已经进入了新时代,新时代的总任务是实现社会主义现代化和中华民族伟大复兴,在决胜全面建成小康社会的基础上,分两步走,在21世纪中叶建成富强民主文明和谐美丽的社会主义现代化强国。为及时实现这一伟大梦想,留给我们还有30多年的时间,因此不仅需要现有劳动者的艰苦奋斗,而且还需要后来建设者的持续接力。这样,培养德智体美劳全面发展的社会主义建设者和接班人作为中国教育的根本任务,不仅十分重要,而且极端紧迫。整个社会系统的各个领域都应该予以高度的重视,特别是文化领域更责无旁贷,必须发挥自己的特殊功能。

就培养人而言,世界历史已经充分表明,文化,无论是狭义理解的外在性的小文化,还是广义理解的内在性的大文化都具有极为特殊的地位,发挥着根本性的功能。因此,我们要特别重视在大、中、小学生中传播和培育合理的文化观,发挥中国特色社会主义文化教育人、引导人、润泽人的功能。在这方面,中华优秀传统文化的道德教化主义特征和本质,已经源远流长;但对它在中华民族培养人的漫长历史中的根基性地位以及现代意义的认识,还有待深化。而革命文化和社会主义先进文化对培养人的激励和定向功能,则更是必须坚持和日益重要。至于西方文化,除了致力于道德教育的基督教之外,世俗文化一般是主知主义的,但也十分重视对人的教化功能。例如,法国文化学家丹尼斯·库什就认为:"人本质上就是一种文化存在。大约1 500万年前开始的漫长的人化过程,基本上是从对自然环境的基因适应转向文化适应。"[17]法语"文化"一词含义的历史演变就反映了这一点,它源于拉丁语中表达对土地或牲口施以照顾的cultūra,到16世纪中期表示对一种才能的培育,直到18世纪才最终从土地的耕作转变为对人的"培育"和精神的"教育"。因此,我们文化和教育工作者不仅自己必须努力树立合理的文化观,还应该尽可能帮助学生一代树立合理的文化观,反对种种文化虚无主义,为引导他们成为德智体美劳全面发展的社会主义建设者和接班人贡献文化上的力量。

在当今的文化生态条件下,笔者主张为帮助年轻一代树立合理的文化观,我们特别要重视中华优秀传统文化相对于革命文化和社会主义先进文化的文化根基、精神基因和丰厚滋养的地位和功能。革命文化和社会主义先进文化是中华优秀传统文化的凝聚升华,是以马克思主义为指导的社会主义时代的中华文化;只有以中华优秀传统文化为根基,它才可能真正成为激励和引导全国人民、特别是年轻一代奋勇前进的强大精神力量。要充分认识到文化对政治和意识形态的支撑作用,文化的民族性对文化的社会主义时代性的支撑作用。例如,在近代革命时期,为什么会出现这么多的"砍头不要紧,只要主义真"的英雄烈士? 除了对社会主义和共产主义的坚定信仰之外,还有什么文化基因? 在重庆渣滓洞纪念馆的展室中,我从革命烈士陈然写的一篇短文《论气节》中找到了答案:"气节,是中国知识分子优良的传统精神。什么是气节? 就是孟子所说的:'富贵不能淫,贫贱不能移,威武不能屈'的这种磅礴天地的精神。也就是《礼记》上所提出的'临财毋苟得,临难毋苟免''见利不亏其义,见死不更其守'的这种择善固执的精神。中国知识分子凭着这种精神,……在平时能安贫乐道,坚守自己的岗位;在富贵荣华的诱惑之下能不动心态;在狂风暴雨袭击下能坚定信念,而不惊慌失措,以至于'临难毋苟免',以身殉真理。"[18]

　　笔者认为,这篇短文典型地反映了革命时期共产党人把以天下国家为己任的中华优秀传统文化和近代中国革命文化结合起来的道德和心理结构,是一种把儒家"仁以为己任"的人生哲学和社会主义、共产主义的社会理想结合起来的典范,启示我们在当代社会把中华优秀传统人生哲学作为时代新人树立共产主义远大理想和中国特色社会主义共同理想,肩负起民族复兴时代重任,成为有大爱大德大情怀的人的文化和道德根基。还有,姜义华所研究的作为中华民族伟大复兴的三大文明根柢:"百年来大一统国家的成功再造、家国共同体的传承与转型、以天下国家为己任的民族精神的坚守弘扬"[19],以及他强调的不同于近代西方多元社群"博弈型的国家体制",大一统的"中国传统的国家治理则是管理型的"[20],深刻地阐明了一个国家的政治制度和管理体制要与时俱进,借鉴和采纳人类文明的积极成果。但是,这种借鉴和采纳必须扎根本民族的文化土壤和根基,必须符合当下国家的实际和服务于其最重要的使命。显然,这种文化观对于让爱国主义在年轻一代心中牢牢扎根,使他们自觉地热爱和拥护中国共产党,立志听党话、跟党走,立志扎根人民、奉献国家,同样也是扎根最深层的文化根基,不可或缺。现在,除了一些全盘否定传统的人之外,有些人只承认传统对个人人生观的奠基功能,对于其对中国特色社会主义基本制度和管理体制的根

201

基意义则认识不足,这种状况是应该予以改变的。

总之,对于为培养有共产主义远大理想和中国特色社会主义共同理想的时代新人的要求来说,只有中华民族以天下国家为己任的优秀传统文化才能够为其提供文化和道德上的根基;而西方的个人主义文化,我们虽然可以经过改造从中吸取倡导"自由个性"和"全面发展"的积极因素,但它在整体上则不符合中国的国情,任其泛滥则会对学生一代树立合理的文化观,即对他们的民族和国家的文化、道德和政治认同产生深层的消解和消极作用,我们绝不可以等闲视之。"一个国家,……可以有自己一套信念,但其灵魂则是界定于共同的历史、传统、文化、英雄与恶人以及成败荣辱,这一切都是珍藏于'神秘的记忆心弦'。"[21]因此,我们为坚定文化自信,传承和发展中华优秀传统文化,对其实现创造性转化和创新性发展,要自觉地礼敬从孔子、老子经康有为、梁启超到孙中山、鲁迅等中华民族的思想大家,要充分认识到"孔子是中华德文化承前启后的道德大师"[22]和"老子是开拓中华文化深层哲学思维的智慧大师"[23]的地位,特别是"孔子:中华民族的精神导师"[24]的地位;当然,我们同时也要自觉地礼敬近现代革命时期为了民族复兴而牺牲的英雄烈士,自觉地礼敬为社会主义现代化建设作出杰出贡献的先锋模范。这样,我们就能够在文化和道德上帮助年轻一代成为德智体美劳全面发展的社会主义建设者和接班人,成为具有为国家谋富强、为民族谋复兴、为人民谋幸福、为世界谋进步之大情怀的时代新人。

本章以《培育时代新人离不开正确文化观的滋养》(《思想理论教育》2019年第1期)为基础修改写成。

注释:

[1] 姜义华:《世界文明视域下的中国文明》,复旦大学出版社2016年版,第3页。

[2]许倬云:《许倬云说历史:中西文明的对照》,浙江人民出版社 2013 年版,第 218 页。

[3]严复:《中国现代学术经典·严复卷》,河北教育出版社 1996 年版,第 603 页。

[4]章太炎:《章太炎儒学文集》,四川大学出版社 2011 年版,第 1099 页。

[5]梁启超:《梁启超全集》,中国人民大学出版社 2018 年版,第三集第 17 页。

[6]亨廷顿、哈里森主编:《文化的重要作用——价值观如何影响人类进步》,新华出版社 2014 年版,第 9 页。

[7]亨廷顿:《文明的冲突》,新华出版社 2013 年版,第 4—5 页。

[8]同上书,第 282 页。

[9]亨廷顿:《谁是美国人?美国国民特性面临的挑战》,新华出版社 2013 年版,第 15 页。

[10]梁启超:《梁启超全集》,中国人民大学出版社 2018 年版,第十六集第 6—9 页。

[11]夏征农、陈至立主编:《大辞海·哲学卷》,上海辞书出版社 2015 年版,第 170 页。

[12]郭齐勇:《文化学概论》,武汉大学出版社 2017 年版,第 19—20 页。

[13]张岱年:《张岱年全集》,河北人民出版社 1996 年版,第 7 卷第 119 页。

[14]夏征农、陈至立主编:《大辞海·哲学卷》,上海辞书出版社 2015 年版,第 170 页。

[15]陈先达:《文化自信中的传统与当代》,北京师范大学出版社 2017 年版,第 34—35 页。

[16]庞朴:《孔子文化奖学术精粹丛书·庞朴卷》,华夏出版社 2015 年版,第 398 页。

[17]库什:《社会科学中的文化》,商务印书馆 2016 年版,第 2 页。

[18]此文摘录于重庆渣滓洞纪念馆展厅。

[19]姜义华:《中华文明的根柢——民族复兴的核心价值》,上海人民出版社 2012 年版,第 17 页。

[20]姜义华:《世界文明视域下的中国文明》,复旦大学出版社 2016 年版,第 71 页。

[21]亨廷顿:《谁是美国人?美国国民特性面临的挑战》,新华出版社 2013 年版,第 248 页。

[22]牟钟鉴:《儒道佛三教关系简明通史》,人民出版社 2018 年版,第 32 页。

[23]同上书,第 39 页。

[24]牟钟鉴:《中国文化的当下精神》,中华书局 2016 年版,第 2 页。

203

第十六章 中华优秀传统文化与文化自信

当代中国伦理学采取"文化自信"范式构建自身的学科、学术和话语体系，其实质就是坚持中华民族的伦理和道德独立性；在100余年来中华传统文化受到欧风美雨的深度洗刷，受到各种极端思潮的严重冲击之后，为坚持民族的伦理和道德独立性，伦理学有必要做好对中华优秀传统文化的研究阐释和教育传播工作。在这方面，著名哲学家张岱年的思想以及他关于传承发展中华优秀传统文化与增强文化自信关系问题的一些论述，对我们具有深刻的启示意义。有鉴于此，在本书第一篇阐发了张岱年关于坚持文化和精神的民族独立性思想之后，本章拟以道德实践和道德教育为重点，从爱国主义与传统文化、民族命运与文化自信、综合创新与文化根基三方面，进一步探讨其文化观对我们构建当代中国伦理学，培育广大公民特别是年轻一代爱国主义情感的重要意义。

一、爱国主义与传统文化

张岱年（1909—2004），当代中国著名的哲学家，对中国哲学与文化问题之研究的造诣极高、建树广泛。作为享誉国内外的现代国学大师，他早年以《中国哲学大纲》（1937）确立了其在中国现代学术史中的独特地位，晚年则以《中国文化精神》（2015新版本）彰显了改革开放初期中国文化研究与普及的最高水准。特别难能可贵的是，自 20 世纪 30 年代从事哲学研究开始，张岱年就始终以其努力会通"中西马"的思想架构，从 30 年代的"文化创造主义"经 40 年代的文化"均衡创造"论，直到 80—90 年代的"文化综合创新论"，进行了艰苦的理论探索，"为中国化马克思主义文化哲学的体系建构作出了最为突出的贡献"[1]，成为新时代我们提高文化自觉、坚定文化自信、实现文化自强的一种宝贵思想资源。例如，对于"爱国主义与传统文化"之间的关系问题，张岱年一直强调："在现今时代，做一个中国人，最重要的是具有爱国意识。而爱国意识有一定的思想基础。必须感到祖国的可爱，才可能具有爱国意识。而要感到祖国的可爱，又必须对于中国文化的优秀传统有正确的理解。"[2] 在当代义化和学术发展空前丰富多元的条件下，这段话显得太普通，似乎没有什么"学术含量"，"卑之无甚高论"。但实际上，"必须感到祖国的可爱，才可能具有爱国意识"，这一朴素的命题，在近百年来中国文化曲折发展的历史过程中，不仅体现了张岱年作为一个哲学家个人的强烈爱国情怀，而且具有普遍的文化哲学意义，涉及社会生活的方方面面。

　　这么说的根据在于，近代以来，实现中华民族的伟大复兴，始终是中国人民的最强烈夙愿，是中华民族的最伟大梦想。就客观基础而言，实现中华民族的伟大复兴，不仅需要政治、经济、社会和文化以至生态等方面的条件，而且在为实现这一目标而奋斗的不同历史时期，这些条件中的焦点和重点也会随之发生相对和特定的变化。令人欣慰的是，在经过了漫长的艰难曲折之后，当代中国在政治上已经稳步地走上了实现中华民族伟大复兴的必由之路：中国特色社会主义道路，建立了中国特色社会主义的基本制度，在经济上中国也已经成为世界第二大经济体和最大的贸易国。这样，在实现民族复兴的政治和经济条件比较确定和明显之后，进一步创造其社会特别是文化条件的重要性和迫切性就日益凸显了出来。而所谓"文化条件"的实质，就是要坚定文化自信，弘扬中国精神，即弘扬以爱国主义为核心的民族精神、以改革开放为核心的时代精神。至于民族精神和时代精神的关系，其中爱国主义为改革开放奠定文化土壤和道德根基,改革开放赋予爱国主义以致力方向和实践活力。如果上述理解能够得到确认的话,那么可以说张岱年关于"在现今时代,做一个中国人,最重要的是具有爱国意识"命题具有深刻的文化哲学和道德哲学意义,它要求我们努力去探寻确实能够培育广大公民爱国意识的思想基础,通过对中华优秀传统文化的认真学习和正确理解,使他们发自内心地感到祖国的可爱。

"德不孤,必有邻。"(《论语·里仁》)实际上,对于爱国主义与传统文化之间的这种深刻和内在联系,许多著名学者也持类似观点。例如,季羡林先生就认为:"传统文化与爱国主义这两件事看起来似乎没有什么联系。但是别的国家我先不谈,专就中国而论,二者是有极其密切的联系的。这里面包含着两层意思:一层是在中国传统文化,或者把范围缩小一点,在中国传统的伦理中,爱国主义占有极其重要的地位;二层是,唯其因为我国有光辉灿烂的传统文化,我们这个国家才更值得爱,更必须爱。"[3]由此可见,中华优秀传统文化确实是中国人爱国主义的思想和情感基础。至于为做到对中华优秀传统文化"有正确的理解",我们正可以从张岱年关于"文化发展的辩证法"之思想中获得进一步的启示。他认为,文化发展过程包含一系列相反相成、对立统一的辩证关系,主要有:文化的变革性与连续性、文化的时代性与民族性、文化的交融性与独创性、文化的整体性与可分性等。上述文化发展辩证关系的两个方面,都不可或缺和偏废,在差别和对立的同时,有一种相辅相成的关系;但是在其辩证运动中,基于实践的需要,往往有一个方面被作为重点。表现在当代中国,如果强调文化发展的变革性、时代性、交融性、整体性,那就有助于我们弘扬以改革开放为核心的时代精神;而如果我们强调文化发展的连续性、民族性、独创性、可分性等特性,则有助于我们弘扬以爱国主义为核心的民族精神。

为了进一步说明这种文化发展的辩证法,并由此阐发传承和发展中华优秀传统文化对于弘扬爱国主义精神的重要性,以下对张岱年关于"文化的交融性与独创性"的论述作一简要探讨。他认为,由于世界的文化中心不止一个,因此"从文化发展的历史来看,文化交流是必要的。文化交流有益于文化的健康发展。必须虚心吸收外来的文化的成就,藉以丰富自己。同时又应保持民族文化的独立性,藉以保持民族的主体性。一方面,文化交流是文化发展所必需,这可谓文化的交融性;另一方面,又须保持民族文化的独立性,这可以称为文化的独创性。既要重视交融性,也要发扬独创性,这也是文化发展的客观规律"[4]。这里提出的"保持民族文化的独立性"命题具有特别重要的实践和理论意义。例如,中国古代的佛教中国化过程,实现了吸收外来文化异质性和保持本土文化主体性的统一,在新的层次上重建了中国文化的独立性,丰富了中华优秀传统文化的内容。与此不同,近代以来西学东渐,守旧派的盲目排斥和西化派的全盘接受,特别是老调重弹的"全盘西化"思潮,都无助于丰富当代中国文化,无法为中国人的爱国主义奠定必要的文化前提。因此,当代日益复杂的文化发展要求我们,在坚持文化交融性的同时,我们必须努力"保持民族文化的独立性"。否则,那就真正要提出中国、中华民族、中国人民会不会失去自己的文化独立性和精神独立性之问题了。必须看到,如果不坚持自己的文化独立性和精神独立性;那么,中国、中华民族、中国人民的政治、思想、文化、制度等方面的独立性就会被釜底抽薪,这是已经被历史和现实反复证明了的事实。

二、民族命运与文化自信

做一个中国人最重要的是要有爱国意识,爱国意识的基础在于感到祖国的可爱,只有对中华优秀传统文化有正确理解的人才会感到祖国的可爱;而要能够正确理解中华优秀传统文化,就必须坚持文化发展的辩证法,"保持民族文化的独立性"。张岱年之所以能够提出上述朴素而又深刻的文化哲学思想,是与其基于对中华优秀传统文化的深刻理解而始终抱有的强烈文化自信密切相关的。一个民族应该具有民族自尊心、民族自信心,这样的民族才有希望。如何才能具有民族自尊心自信心呢? 那就必须对于民族文化的优秀传统有所认识。他生长于20世纪上半叶多灾多难的中国,特别是经历了日本帝国主义的侵略,但并没有因此丧失中华民族的自尊心、对中华优秀传统文化的自信心；而是对民族危机感受极深，痛感国耻的严重，走上了学术救国的道路。20世纪下半叶的个人经历虽然也有曲折，但是他对中华民族的复兴与中国文化的昌盛，始终充满着希望。因此，"文革"结束重新从事学术活动之后，针对20世纪80与90年代之交，思想界、理论界、学术界反传统的思潮风起云涌，黄河长城都成为诅咒的对象，不少人丧失了民族的自尊心、自信心，甚至有人鼓吹全盘西化现象，张岱年从"民族命运与文化自信"的角度，多方面地论证了弘扬中华优秀传统文化及其对提高中国人民族自尊心、自信心的重要性，强调"中国文化的优秀传统，……是中华民族凝聚力的基础，是民族自尊心的依据，也是中国文化自我更新向前发展的内在契机。……几千年来延续发展的中国文化必将显示出新的生命力"[5]。

具体来说，对于"民族命运与文化自信"关系问题的理解，张岱年是从概括分析中华民族和中国文化的历史命运着手的。他认为，中国文化，从传说中的伏羲、神农、黄帝以来，不间断地发展了5 000年，直到15世纪以前，始终居于世界文化的前列。中国的四大发明传入欧洲之后，促进了西方近代文明的发展。此后的西方文化开始突飞猛进，而中国则落后了。19世纪40年代之后，中国受到东西方帝国主义的侵略剥削，中国的各界志士仁人，还有广大民众，奋起抗争，努力寻求救国的道路。经过100多年的奋斗，以1949年中华人民共和国的成立为标志，终于取得了确定的胜利，中国人民从此站起来了！"几千年来，中国文化延续发展，虽然曾经一度落后，但又能奋发图强，大步前进，这不是偶然的，必有其内在的思想基础。"[6]这里，张岱年概括了5 000年中国文化的历史命运，其论述即使从当下的视角来看，仍然是十分合理的。民族和文化的命运不是一条直线，而是充满曲折的。身为中国人，既要对民族文化的消极衰朽方面有清醒的认识，坚决地加以改革；更要对其辉煌成就而自豪，使其发扬光大：如果中国文化仅仅是一些缺点、病态的堆积，那么，中华民族就只有衰亡之一途了。过去，一些帝国主义者正是以此对中国进行恶毒的攻击。我们在严正地予以反驳的同时，应当注意考察传统文化中所包含的积极的健康的要素,深切地认识到中国传统文化中具有指导作用的推动历史前进的精神力量。

至于这种使中国文化在长期发展的过程中,虽饱受磨难、多经曲折,但仍然能够发展更新的思想基础,"就是中国文化的基本精神。何谓精神? 精神即是运动发展的精微的内在动力。中国文化中有一些思想观念,在历史上起了推动社会发展的作用,成为历史发展的内在思想源泉,这就是文化的基本精神。……中国几千年来文化传统的基本精神的主要内涵是四项基本观念,即是(1)天人合一;(2)以人为本;(3)刚健有为;(4)以和为贵"[7]。"天人合一"指人与自然界既有区别,又有统一的关系。人生于自然,是自然界的一部分,可以认识自然并加以调整,但不应破坏自然。"以人为本"则是相对于宗教家以神为本而言的,认为人生最重要的是提高道德觉悟,构成了中国文化以道德教育代替宗教的独特传统。"刚健自强"即不懈努力、积极进取,坚持人格尊严,成为中国文化思想的主旋律。"以和为贵"表明中国古代以"和"为最高的价值,包括肯定多样性之统一的"和而不同",主张人民的团结是胜利决定性条件的"人和"等,对促进中华民族的团结和融合起了积极作用。从以上的概括来看,张岱年以其对"中国文化精神"的精湛研究,从人与自然、人与人、人与自身等方面对中华优秀传统文化,特别是对其中的思想精华和道德精髓作了深刻的解读;虽然只是一家之言,可以有各种探讨,但确实给我们正确地把握中华核心思想理念、中华传统美德和中华人文精神以独特的启发。

以上概括的张岱年探讨"民族命运与文化自信"问题之论述:一个丧失了民族自信心的民族是没有前途的;要具有民族自尊心自信心,就必须对于民族文化的优秀传统有所认识;中国文化的优秀传统是中华民族凝聚力的基础,是民族自尊心的依据;中国文化中一些在历史上起了推动社会发展作用的思想观念,就是中国文化的基本精神;近代以来中国人民对外来侵略表现了坚强不屈的精神,显然是从中国人民的内心深处发出来的,其深刻的思想渊源还是存在于传统文化之中;几千年来延续发展的中国文化必将显示出新的生命力,等等。显然,这些基本观点不仅十分有助于我们深入理解当前思想界、理论界和学术界关于中华优秀传统文化传承发展的主导意见：文化是民族的血脉，是人民的精神家园；文化自信是更基本、更深层、更持久的力量；中华文化独一无二的理念、智慧、气度、神韵，增添了中国人民和中华民族内心深处的自信和自豪，而且使我们的这种理解有了系统和深刻的学理基础。改革开放以来，许多专家学者发表了不少论著，使我国思想界、理论界和学术界对中国传统文化和思想的研究呈现了"百家争鸣"的可喜景象。但比较起来，很少有人像张岱年那样，能够把炽热的爱国意识和冷静的学术研究紧密结合起来，使其学术成果直接成为广大读者坚定文化自信，弘扬为中华民族复兴与中国文化昌盛而奋斗的爱国主义精神的思想资源。特别难能可贵的是，与此同时，对中国文化中的等级观念、浑沦思维、近效取向、家族本位等"陈陋传统"，他也直言不讳，这就为我们全面地确立了传承和发展中华优秀传统文化的方法论。

三、综合创新与文化根基

所谓传承和发展中华优秀传统文化的方法论，也可以说是如何坚定文化自信的方法论，在本章初步阐发了爱国主义与传统文化、民族命运与文化自信等之间的关系后，就有可能和必要通过对综合创新与文化根基问题的探讨对此做一扼要说明了。笔者认为，为掌握好传承和发展中华优秀传统文化的方法论，即掌握好坚定文化自信的方法论，除了在当下实际行动上坚持思想界、理论界和学术界的主流共识：以社会主义核心价值观为引领，坚持创造性转化、创新性发展，坚守中华文化立场、传承中华文化基因，不忘本来、吸收外来、面向未来，汲取中国智慧、弘扬中国精神、传播中国价值，不断增强中华优秀传统文化的生命力和影响力，创造中华文化新辉煌等等的努力之外；我们同样也应该和可以从张岱年文化哲学的系统学理中获得启示。这么说的根据在于，虽然其他不少学者的研究也包含着丰富和深刻的相关启示，但比较起来，张岱年的研究最为系统和全面。至于这方面的具体内容，除了上述坚持文化发展的辩证法,即正确处理好文化的变革性与连续性、文化的时代性与民族性、文化的交融性与独创性、文化的整体性与可分性等辩证关系之外,更重要的是作为张岱年文化哲学核心思想之"综合创新论"长达半个世纪之久的开拓性探索:"新中国文化的建设的基本方针应是综合中西文化之长而创建新的中国文化。这个观点,针对'东方文化优越论'与'全盘西化论',可以称为'综合创新论'。"[8]"建设社会主义的新中国文化,必须在马克思主义普遍原理的指导之下,在吸取西方文化的先进成就的同时,努力弘扬中国文化的优秀传统。"[9]

　　"综合创新论"又称"综合创造论",是在总结了自 16 世纪以来由于中西文化接触而引发之论战中的各种文化主张,特别是吸取了徐光启的"会通以求超胜论"、鲁迅的"拿来主义"、毛泽东的"民族的科学的大众的文化"等观点的积极成果,扬弃了中体西用、西体中用、国粹主义、全盘西化等思潮的基础上,张岱年长达半个世纪之久的文化哲学探索之思想结晶:"抛弃中西对立、体用二元的僵化思维模式,排除盲目的'华夏中心论'与'欧洲中心论'的干扰,在马克思主义普遍真理的指导下和社会主义原则的基础上,以开放的胸襟、兼容的态度,对古今中外的文化系统的组成要素及结构形式进行科学的分析和审慎的筛选,根据中国社会主义现代化建设的实际需要,发扬民族的主体意识,经过辩证的综合,创造出一种既有民族特色,又充分体现时代精神的高度发达的社会主义新中国文化。"[10]要知道,这些论述写于 1990 年,经历过当时"全盘西化"思潮一时甚嚣尘上的笔者,现在回过头来看,不能不承认其思想的合理和远见。尤其值得注意的是,在张岱年的"综合创新论"中,其对马克思主义和中华优秀传统文化关系的理解,不仅特别强调了马克思主义中国化和中华民族化的成熟与深刻要求,而且也包含着坚定文化自信的辩证法:"指导中国革命取得胜利的马克思主义,不是教条式的马克思主义,而是与中国革命实际密切结合的马克思主义。在政治上,马克思主义必须与中国革命实际相结合。在文化方面,马克思主义应与中国文化的优秀传统相结合。……马克思主义与中国文化优秀传统的结合,应是中国文化发展的主要方向。"[11]

现在,距张岱年系统阐发其文化哲学的"综合创新论"已经近30年了,中华优秀传统文化的地位在中国也沧海桑田,今非昔比。当前,尽管仍需努力,但广大公民对"培育和弘扬社会主义核心价值观必须立足中华优秀传统文化"毕竟已经形成了十分广泛的共识,广大公民传承中华优秀传统文化的积极性大为提高,中国人民普遍的"文化自信"意识也开始逐步增强。作为当代中华民族文化发展和精神生活中的一件大事,这种大转折的出现,不是偶然的,而是有着深刻的当下和历史根源。其最直接的经济原因在于,这是改革开放40年以来中国已经成为世界第二大经济体,亿万人民的生活水平明显提高的结果。而从最重要的政治原因来看,则是坚持中国特色社会主义道路、中国特色社会主义理论、中国特色社会主义制度所取得历史性成就的结果。显然,正是这种经济发展和政治成就不仅赋予中国人民以道路自信、理论自信和制度自信,还为广泛的文化自信奠定了客观社会前提。近百年来,虽然有许多有识之士持续地在倡导文化自信,但全盘西化的思潮在我国始终没有退出历史舞台,当代中华民族的文化独立性迟迟未能充分确立起来。究其根本原因,在于中国长期没有摆脱穷困落后,人民物质生活水平低下,马克思主义中国化没有充分落到实处。现在,这种情况终于有了根本性的转变。在当代经济发展、政治进步的基础上,中华优秀传统文化就可能得到越来越多中国人的认可。

进一步考察,就经济、政治和文化的关系而言,只有建立了客观的能够保障道路自信、理论自信和制度自信的经济和政治前提,广大公民、特别是年轻一代的文化自信才可能被充分确立起来。否则,只有少数像张岱年那样的思想先驱才可能有自觉的文化自信。但要克服我国一个多世纪以来流行的文化自卑心理,仅有少数"先知先觉"显然是远远不够的。因此,我们要通过弘扬中华优秀传统文化,以坚定广大公民、特别是年轻一代的爱国意识和文化自信,首先就要加强中国特色社会主义的经济和政治建设。这是道路自信、理论自信、制度自信与文化自信之间辩证关系的一个基本方面,我们万万不可忽视。当然,在道路自信、理论自信和制度自信的前提确立之后,文化自信就更为重要。因为,中国特色社会主义的道路、理论和制度本身就是以中华优秀传统文化为根基的,只有热爱和理解中华优秀传统文化的人,才可能真正坚持和完善中国特色社会主义的道路、理论和制度。这就是说,道路选择是由历史文化传统决定的,文化传统和文化自信是对中国特色的最好诠释。从世界历史的大视野看,与地球上其他文化和文明相比,由于中华民族自古就延续着自己的文化血脉,虽经曲折而未曾中断,因此任何外来文化进入中国之后,最终都被中国化了。古代的历史文化传统和近代的革命文化决定了中华民族必须走中国特色社会主义的道路,而绝不是西方的道路。这里的关键不是发展阶段的差异,根本在于文化基因的不同。文化自信是事关"民族文化的独立性"的大问题,是坚定道路自信、理论自信、制度自信的文化根基。而张岱年的文化哲学对此作了最好的阐发,我们要在此基础上继续努力。

213

本章以《传承中华优秀传统文化与文化自信——基于张岱年文化哲学的阐发》(《思想理论教育》2017 年第 9 期)为基础修改写成。

注释:

　[1] 杜运辉:《张岱年文化哲学研究》,中国社会科学出版社 2014 年版,《摘要》第 1 页。

　[2] 张岱年:《张岱年全集》,河北人民出版社 1996 年版,第 7 卷第 378 页。

　[3] 季羡林:《季羡林文化沉思录》,吉林出版集团时代文艺出版社 2013 年版,第 163 页。

　[4] 张岱年:《张岱年全集》,河北人民出版社 1996 年版,第 7 卷第 88 页。

　[5] 同上书,第 7 卷第 246—247 页。

　[6] 张岱年:《中国文化书院九秩导师文集·张岱年卷》,东方出版社 2013 年版,第 160 页。

　[7] 同上。

［8］张岱年:《张岱年全集》,河北人民出版社 1996 年版,第 7 卷第 14 页。

［9］同上书,第 7 卷第 119 页。

［10］张岱年、程宜山:《中国文化精神》,北京大学出版社 2015 年版,第 306 页。

［11］张岱年:《张岱年全集》,河北人民出版社 1996 年版,第 7 卷第 451 页。

第十七章　中国特色伦理学的开拓

改革开放 40 年以来,由于几代伦理学人的接续努力,作为一门人文学科,中国伦理学取得了长足的进步,其成果既令人欣慰,又催人奋进。现在,中国特色社会主义进入了新时代,对于中国伦理学人来说,构建中国特色伦理学的任务也就日益重要和更为紧迫。为履行这一重大和光荣的使命,我们当然首先要积极地面对现实道德实践和相应理论的挑战,但也应该自觉地继承前辈留下来的宝贵遗产,在老一代学者成就的基础上继续迈进。例如,在这几十年中国伦理学的发展过程中,著名伦理学家罗国杰在坚持伦理学发展的正确导向、探索伦理学构建的合理路径、倡导知行合一的德性伦理学方面的努力和创新,展现了一位中国特色伦理学开拓者的杰出形象,成为新一代伦理学人为实现中华民族伟大复兴构建伦理秩序的典范和榜样,激励着我们为构建当代伦理学作出应有的贡献。有鉴于此,本章拟以《罗国杰文集(全六卷)》等文献为基础,特别是依据其中的《罗国杰生平自述》一书,对罗国杰构建中国特色伦理学的起点、进程、贡献和对我们的启示,以及王泽应的《马克思主义伦理思想中国化最新成果研究》对罗国杰伦理思想的发展等问题,作一初步的理解和探讨,并由此反思一下,新一代伦理学人应该如何承担起自己的使命?

一、坚持伦理学发展的正确导向

关于中华人民共和国 60 年(1949—2009)来伦理学的发展,王小锡在《中国伦理学 60 年》一书中认为,"虽历经坎坷,步履艰难,却柳暗花明,日趋繁荣,并正展现出屹立于我国人文社会科学之林的'显学'发展态势"。[1] 基于这一基本认识,他把这 60 年的进程划分为三个阶段:从新中国成立至改革开放之初是新中国伦理学的萌芽期;从改革开放至社会主义市场经济体制的确立是新中国伦理学的形成期;建设社会主义市场经济以来是新中国伦理学的发展期。此外,余达淮在总结 60 年来新中国伦理学学科理论体系的发展脉络时,则提出了更细致的划分:"马克思主义伦理学学科理论体系的奠基和初步发展时期(1949—1965年)……伦理学学科理论体系的建立遭受严重挫折,处于停滞阶段(1966—1976 年)……马克思主义伦理学学科理论体系的恢复与复兴时期(1977—1991 年)……中国伦理学学科理论体系繁荣、发展时期(1992 年至今)。"[2] 对于新中国建立以来伦理学发展的阶段划分,基于实践和理论两方面的观点和视角不同,当然可以有其他不同的看法;但是,从新中国的主体实践和相应的学科发展实际来看,应该说上述划分是比较符合事实的,也容易为多数伦理学界的从业者所接受。而有了这样一个基本的时空框架,我们就有了考察罗国杰构建中国特色伦理学的起点、进程、贡献以及对我们的启示等的基点。因为,比较特殊和十分稀缺的是,作为主要代表之一,罗国杰本人就相当完整地参与以至在一定程度上影响了这一进程。

罗国杰 1928 年生于河南南阳,小学期间就阅读了《三国演义》《水浒传》等不少古典小说,1940 年以优异成绩考入因抗战西迁家乡的名校开封中学,1943 年考入开封高级中学。1946 年考入同济大学法学院,接受了马克思主义的教育,从一个具有爱国热情的青年学生成长为一名共产党员,参加了迎接上海解放的地下斗争。1949 年 7 月到上海市委党校学习,初步系统地学习了马克思主义,1949 年 9 月开始从事党的宣传教育工作,1953 年起在上海市纪律检查委员会工作,在严格要求自己的同时培养了从事理论工作特别是研究哲学的兴趣。1956年 8 月,放弃县团级干部的待遇,考入中国人民大学哲学系,走上了今后 50 多年从事哲学、伦理学教学和研究工作的道路。1960 年 2 月,负

责筹建的中国人民大学伦理学教研室成立,被任命为副主任,组织编写
《马克思主义经典作家论道德》,基本掌握了马克思主义有关道德的理
论。1961 年组织编写了新中国第一部《马克思主义伦理学讲义》。
1962 年撰写了《马克思主义伦理学》简编本,较为系统地阐述了马克思
主义伦理学的理论体系,并编写了《马克思主义伦理学教学大纲》,在理
论界和高校产生了较大的影响。1966 年“文化大革命”爆发,正常的教
学和研究工作中断,但在受到冲击后仍抓紧时间读书,编了一本《鲁迅
论道德》等,但 30 万字的《马克思主义伦理学》讲稿则在“抄家”中“一去
不复返”了。

　　1977 年,罗国杰及中国人民大学伦理学教研室开始恢复伦理学的
教学和研究工作,1982 年主持编写了新中国第一本正式出版的伦理学
教科书《马克思主义伦理学》(上下册)。1980 年任第一届中国伦理学
会副会长,自 1984 年起至 2004 年连续担任中国伦理学会会长,始终坚
持了“正确导向,使中国伦理学会在这长达 20 年的时间内,为中国特色
社会主义和党的道德建设作出自己应有的贡献”[3],2004 年改任名誉
会长。1981 年开办人民大学第一期伦理学学习班,为我国伦理学界培
养了一批教学和科研骨干。1984 年,中国人民大学伦理学教研室成为
全国第一个伦理学博士学位授予点,罗国杰成为我国第一位伦理学博
士生导师。2000 年他领导的中国人民大学伦理学与道德教育中心被
确定为“教育部人文社会科学百所重点研究基地”。1977 年之后,罗国
杰撰写并主编了《中国大百科全书·哲学卷·伦理学分卷》《伦理学名
词解释》《伦理学教程》《外国伦理学名著译丛》《伦理学》《中国伦理学百
科全书》《人道主义思想论库》等伦理学专业著作,有力地推进了伦理学
的学科和学术建设。1985 年至 1995 年,罗国杰任中国人民大学副校
长,在教学和科研工作中始终坚持正确的理论导向,其间再三向领导部
门提出了不愿意被提拔的要求:“伦理学是我热爱的专业,这些年来,它
几乎成了我生命中不可或缺的东西,已经深入血液,我宁愿丢掉一切,
却不愿丢掉这门我热爱的专业。”[4]

　　在从事繁重的伦理学学科和学术工作的同时,他还为党和国家的

217

整个思想道德教育工作尽心尽力、建言献策。1989 年,受国家教委委托,罗国杰主持编写了《人生的理论和实践》,1993 年起主持编写了《思想道德修养》(1—4 版)等教材,这些教材在全国高校的思政教育中发挥了重要作用。1993 年,为弘扬中华民族的传统文化和优良道德,按照党中央领导同志的直接要求,罗国杰担任了《中国传统道德》的主编工作,包括《规范卷》《理论卷》《教育修养卷》《名言卷》《德行卷》,共计230 万字,并出版了相应的简编本和普及本。1996 年起主编与《中国传统道德》相衔接的《中国革命道德》,突出了革命道德对中国优良传统道德的继承和发展。1996 年 6 月,罗国杰在中南海讲述"中国古代儒家思想与政治统治",阐发了儒家德治思想在中国政治统治中产生的积极作用,在"以德治国与道德建设"问题上发表了重要意见;在 1996 年 9 月中央办公厅组织的征求意见会议上,针对《中共中央关于加强社会主义精神文明建设若干重要问题的决议》中的道德建设论述,他提出了应该加入"以集体主义为原则"的建议,为党中央所接受,体现在经十四届六中全会正式通过的中央文件中:"在关于加强精神文明建设的文件中,明确地写上'以集体主义为原则',不但有重要的现实意义,而且有很重要的理论意义。"[5]

在以上以新中国伦理学的发展史为背景,初步概括了罗国杰构建中国特色伦理学的起点、进程和贡献之后,笔者就可以对其特点和启示作些分析和阐发了。应该看到,罗国杰是在一种极为艰难和复杂的政治、思想和道德条件下为中国特色伦理学建设尽心竭力的。1960 年受命从事伦理学教学与研究工作,是在旧的学科、学术和话语体系被打破,而新的学科建设绝少参照的条件下开始的;经过 60 年代初期的努力,刚为新的伦理学奠定了第一块基石,就遭遇了"文化大革命"的史无前例之冲击,队伍离散、成果毁于一旦,几乎前功尽弃。"文革"结束,伦理学教学和研究的春天来临,但由于劫后余波和新的挑战并存,改革开放初期伦理学学科建设的政治、思想和道德条件依然十分复杂,能否把握正确导向也就成为攸关学科发展命运的最关键问题。令人敬佩的是,由于一开始就把《马克思主义经典作家论道德》作为学科建设指导思想的理论基础,自觉地服务于社会主义现代化建设的目标,在改革开放时期伦理学的发展过程中,罗国杰在坚持正确的政治、思想和道德导向方面发挥了公认的砥柱中流作用。必须承认,事后和现在看起来,这么做似乎并没有什么了不起,甚至有些"过头";但据经历过 30 多年我国伦理学发展的笔者之体验,这绝不是那么容易的,绝不是简单地多读几本书就可以得到答案的事情,而是需要"在事上磨炼",要有高度的坚贞、毅力、经验、智慧、责任感和勇气。

细读《罗国杰生平自述》一书,可以看到,他不仅自己始终以马克思主义为指导进行伦理学的教学和研究工作,而且充满了"希望能够引导伦理学界的同仁沿着正确的道路向前发展"[6]之使命感,"力求使中国伦理学会成为一个坚持马克思主义理论导向的学术团体,……紧紧地把学术研究和现实生活有机地结合在一起"[7];并认为"改革开放以来,在意识形态领域,特别是在道德原则方面,如果说有两种思想或两种思潮在相互争执的话,那就应当说,这两种思想或两种思潮就是坚持集体主义和确立个人主义原则之间的争执"[8]。正是基于这一基本立场和深刻认识,他始终关注着我国的现实道德生活和伦理学科走向,在关键时刻和核心问题上总是旗帜鲜明地表明态度和建言献策,其突出表现就是对中国特色社会主义道德和伦理学"以集体主义为原则"之始终不渝地坚持和阐发。无论是 1988 年的《当前有关道德问题的几点思考》、1989 年的《伦理学》,还是 1996 年 5 月的《对几个重要提法的建议》,或是《在 1996 年 9 月 15 日中央召开的有关会议上谈集体主义的发言》,以及对中央的相关建议和被采纳,都强调了社会主义集体主义作为道德原则和价值导向的重要性,阐明个人主义思潮泛滥的危害,努力辩证地处理个人利益与集体利益的关系,以使马克思主义伦理学更适应中国特色社会主义建设的要求,并由此促进社会道德风尚的改善和理想人格的出现。

对于集体主义作为中国特色社会主义道德和伦理学的基本原则问题,由于历史和现实的复杂原因,当时的伦理学界中出现的疑惑和争论,应该说是可以理解的,在通常情况下,"先知先觉"毕竟是少数。但是,在改革开放 40 年之后的现在,已经有越来越多的伦理学工作者认识到,罗国杰对集体主义的强调是正确的,是有远见的。作为伦理学基本原则的集体主义,不仅是马克思主义,也是中国特色社会主义的要求;而且也符合中华民族的优秀道德传统,符合中国国家治理的历史基因和当下现实,同时也不妨碍我们吸取国外伦理学的积极成果。当然,对于集体主义原则的实际运用和理论阐发,我们也不能只停留在前人的坚持和发挥上,而是必须由实践赋予其活力,必须从传统中汲取智慧,不断地加以丰富和发展。现在,中国特色社会主义进入了新时代,我国道德生活和伦理学构建也相应地进入了新时代。新时代坚持和发展中国特色社会主义的总任务是实现社会主义现代化和中华民族伟大复兴,作为新时代中国特色哲学社会科学的有机组成部分,伦理学特别要提高为实现中华民族伟大复兴构建伦理秩序的自觉,把所有发展伦理学学科的努力都聚焦到这一点上来,作为以为人民服务为核心、以集体主义为原则的社会主义道德和伦理学的新体现和新发展,尽快构建起具有为人民谋幸福、为民族谋复兴、为世界谋进步之大情怀的当代中国伦理学之学科、学术和话语体系。

二、探索伦理学构建的合理路径

关于构建具有为人民谋幸福、为民族谋复兴、为世界谋进步大情怀的中国特色伦理学之学科、学术和话语体系的指导思想和基本要求,当前我国思想界、理论界和学术界的主导理念和广泛共识是:坚持以马克思主义为指导,坚守中华文化立场,善于融通古今中外各种资源,特别是要把握好马克思主义伦理学的资源、中华优秀传统伦理学的资源、国外伦理学积极成果的资源。令人敬佩的是,就罗国杰伦理思想的形成和发展而言,可以说他就是这么做的了,在探索伦理学构建的合理路径方面留下了宝贵的启示,"从我的伦理思想形成的理论根源来看,我的伦理思想大体上受三个方面的影响"[9]。其中首先是马克思主义的经典著作。对于马克思和恩格斯的意识形态和道德理论、列宁论共产主义和社会主义伦理,他不仅极为赞赏,而且认为是建立新伦理学体系的最重要依据,这显然是其伦理学的正确思想政治导向。"其次,在我的伦理思想形成的过程中,不容否认,中国古代丰富的伦理思想对我有着特别重要的影响。"[10]罗国杰自幼就喜欢中国历史,喜欢阅读古代经典,大学时代更热衷于儒家的伦理道德思想。这一点原先并不太为伦理学界所熟悉,实际上是其伦理思想的深厚文化根基。"最后,西方古代和近代的伦理思想,对我伦理思想的形成也有着重要的启迪。"[11]自20世纪60年代开始,他研读了大量西方伦理学的经典著作,其中人道主义和德性思想给予其深刻影响,不仅是其教学和研究工作的有机组成部分,而且也成为其伦理思想的有益借鉴。

221

在伦理学的教学和研究工作中始终坚持以马克思主义为指导方面,首先,罗国杰始终坚信马克思主义的强大生命力,下大气力和苦功夫真正弄懂马克思主义的伦理和道德思想,其团队的最初和最基础工作就是编撰了一本30多万字的《马克思主义经典作家论道德》,其中经典作家关于"伦理道德和社会意识形态的关系、对过去道德遗产的批判与继承、道德的原则和规范、共产主义道德是历史上旧道德的革命变革、道德的教育和修养"[12]等论述,奠定了其用马克思主义的立场、观点和方法观察伦理道德现象的理论基础。其次,罗国杰在道德生活和伦理学领域坚持以马克思主义为指导,绝不教条主义和脱离实际,而是自觉地围绕着改革开放进程中的重大道德冲突和基本原则争执等问题展开,"以为人民服务为核心",积极参加了党和国家的精神文明建设和思想道德教育工作,既反对等级制度和等级思想,又反对利己主义、拜金主义、享乐主义思潮,因此具有一种强烈的实践和战斗的品格。当然,"一切事物,只有运动才有生命,只有发展才能生存。这对于马克思主义来说,也是适用的"[13]。在中国特色社会主义的新时代,进一步推进马克思主义伦理学中国化的使命已经落在我们身上。例如,如何在坚持道德的时代性、阶级性的基础上,更多地关注道德的民族性、人民性,如何在伦理学科中论证包括道德自信在内的文化自信是更基础、更广泛、更深厚的自信,如何把"小伦理观"和"大伦理观"结合起来等等,我们就需要在罗国杰开拓的道路上继续前进。

罗国杰坚持以马克思主义为指导,是开放的、与时俱进的,因此在长期的伦理学教学和研究工作中,他也十分重视吸取西方伦理学的积极成果。首先,他本人不仅精读大量西方伦理学的经典著作,直接担任"西方伦理思想史"的授课,编写《西方伦理思想史》教材,而且组织翻译出版"外国伦理学名著译丛"《道德百科全书》《人道主义思想论库》,投入了大量的精力。其次,西方伦理学对罗国杰来说并非纯粹的学术资料,而是一种具有影响力的思想资源,"康德和黑格尔对人的德性的发扬,对人的理性的敬仰,对道德命令的尊崇,使我在自觉和不自觉中孕育着我的伦理思想"[14]。当然,他对西方伦理学成果的吸取是从中国实际出发的,是有原则立场的:"对于西方伦理思想,一方面,我们要借鉴其合理之处,另一方面,又要剖析其腐朽成分,防止它成为西方敌对势力分化我们的思想工具。"[15]在引进西方伦理学名著的同时,主张对其下一番批判改造和消化吸收的功夫,而对全盘西化思潮则始终保持着高度警惕,并进行坚决斗争。现在,随着民族复兴进程的加速,中国日益走近世界舞台中央,几百年来形成的中西文化"势能"发生着根本性的变化,如何在"人权"已经写入宪法,"自由、平等、公正、法治"成为社会主义核心价值观组成部分的条件下,更好地实现世界各文明和伦理的互鉴,更包容、更深入、更细致地吸取包括西方在内的国外伦理学的积极成果,我们仍然需要在其工作的基础上不断地努力和突破。

就探索伦理学构建的合理路径而言,《罗国杰生平自述》给我印象最深的是他对中华优秀传统伦理和道德之一贯和自觉的传承发展。由于"中华优秀传统文化传承发展工程"的实施和展开,当代中国已经逐步走出近百年来与传统彻底断裂的阴影,中华优秀传统文化的思想观念、人文精神、道德规范正日益展现出永久魅力与时代风采。但是,由于反传统思潮的长期影响,对中华优秀传统文化的基本共识在广大公众中还远远没有形成,除了少数不负责任的宣泄和攻击之外,一些正式发表的论著还在有意无意地贬低着中华文化的最重要代表人物,这种状况显然不太正常。这样,考察一下罗国杰这样一位马克思主义伦理学家对待中华优秀传统道德的态度,就不仅有纪念性意义,而且还有了建构性功能。在此,他对自己相关进程回顾是典型性的:"我自幼对中国传统道德和传统伦理思想就有着特殊的爱好。……从事伦理学的教学工作后,……获得了一个认真学习中国伦理思想的好机会。……在那个'批林批孔'的长达两年的时间内,……我的的确确对《论语》《史记》《左传》中有关孔子的事迹、生平和思想,作了十分深入的研究。……1985—1990 年,……承担了主编《中国伦理思想史》的任务,工作和业余的大部分时间都用来学习中国古代先秦两汉的哲学家、伦理学家的著作。……1993—1996 年,……接受了编写《中国传统道德》的任务,……主要着重于中国传统道德规范以及如何继承和弘扬中国的优良道德传统。"[16]

　　正是这一特殊的长期学习和研究中国传统伦理思想和道德规范的经历,使罗国杰不同于一些知识面较窄、但又比较教条的哲学和伦理学工作者,对于中国优良道德传统在中国特色社会主义道德建设和伦理学体系构建中的地位和功能,有着比较深入的体验与合理的认识。例如,他认为自己对中国伦理思想的深奥理论和玄妙体验,是随着年岁的增长而逐步体会和不断领悟的,在 60 岁左右后的 20 多年内:"从第一阶段的'崇儒墨'、第二阶段的'重理学'和第三阶段的'尚道家'的局限中完全摆脱出来,对待中国古代的儒、墨、道、法的思想,既能看到它们所具有的重要意义,也能认识到其中的不足和局限。"[17]这样,在 1993 年的《中国传统伦理思想的基本特点》论文中,罗国杰概括了中国传统伦理思想五个基本方面:"第一,强调为民族、为整体、为国家的整体主义精神。……第二,推崇仁爱原则,强调'推己及人'与人际和谐。……第三,重视人伦关系,提倡人伦价值。……第四,追求精神境界,追求高尚的道德理想人格。……第五,强调修养践履,注重道德理论与道德实践、道德认识与道德行为的统一。"[18]应该说,作为一个马克思主义伦理学家,在 20 世纪 80 年代,罗国杰就能对中国传统伦理思想的特点、地位、功能和意义等问题有如此全面和深刻的认识,是十分难能可贵的,体现出其灵魂深处确实有着最深沉的中华民族优秀传统文化的伦理追求和道德基因,并使其伦理学思想具备了鲜明的中国特色。

当然,说罗国杰的伦理学深深扎根于中华民族优秀传统文化这一中华民族的"根"和"魂",并不是说他只是一个文化和道德"保守主义者";事实上,从其从事伦理学教学和研究工作的一开始,他就走在了努力"批判传承"的路上,只是与一些哲学—伦理学工作者相比,他的思想深处始终有一个斩不断、飞不走的中华民族的"根"和"魂"。正因为如此,罗国杰在"综合创新"的问题上有着高度的思想和道德自觉,认为"在大力弘扬我国优良道德传统的同时,还应该大力弘扬中国共产党人、人民军队、一切先进分子和人民群众在中国新民主主义革命和社会主义革命和建设中所形成的优良革命道德传统"[19]。而其在 20 世纪 90 年代完成《中国传统道德》编写后提出的"弘扬中国古代优良道德传统和革命道德传统,吸取人类一切优秀道德成就,努力创造人类先进精神文明"[20]的参考意见,也为当时的党中央领导人所采纳。此外,能够特别体现罗国杰立足中华优秀传统道德实现伦理学综合创新的典型事例就是他对儒家"德治"思想的研究和阐发。1996 年 6 月 17 日,他在中南海讲述"中国古代儒家思想与政治统治",后来又撰写了多篇关于依法治国、以德治国的论文,认为"把'依法治国与以德治国'相结合作为我们国家的治国方略,将有利于我国广大人民道德水平的提高"[21]。虽然这一意见最终没有被中央接受,但正如其本人所说的那样,不能否认其具有重要的理论和实践意义,并可以通过今后的历史发展来检验。

在探讨中国特色伦理学构建的合理路径问题时,如此详细地分析罗国杰对中国传统伦理思想的学习、研究和发挥,意在说明:一个在意识形态领域始终自觉地坚持以马克思主义为指导的伦理学家,在积极吸取国外伦理学积极成果的同时,完全也可以和可能"坚守中华文化立场",通过对中华民族优秀传统文化,特别是其中的优秀伦理道德的创造性转化和创新性发展,构建起充分体现中国特色、中国风格、中国气派的当代伦理学,并由此为实现中华民族伟大复兴构建伦理秩序作出应有的贡献。文化是一个国家、一个民族的灵魂。文化兴国运兴,文化强民族强。没有高度的文化自信，没有文化的繁荣兴盛，就没有中华民族伟大复兴。我国伦理学作为一门兼具意识形态和文化两种基本特性的人文学科，当然要自觉地为巩固马克思主义在意识形态领域的指导地位，巩固全党全国人民团结奋斗的共同思想基础而努力。但是，人们同时也必须看到，只有扎根文化土壤的意识形态才能真正发挥政治上的建构功能，社会主义时代性道德只有立足中华优秀民族性道德才能为最广大公民所践行。因此，处理好"以马克思主义为指导"和"坚守中华文化立场"的关系，在当前构建中国特色伦理学的过程中处于关键的地位。在这方面，罗国杰的具体论证也许还没有达到当今时代的高度，但他毕竟走在了我们的前面，很早地就在结合以马克思主义为指导与坚守中华文化立场，并且已经有了开创性的成果："新德性主义"伦理学。

三、倡导知行合一的德性伦理学

关于伦理学的类型，按照现代西方伦理学的划分，除了以认知性为主的元伦理学和描述伦理学之外，还有规范伦理学和应用伦理学，应用伦理学主要涉及当代公共性道德问题，规范伦理学则分为德性论和规范论。规范论指西方近代以来的规则伦理学，它主要规定制度和行为的道德规则，但并不对个人的整个人格和德性塑造提出要求，因为在它看来，这属于个人自由选择的范围。而德性论则对个人的人格与德性培养提出了规定和要求，特别是西方近代以前的德性伦理学。基于这一学科类型框架，笔者在10余年就曾经探讨过"发展中国伦理学的基本类型"问题："无论是规范论和应用伦理学，作为当代伦理学的基本类型，从学理上都来自西方，我们在发展这些类型时，主要是一个引进、消化的问题。与此不同，在德性论方面，虽然西方同样也有合理的传统，如出自古希腊的自由个性的德性论，出于基督教博爱精神的德性论，但是，在这方面，我们毕竟有着独特、悠久、深厚的传统——儒家德性论，……因此，我们在发展当代德性论时，主要是一个传承和推进的问

题。"[22]上述观点,现在看起来也不是没有一点道理。但是,由于认识
和学力的限制,虽然有想法,却不可能把它落实到自己关于伦理学的构
思和写作中去。而且,由于对国内伦理学界的相关成果也没有予以全
面和及时地了解和学习,直到近年阅读了罗国杰关于马克思主义"新德
性主义"伦理学的相关论著之后,才意识到前辈在此早就已经有了开拓
性的创作。

在《罗国杰生平自述》中,他概括了自己"新德性论"思想的形成过
程,通过对西方伦理思想史的研究,认为与功利论相比,德性论对提高
人的道德素质和道德人格意义更大,强调在哲学社会科学各学科中,伦
理学是对人的道德品质和思想素质塑造最为重要的学科,"伦理学的功
能,绝不在于使人们获得关于伦理学理论体系的知识和讲授伦理学的
能力,而在于它的形成、教育、塑造和升华人的道德人格的力量"[23],
并由此指出"伦理学就是一门关于人的德性形成的理论和实践的学
科"[24]。关于这一定义,初看起来似乎有一种较为狭隘的感觉,难道
伦理学只能专注于人的德性培育,而可以不关心人与自然的关系、不探
讨规范人与人关系的制度伦理问题吗? 但深入思考之后,笔者认为对
于"新德性论"的提出,应该充分考虑到以下三个背景。第一,罗国杰这
样界定其"新德性论"的目的和功能,是继承了中西古典德性论的传统,
并针对 20 世纪西方实证主义伦理学"价值中立"的弊端以及在我国伦
理学界的消极影响而立论的。例如,美国"价值澄清"运动的倡导者认
为,在价值观的问题上,教师只能告诉学生"是什么",而不能告诉学生
"应当做什么";而我国伦理学界也有些人持类似的主张,只强调价值取
向的多元化。正是鉴于这种状况,"新德性论"旗帜鲜明地坚持社会主
义道德的集体主义原则,论证伦理学培养人的道德素质、提高人的道德
自我完善能力、改善社会风气的目的和功能,其社会效应显然是积极和
合理的。

第二,"新德性论"还涉及了道德的动机和效果问题,特别是与"道
德义务"和"道德权利"的关系和争论相关。罗国杰指出:"一个道德行
为能被称为'道德行为',必须是不以享受某种道德权利为前提

的。"[25]而"道德权利"论者则认为"是否履行道德义务,取决于行为主体是否拥有自由选择的道德权利"[26]。笔者认为,"道德义务"论主要关注个人德性的培育,"道德权利"论主要关注制度对人权的保障,在当代中国这两种观点并不截然对立,而是可以融通的。"新德性论"强调"善欲人报,并非真善",在提升人的德性方面,是必要和有益的。第三,伦理学作为一门最具哲学气质的人文学科,当然要关注人与自然、人与人、人与自身关系的一切问题,追求这些关系的和谐。但是,毋庸讳言,在当今复杂社会系统和庞大学科体系的条件下,越来越多的问题已经由各种专门机构和专门学科来处理,留给伦理学的,或者最适合伦理学的,也许就是对人的德性之培育。因此,罗国杰关于"伦理学有两个方面的任务:一是培育和决定人生目的是什么,……二是实现和达到人生目的之方式和手段,……而'所以实现的途径'才是更加重要的关键"[27]的"新德性论",不仅立足于深远的伦理思想史传统,而且符合在现代复杂性社会系统中、在日益庞大的现代学科体系中发挥伦理学特殊作用的功能要求,绝不是仅仅有了一个新名词而已,应该说确实为构建中国特色伦理学提供了一种新的主导性范式。

有了以上对"新德性论"形成过程和基本定义的理解,接着就可以探讨其主要特点和实质内容了。罗国杰认为,其马克思主义的"新德性主义"伦理学包括六个主要特点和基本内涵。第一,"最主要的特点就是,它具有为人类理想社会——社会主义和共产主义而献身的精神"[28]。这首先表明,"新德性论"有着坚定和明确的社会理想,倡导为这种最高理想而不懈奋斗的德性,确定了其伦理学的正确政治导向和崇高理想维度。当前,这种德性就是自觉地树立共产主义远大理想和中国特色社会主义共同理想,增强中国特色社会主义道路自信、理论自信、制度自信、文化自信,为实现中华民族伟大复兴而奋斗和献身的精神。第二,"强调和重视社会中的每个人都应抱有崇高的道德理想,都应具有达到这种崇高道德理想的追求。新德性主义重视和提倡高尚的道德人格,并且认为,只要有坚定的信念和毅力,这种道德人格的养成就不仅是可能的,而且是必然的"[29]。这点可以说是其最重要伦理

227

内涵,不仅是对中华民族优秀传统道德和近代革命道德的传承发展,而且体现了当代社会主义先进道德的本质要求和发展趋势。在出现了"信仰危机""道德危机",不少人"躲避崇高""一切向钱看",一些伦理学论著也羞于谈论崇高的情况下,马克思主义的新德性主义不仅仍然坚守崇高,而且坚信只要有"努力攀登,永不停止"的决心和信心,个人的德性和人格就能够不断完善,充分体现出罗国杰的高度道德自觉。

第三,"具有先进的社会主义人道主义要求。……把人民群众的福祉、自由、幸福和权利提高到新的高度,把'以人为本'作为一切思想、认识、工作和追求的唯一出发点和根本目的"[30]。从伦理学上看,把社会主义人道主义作为判断一切事物是否善和恶的一个重要依据,体现了马克思主义新德性主义的社会制度伦理维度,也可以说是其对"道德义务"和"道德权利"关系问题的进一步回答。第四,"在道德行为的动机和效果的关系上,主张动机和效果的辩证统一"[31]。反对"只看效果,不问动机",强调虽然人的行为效果是评价善恶的重要依据,但判断一个行为的善恶,必须把人的动机放在首位。第五,"极端注意人的道德修养,提倡修身、慎独,把个人的自我完善看作道德行为的重要方面"[32]。第六,"重视一个人对他人、对集体、对国家、对民族所应负的道德责任"[33]。认为对于"权利和义务"的关系问题,要分清其在法律和道德意义上的区别。这实际上是"修己安人""天下兴亡,匹夫有责""淑身济物"的中华民族精神和精神的现代版。总之,作为一种全新的伦理思想,在学术和学理方面,"新德性论"虽然主要是相对西方近代功利论而提出的,但实际上是罗国杰以马克思主义为指导,坚守中华文化立场,融通马克思主义伦理学、中华优秀传统伦理学和国外伦理学积极成果三种资源,努力探索伦理学构建的合理路径,以实现中国特色伦理学综合创新的典范性成果。

除了构建中国特色伦理学的理论和学术意义之外,在当代社会思想道德建设中,马克思主义新德性主义的提出还具有十分重要的社会实践意义。改革开放以来,罗国杰始终对我国在经济上取得巨大成就的同时,在思想道德、理想信念即世界观、人生观和价值观方面没有出现相应的、同步发展的状况,有着清醒和深刻的认识。对于一些人鼓吹"社会主义和共产主义"只是"一种不切实际的空想""为人民服务""大公无私"精神已经过时了,始终保持着高度的警惕。对于一些人加入共产党,不是为了党和人民利益,而是为了自己升官发财,不择手段往上爬的现象,更是深恶痛绝。为此,他在伦理学教学和研究工作中,在对党和国家相关工作的建言献策中,不断地努力地使马克思主义伦理学的理论和原则适应社会主义市场经济条件下改善社会风气和提高公民德性的要求。回顾改革开放40年来的伦理学发展进程,随着社会生活多样化,伦理学思想观念也多样化了,在活力增强的同时,也出现了导向不明、共识缺失、境界降低以至是非不分的倾向,这种状况显然不利于伦理学为实现国家富强、民族振兴、人民幸福的目标作出应有的贡献。而马克思主义新德性主义伦理学的提出,就为我们在日新月异的当代社会的多样发展中,确定正确的思想和道德导向奠定了理论和学术基础,并使其贡献远大于国内的其他伦理学构想。只要看一下当下社会道德生活中出现的种种怪象,我们就可以认识到"新德性论"是多么重要。

　　德性伦理学对个人的人格与德性培养提出了规定和要求,甚至是全面和系统的要求,为了使其能够真正地、广泛地发挥培育人的道德人格的功能,其倡导者能否言行一致、身体力行就成了必要条件之一。而众所周知的是,在道德教研和道德践行方面,罗国杰本人就是一个知行合一的典范。童年时母亲的道德熏陶,古典小说的阅读,青少年时代的发奋读书,在他心田之中播下了传统道德的种子;大学时代接受马克思主义,革命实际工作的锻炼,使"活到老,学到老,改造到老"成为其刻骨铭心的座右铭;"文革"前对马克思主义伦理思想的系统研究,更使其对德性修养的自觉上升到了系统的理论高度。正因为有如此深厚的基础,历经磨难之后,"罗国杰的品德、学问和成就,赢得了普遍的尊敬"[34]。"罗老是我们伦理学界的一面旗帜。"[35]至于他的晚年形象,"人到老年,在个人需要方面,应当知足,不应有其他的追求;但在对社会国家和学校的贡献方面,……要抱着'老骥伏枥,志在千里;烈士暮年,壮心不已'的心态"[36]。罗国杰不仅是这么说的,而且就是这么做的,除了仍然积极进取从事专业工作的创作之外,其晚年的业余爱好和生命感悟所体现的智慧与境界,也成为人们滋养德性的深刻启迪。值此改革开放暨中国特色社会主义伦理学发展 40 余年之际,细读《罗国杰生平自述》一书,笔者深感其作为当代中国一部十分难得和重要的伦理学文献,不仅值得我国每一个伦理学工作者认真阅读、对照反思,而且还有义务使之广为流传、泽被久远。

四、深化马克思主义伦理学研究

另外,接续罗国杰开拓中国特色伦理学的努力,近年来国内伦理学界在研究马克思主义伦理思想中国化方面出版了不少论著,其中比较重要的有:吴潜涛等的《中国化马克思主义伦理思想研究》[37]、王泽应的《马克思主义伦理思想中国化研究》[38]等。2018 年,作为继罗国杰、唐凯麟等教授之后的新一代马克思主义伦理学研究的代表性人物之一[39],基于其对中国现当代伦理思潮的系统和深入探讨[40],不同于其他学者集体完成的著作,王泽应又独立推出了约 50 万字的《马克思主义伦理思想中国化最新成果研究》[41]。此书基于民族复兴与新型伦理文明发展的展望,系统地总结了马克思主义伦理思想中国化最新成果的形成和发展,深入地分析了马克思主义伦理思想中国化最新成果的理论品格与历史地位,成为当前伦理学界相关研究的重要成果。此外,由于王泽应在阐发的同时还涉及了马克思主义伦理思想中国化的一些基本学术问题,具有构建中国特色伦理学的基础理论意义。而如果笔者这一观点能够成立的话,那么《马克思主义伦理思想中国化最新成果研究》的基本结论应该得到充分肯定:"马克思主义伦理思想,特别是中国化的马克思主义伦理思想,是人类伦理文明中精深高远的财富,是真正意义上的'镇馆之宝'。倘徉并流连于人类伦理文明宝库的人们在阅尽千帆之后定会把目光久久地驻留于马克思主义伦理思想,特别是中国马克思主义伦理思想这一'镇馆之宝'上。"[42]

关于中国马克思主义伦理思想为什么是人类伦理文明宝库中的"镇馆之宝"的论证，王泽应是这么展开的：实现中华民族伟大复兴是中华民族近代以来最伟大的梦想，马克思主义的传入和中国化发展对于中华民族伟大复兴具有决定性的意义，自从中国人学会了马克思列宁主义以后，中国人在精神上就由被动转入主动：不同于进化论、天赋人权论、契约共和论等思想，只有马克思列宁主义才真正开辟了中华民族摆脱落后挨打、实现民族复兴的道路；而中国共产党"学会"了马克思列宁主义，不仅持续地取得了中国革命、建设、改革的历史性胜利，而且也不断地实现了马克思主义中国化，创立了毛泽东思想和中国特色社会主义理论体系。近 100 年来，特别是改革开放以来，在中国共产党领导下，中国人民迎来了从"站起来""富起来"到"强起来"的伟大飞跃，展现了民族复兴的光明前景。至于就民族复兴和文化复兴的关系而言，由于"中华文化复兴是推动中国崛起和民族振兴的重要思想基础、精神动力、心理支撑，中华文化复兴是实现中国梦的核心要素"[43]。因此，中华"文化复兴必然要求建设中国特色、中国风格、中国气派的伦理文明"[44]。为构建中国特色、中国风格、中国气派的伦理文明，我们必须承继并弘扬中华传统美德，发扬中国精神，培育和践行社会主义核心价值观，吸收人类伦理文明的优秀成果并予以创造性转化。而中国马克思主义伦理思想不仅是构建这一伦理文明的指导思想，而且本身也是其构成的主体内容和发展的最大增量。

正是有了上述关于"民族复兴与新型伦理文明发展的展望"的论证基础，《马克思主义伦理思想中国化最新成果研究》一书就能够令人信服地阐明马克思主义伦理思想中国化的最新成果及其研究价值。在概述了马克思主义伦理思想的科学内涵和革命性变革之后，王泽应接着界定马克思主义伦理思想中国化的理论内涵和本质特征，强调这是马克思主义伦理思想在中国创造性发展与中国伦理思想马克思主义化发展的辩证统一："中国人民接受马克思主义伦理思想，既因为马克思主义伦理思想的创立是人类伦理思想史上的革命性变革，……也因为……中国社会和中国人民渴望一种既超越封建主义道德又超越资本

231

主义道德的新型道德。……马克思主义伦理思想中国化是一个不断发展、不断前进的过程,是一个只有起点而没有终点的思想应用、思想创化的前进过程。马克思主义伦理思想中国化在中国已经形成两大杰出理论成果,即毛泽东伦理思想和中国特色社会主义伦理理论体系。"[45]此外,当代中国一批马克思主义伦理学人围绕学习与研究马克思主义伦理思想中国化最新成果的思考和探索,也属于这一思想体系的有机组成部分。至于研究马克思主义伦理思想中国化最新成果的重大意义则主要在于:使我们能够更自觉地以这一伦理思想体系为指导,分析和解决当代中国面临的实际道德问题,并在这一过程中传承和发展中华优秀传统道德,吸取人类伦理文明的有益成果,构建起当代更具中国特色、风格和气派的伦理学学科、学术和话语体系。

具有充分历史根据和理论依据并众所周知的是,建立中国共产党、成立中华人民共和国、推进改革开放和中国特色社会主义事业,是五四运动以来发生在中国、中华民族、中国人民中的三大历史性事件,是近代以来实现中华民族伟大复兴的三大里程碑。这一重要论述使我们对马克思主义伦理思想中国化最新成果的时代背景、发展过程、历史地位、使命责任等问题有了进一步的深入理解。在五四运动以来的100年中,中国共产党领导中国人民,坚持马克思主义指导地位,不断推行实践基础上的理论创新,取得了新民主主义革命、社会主义革命的胜利和社会主义建设、改革开放的历史性成就。这一进程体现在道德生活和伦理学的建构领域,就是在五四运动之后,中国伦理学界出现了马克思主义、自由主义西化派和现代新儒家三大思潮之间的相互激荡。中华人民共和国的成立,特别是改革开放以来,确定了在中国化马克思主义伦理思想指导下,融通马克思主义伦理学、中华优秀传统伦理学和国外伦理学积极成果,以构建中国特色伦理学的学科、学术和话语体系的伦理学格局。与此相应,中国特色伦理学的使命就是为实现中华民族伟大复兴构建伦理秩序。在这一伦理学格局中,马克思主义伦理思想中国化最新成果不仅是当代中国最重要的伦理学,而且在意识形态领域和道德的政治导向上处于指导地位。当前,改革开放虽然已经走过千山万水,但我们仍然需要跋山涉水。为实现中华民族伟大复兴的中国梦,中国伦理学人一定要高举马克思主义伦理思想中国化最新成果的旗帜,在中华民族通过革命建设改革实现复兴的进程中履行好自己的道德责任。

必须从实现民族复兴是中华民族近代以来最伟大梦想的大历史观出发考察伦理学的发展,确认中国化马克思主义伦理思想是人类伦理文明的"镇馆之宝",宣示中国伦理学人要高举马克思主义伦理思想中国化最新成果的旗帜为民族复兴构建伦理秩序,笔者这么概括和发挥王泽应关于马克思主义伦理思想中国化最新成果的民族复兴背景等论述说的根据在于,伦理学作为一门帮助人们理解世界和自己、改造世界和自己的哲学社会科学学科,它的形成和发展虽然离不开个别专家学者的"名山之作",但比较起来,对其更重要的则是整个国家的生存和发展处境,民族在命运搏击中的道德生活,相应的人民及其领袖的伦理思考。从而,为合理考察当代中国伦理学的发展,我们需要有一个宽广和深刻的中国和世界历史视角,除了漫长的古代史背景之外,需要从自鸦片战争特别是五四运动以来中华民族为救亡图存和民族复兴而进行的前赴后继之奋斗出发。只有立足于这一根本基点来考察当代中国伦理学的进程,我们才可能把握其主流和本质,总结最重要的贡献,抓住最核心的经验,吸收各方面的成果,为其今后的健康发展奠定思想和学术基础。

毋庸讳言,尽管人数不多,但我国思想界、理论界和学术界当前还是有一些人以"纯粹学术"自居,认为马克思主义伦理学只是一种意识形态说教,没有学术上的专业性和系统性,等等。针对这种十分错误的认识,在对马克思主义伦理思想中国化最新成果的阐述和研究中,王泽应自觉地把坚持意识形态原则和深入专业学术探讨有机地结合起来,充分彰显了马克思主义伦理思想中国化最新成果、马克思主义伦理学首先是一种意识形态,但不仅仅是意识形态,同时具有独特和深厚的专业学术内涵的特质,回击了来自各方面的偏见,化解了学术界的一些误解,深化了伦理学界的相关理解。毫无疑问,作为意识形态,马克思主

233

义伦理思想中国化最新成果是我们道德建设和学科构建的指导思想；与此同时，作为专业学术，马克思主义伦理思想中国化最新成果也为我们开辟了融通古今中外各种道德和伦理学资源，与各种伦理学类型、各门伦理学分支对话交流，加强中国特色伦理学的系统性和专业性的广阔道路。从王泽应关于这方面阐发的情况来看，主要体现在其对马克思主义伦理思想中国化最新成果在经济伦理、政治伦理、社会伦理、生态伦理、道德建设、执政党伦理等应用伦理学领域的创发和体现的概括和发挥上。而王泽应的这种发挥，即使从当代伦理学之一般建构的角度来看，也体现了意识形态和专业学术统一的精神和要求。

例如社会道德建设，用伦理学专业术语来说，就是一个"如何合理地组织社会道德生活"的问题，它和"如何做一个有道德的人"一样，是古今中外所有严肃和完整的伦理学都重点关注的一个基本问题，在许多时候甚至是其关注的核心所在，具有十分重大的实践、思想和学术意义，可以说本身就是一个意识形态和专业学术相统一的问题。而王泽应对马克思主义伦理思想中国化最新成果关于精神文明与公民道德建设伦理思想的阐发，也充分说明了这一点：道德建设是精神文明建设的核心和重要环节，建设社会主义核心价值体系和核心价值观，加强社会公德、职业道德、家庭美德和个人品德建设，创新机制推进公民道德建设。这一叙述框架表明，马克思主义伦理思想中国化最新成果的道德建设思想，在坚持马克思主义在意识形态领域指导地位的前提下，面对中国特色社会主义道德生活的现实，不仅立足中华优秀传统文化，充分吸取人类伦理文明的有益成果，而且也广泛采纳了现代哲学社会科学各学科的积极贡献，其典范性体现就是倡导富强、民主、文明、和谐，倡导自由、平等、公正、法治，倡导爱国、敬业、诚信、友善，积极培育和践行社会主义核心价值观。至于王泽应的叙述也是如此，一方面自觉和严格地坚持了意识形态原则，保证了政治思想方面的正确性；另一方面则广泛和深入地依托了专业学术成就，使其研究同时具有系统的学理性。这方面的学术努力，体现在王泽应探讨社会主义核心价值观问题时联系了价值论的成果，并发挥了包尔森、涂尔干的相关观点等方面。

234

　　生态文明和生态伦理问题,在当代人类道德生活和伦理学学科的体系中,虽然不能说它与意识形态问题完全无关,因为对它的理解和处理仍然离不开具体的社会制度和社会结构;但比较起来,由于它重点和直接涉及的毕竟是人与自然的关系,因此相关探讨就更容易成为当今中外各国各派伦理学研究的共同课题,从而也就可能具有更多并不限于意识形态领域之内的学术内涵。从王泽应对马克思主义伦理思想中国化最新成果关于生态文明与可持续发展伦理思想的概括和分析来看,情况也确实如此。对于以"我们既要绿水青山,也要金山银山;宁要绿水青山,不要金山银山,而且绿水青山就是金山银山"为典范命题的相关伦理思想,王泽应的阐发框架为:生态文明的伦理内涵和基本特征,生态伦理是生态文明发展的基础和支撑,可持续发展是生态文明的精神内核,美丽中国的伦理内涵与价值。这一框架不仅深入地阐发了马克思主义伦理思想中国化最新成果关于生态文明与可持续发展伦理思想的形成发展和特殊贡献,以及把生态文明建设作为"五位一体"总体布局有机组成部分和建设美丽中国的基本战略,而且联系了 20 世纪后半叶以来整个世界的生态文明建设进程和生态伦理学的发展,对生态文明的基本特征和伦理本质,生态文明发展战略提出的必然性,生态伦理及其基本原则和规范、可持续发展观的意义、核心和实质,"美丽中国"战略的伦理内涵和建设途径等等,都作了系统性和专业性的阐发,可以说给出了一本简要的《生态伦理学》读本。

　　总之,除了基于实现民族复兴是中华民族近代以来最伟大梦想的历史背景,实现历史进程和领域涵盖的"线"和"面"两个维度的综合发挥之外,从意识形态和专业学术辩证统一的角度阐发马克思主义伦理思想中国化最新成果,是《马克思主义伦理思想中国化最新成果研究》一书的又一个重要特点,使其能够在政治和学术统一的角度深刻地阐明:"马克思主义伦理思想中国化最新成果在现当代中国伦理思想发展史上起着走向主流、汇成主旋律和引领中国伦理思想发展潮流并对人类伦理思想有重要影响的独特作用"[46],并由此有力地推进我国各领域的广大读者和专业伦理学人对马克思主义伦理思想中国化最新成果

235

的学习和理解、贯彻与践行。而作为中央马克思主义理论研究与建设工程第三批重点教材《伦理学》首席专家、国家精品课程"伦理学"领衔专家,王泽应能够做到这一点,不仅与其40年来对作为专业学术的伦理学情有独钟、努力学习、日益精进有关,而且更与其始终坚持对马克思主义的信仰,对中国特色社会主义的信念,对实现中华民族伟大复兴的信心有关。40年来,伴随着国家、民族、人民改革开放的历史进程,王泽应本人也实现了从一个生产队长到大学教授、从乡村农民到伦理学家的转变。尤其难能可贵的是,与不少同时代人相比,与不少同行相比,他始终能够自觉地坚持以马克思主义为指导从事伦理学的教学和研究工作。因此,王泽应能够写出《马克思主义伦理思想中国化最新成果研究》这样重要的著作,绝非偶然,值得伦理学界广大同行学习。

本章以《中国特色伦理学的开拓——罗国杰教授的贡献和启示》(《中州学刊》2018年第12期)和《马克思主义中国化和伦理学——兼论〈马克思主义伦理思想中国化最新成果研究〉》(《云梦学刊》2019年第3期)为基础修改写成。

注释:

[1] 王小锡等:《中国伦理学60年》,上海人民出版社2009年版,《序言》第2页。

[2] 同上书,第2—5页。

[3] 罗国杰:《罗国杰生平自述》,中国人民大学出版社2016年版,第102页。

[4] 同上书,第128页。

[5] 同上书,第201页。

[6] 同上书,第102页。

[7] 同上。

[8] 同上书,第195页。

[9] 同上书,第257—258页。

［10］同上书,第 259 页。

［11］同上。

［12］同上书,第 51 页。

［13］同上书,第 124 页。

［14］同上书,第 261 页。

［15］同上书,第 240 页。

［16］同上书,第 246—247 页。

［17］同上书,第 250 页。

［18］同上书,第 164—167 页。

［19］同上书,第 256 页。

［20］同上书,第 186 页。

［21］同上书,第 229 页。

［22］陈泽环:《道德结构与伦理学——当代实践哲学的思考》,上海人民出版社 2009 年版,第 151—152 页;陈泽环:《试论发展中国伦理学的基本类型》,《哲学动态》2007 年第 8 期。

［23］罗国杰:《罗国杰生平自述》,中国人民大学出版社 2016 年版,第 261 页。

［24］同上书,第 261 页。

［25］同上书,第 262 页。

［26］甘绍平:《伦理学的当代建构》,中国发展出版社 2015 年版,第 90 页。

［27］罗国杰:《罗国杰生平自述》,中国人民大学出版社 2016 年版,第 261 页。

［28］同上书,第 262 页。

［29］同上书,第 263 页。

［30］同上。

［31］同上书,第 264 页。

［32］同上书,第 265 页。

［33］同上书,第 265—266 页。

［34］中国人民大学伦理学与道德建设中心、中国人民大学哲学院组编:《罗国杰研究纪念文集》,中国人民大学出版社 2016 年版,第 14 页。

［35］同上书,第 107 页。

［36］罗国杰:《罗国杰生平自述》,中国人民大学出版社 2016 年版,第 269 页。

［37］吴潜涛等:《中国化马克思主义伦理思想研究》,中国人民大学出版社 2015 年版。

［38］王泽应：《马克思主义伦理思想中国化研究》，中国社会科学出版社 2017 年版。

［39］王泽应：《20 世纪中国马克思主义伦理思想研究》，人民出版社 2008 年版；王泽应编著：《伦理学》，北京师范大学出版社 2013 年版；王泽应：《社会主义核心价值体系与伦理学》，岳麓书社 2014 年版。

［40］王泽应：《道莫盛于趋时——新中国伦理学研究 50 年的回顾与前瞻》，光明日报出版社 2003 年版；唐凯麟、王泽应：《中国现当代伦理思潮》，安徽文艺出版社 2017 年版。

［41］王泽应：《马克思主义伦理思想中国化最新成果研究》，中国人民大学出版社 2018 年版。

［42］同上书，第 1 页。

［43］同上书，第 455 页。

［44］同上书，第 458 页。

［45］同上书，第 6 页。

［46］同上书，封底页。

第十八章　中国文化和道德
的"形神统一"

改革开放以来,中国的文化和道德生活发生了极为广泛和深刻的变化,其间虽然也有过曲折并伴随着复杂化过程,但总的趋势是合理的、健康的、向上的,其核心标志之一就是广大公民对传承发展中华民族优秀传统文化和道德之自觉的增强。不仅在整个文化生态中,文化和道德"全盘西化"论的影响大为降低,与传统文化和道德彻底"断裂"的做法失去了社会基础;而且在思想界、理论界和学术界,中华优秀传统文化和道德也不再只是当代文化和道德批判继承的对象和资源、继续发展的垫脚石,而是作为民族的根基灵魂、人民的心灵家园、国家的精神命脉、文化的基因血脉,成为中国特色社会主义植根的文化沃土。回顾近代以来的中西古今文化之争,毫无疑问,当代中国公民对中华优秀传统文化和道德的这种回归和认同,正是实现中华民族伟大复兴的历史进程所蕴含的必然要求。当然,为进一步做好传承发展工作,对中华优秀传统文化和道德之地位和功能的理解,我们就不能停留在具有文学色彩的描述性话语上,而是应该运用文化哲学和伦理学的话语体系和全面视角对此作出更为系统和深入的学理论证。有鉴于此,本章拟通过概括、分析和发挥朱贻庭教授的相关贡献和启示,从其"文化是具有形神统一内在结构的生命体"的命题着手,突出其对"'价值观是文化的核心','价值观是文化的灵魂——文化之神'"[1]观点的强调,就传承发展中华优秀传统文化和道德的问题作一探讨。

一、文化是具有形神统一内在结构的生命体

当代著名伦理学家、华东师范大学教授朱贻庭长期从事伦理学的教学和研究工作,在中国传统伦理思想史暨中国传统道德哲学领域作出了突出的贡献。除了主编《伦理学大辞典》[2]等论著之外,早在 1989 年,他就主编了《中国传统伦理思想史》,对我国"中国伦理学史"的教学和研究起了重要推动作用。令人敬佩的是,2017 年,已经高龄的他又出版了作为《中国传统伦理思想史》"姐妹篇"的《中国传统道德哲学 6 辨》一书,以其强烈的问题意识和精深的理论素养"探究传统道德之哲学基础,透示中国伦理之发展前景",不仅使自己的中国伦理学研究进入了一个新的阶段,而且也给我们当下探讨"传承发展中华优秀传统文化和道德"问题以深刻的启示。朱贻庭认为,由于中国传统伦理思想具有富于民族特色的道德哲学基础,因此,只有通过深入研究其道德哲学,才可能合理地把握其包括道德规范在内的思想实质。基于这一认识,他主要从六个方面展开了自己的论辩:探讨传统文化继承与发展基本路径和方法论原则的"源原之辨",研究作为中国传统道德哲学核心范畴和理论基石("天人合一")的"天人之辨",分析包含治国方针与人生价值两层含义的"义利观"及其"重义"精神的"义利之辨",还有提出"'和'的本质在于'生'"之命题的"和同之辨",肯定老子反对道德虚伪之批判精神的"本末之辨",特别是论证形神统一的文化生命结构和道德生命结构的"形神之辨"。此外,还有未编入此书的思考"再写中国伦理学"问题的"'伦理'与'道德'之辨"[3]。

毫无疑问,以上论辩都包含着深刻的理论建构,体现了老一辈伦理学家独到的学术功力,值得对其作全面的分析和汲取。但考虑到本章运用文化哲学和伦理学的话语体系和全面视角对"传承发展中华优秀传统文化和道德"问题作系统和深入的学理论证之任务,笔者以下的阐发主要围绕其"形神之辨"展开:"'文化'是具有'形神统一'内在结构的生命体。它不仅是现存着的,也是历史地延续着的。作为历史地延续

240

着的文化生命体,也就是传统文化。这就是说,传统文化也是具有'形神统一'的文化生命体,而正是在其历史地传承中铸成了一个民族的'精神命脉'。所谓优秀传统文化的继承和发展,实质上就是延续这个民族的'精神命脉'。所谓'精神命脉',就是一个民族的文化之'神',一个民族的民族之魂。所以,优秀传统文化的继承和发展,本质上就是'形神统一'文化生命的历史延续,是民族'精神命脉'的延续和发展。"[4]这里,朱贻庭提出了"文化作为形神统一生命体"的命题。在当前思想界、理论界和学术界的相关讨论中,由于用典型的中国传统文化哲学和伦理学的学术话语论证了中华优秀传统文化和道德,把相关具有文学色彩的描述性话语凝练为哲学社会科学的学术话语,发挥了一种包含"文化""形神统一""生命体""精神命脉""神""魂"等范畴的富有解释力的文化哲学和伦理学话语体系,作为可贵的理论创新,对于我们传承发展中华优秀传统文化和道德具有深刻的启示意义。

241

至于朱贻庭这么说的根据在于,"形"和"神"作为中国传统哲学的一对重要范畴,出于对人体生命结构的哲学概括,"形"指形体、肉体,"神"指灵魂、心灵;人的生命体就是"形"与"神"的统一,两者缺一不可。此外,"形"和"神"还是中国传统哲学认识论的重要范畴,并被广泛用于绘画、书法、诗歌、小说、建筑,以及伦理道德等领域,具有文化哲学和伦理学的含义。"在这一领域,'神'指文化的核心,即价值观、价值和理想,'形'指主要由语言文字、画像书帖、亭榭楼阁,以及礼仪形式、道德规范等各种文化符号所构成的丰富多彩的具象和样态。'神'内涵于'形'并由'形'而显现;'形'以载'神'并传'神'。'形''神'一体,构成了文化生命体。"[5]这样,"文化作为形神统一生命体"的命题表明,人们之所以说中华优秀传统文化和道德是民族的根基灵魂、人民的心灵家园、国家的精神命脉、文化的基因血脉,是因为文化是有生命的,具有"形神统一"的结构。在文化的传承和发展中,"形"和"神"相反相成,"形"之实体固然重要,但"神"之灵动更为核心,正是文化之"神",作为民族之"魂",支撑和引领着一个民族的生存和发展。显然,有了这样对文化之"神"和"形"及其相互关系的界定,关于中华优秀传统文化和道德作为民族的根基灵魂、心灵家园、精神命脉、基因血脉等描述性话语就都被纳入了文化之"神"的范畴,并由此开始可以得到富于中国特色的文化哲学和伦理学之学术话语的系统论证。

进一步说,"形神统一"作为文化和道德生命体的内在结构,首先是一个哲学上的概括性命题,强调文化其"神"是文化的核心,实质上指价值观、价值和理想信念;文化其"形"则指最能显现其"神"的符号和载体,它们构成一个有机的整体,适用于对各种文化具体领域的理解。而从特殊性上看,不仅文化其"形"表现多样,而且文化其"神"也内涵丰富。例如,对于无论是绘画艺术的传神写照,诗歌作品的以文言志,书法创作的以形传神,小说戏剧的虚事传神,园林建筑的神寄影中,"形神统一"不仅强调了这里的"神"都是通过艺术形象("形")而显现的美学价值;而且也告诉我们,不同于礼仪道德其"神"主要是伦理性的,文学艺术其"神"则主要是审美性的。此外,我们似乎还可以补充说,科学技术之"神"主要是认知性的。"总之,'形具神存','形毁神灭';'神'涵于'形','形'显现'神'。'形'既是结构性的概念,是'神'的载体,又是功能性的概念,它的功能就是'传神'。而'神'为'君形者';'形'无其神,也就成了无魂的躯壳,于是文化也就丧失了生命活力。'形''神'统一,'形''神'一体,正构成了文化的生命结构。"[6]显然,这里对"价值观是文化的核心和灵魂"即文化之"神"之强调,赋予"文化作为形神统一生命体"命题以更重要的意义:对当前传承发展中华优秀传统文化和道德的努力来说,在使"文化是民族的根基灵魂、人民的心灵家园"等论断成为学术话语的基础上,启示我们在传承发展中华优秀传统文化和道德时,要把努力方向集中在实现对其价值观的创造性转化和创新性发展上。

文化是一种极为复杂的现象,对其的理解和把握可以从各种视角进行。例如,被视为现代文化人类学创始人的英国人类学家泰勒的文化定义是整体性的,至少包括知识技能和道德风俗两个基本维度:"文化或文明是一个复合的整体,包括知识、信仰、艺术、道德、法律、风俗,以及人作为社会成员而获得的一切技能和习性。"[7]参照这一定义,人们既可以整体性地考察文化,也可以着重从其中的一个领域出发考察文化,以相对于自己设定的认识对象和实践目标。如果这样来看"文化作为形神统一生命体"命题的涵义:"'神'指文化主体的价值观以及由价值观指导下的价值创造,或者说是文化主体的真善美追求及其在创作中所达到的境界;'形'指各种'人化'的文化形态的具体样式"[8];那么似乎可以说,这一含义既适用于对文化的整体性考察,也适用于对文化的领域性考察。至于就朱贻庭的本意而言,则主要是一种领域性的考察,即他的文化概念主要指向艺术和道德风俗,而不包括生产力领域、社会制度的知识技能,等等。现在的问题则是,他这样主要从艺术和道德风俗领域理解和考察文化,合理吗?对此,笔者认为,由于朱贻庭的目标是要为传承发展中华优秀传统文化和道德提供方法论原则,因此,其把价值观视为文化的核心和灵魂,并从这一视角把握和考察艺术和道德文化,作为一种特殊的文化观,是有充分理由的。当然,在进行这样论证的同时,人们也应该认识到,这只是一种特殊视角,在以其为基础的同时,我们也有必要和可能推进、丰富和发展这一视角的成果。

243

二、形神统一也是伦理道德的文化生命结构

以上从学术话语和文化观念两方面,笔者不仅初步阐发了朱贻庭"文化作为形神统一生命体"命题的基本内涵和重要意义;而且还指出了这一命题中的文化概念,主要指相对于经济和政治领域之"作为思想性或精神性的"文化领域,即文化哲学中的狭义文化或小文化,而不是文化哲学中的大文化,即包括物质文化、制度文化和精神文化三大领域整体的广义文化。显然,从其论证来看,这里的文化确实是小文化,包括绘画诗歌、小说戏剧、书法建筑、伦理道德、思想理论,等等。当然,即使在小文化的范畴内,"文化作为形神统一生命体"的命题也能够学理化当前关于传承发展中华优秀传统文化和道德的讨论,深刻地说明实现作为传统文化之"神"的中华优秀传统价值观之创造性转化和创新性

发展,实际上就是民族之魂、民族精神命脉的延续和发展。但是,笔者有一个设想,如果"文化作为形神统一生命体"命题中的文化指广义的大文化,这样我们是否可以用"形"指物质文化和制度文化,用"神"指精神文化,也就是用"形"和"神"这对范畴更直接和更广泛地来考察一个民族及其文化的生存和发展,以至于说"中华民族""中华文化"本身也就是一个具有"形神统一"内在结构的生命体?这样做是否更有利于我们传承发展中华优秀传统文化和道德?笔者认为,这种可能性是存在的;但由于涉及复杂的理论建构,需要在本章以下的探讨中逐步展开。

244

这就是说,朱贻庭主张"形神统一"适用于思想性或精神性的小文化现象,而不像"形式与内容的统一"等范畴那样适用于宇宙的一切事物;至于其是否只能在小文化中运用,而不适用于大文化范畴,对此他并没有明确和集中地进行论述,因此应该是可以讨论和开放的。有鉴于此,围绕"形神统一也是伦理道德的文化生命结构",笔者接着先在小文化的范畴内继续考察"文化作为形神统一生命体"的命题:"形神统一"除了是中国传统美学文化的创作原则和生命结构之外,还是伦理道德的生命结构。"中国传统的礼仪(狭义的'礼')之作为一种道德形态,是主体通过践行具体的行为规范和行为样式,以表达对客体的'恭敬'、'辞让'(谦让)之心。……前者是礼仪节文,后者则是主体内心的恭敬和辞让的道德价值和道德情感,或曰礼仪道德。……'礼仪三百,威仪三千,孰非精神心术之所寓。'……可见,礼仪道德作为文化的一种具体形态,同样具有'形神统一'的生命结构。"[9]这里,通过用"形神统一"来界定儒家礼仪道德的生命结构,不仅充分展示了这一范畴在思想性或精神性的小文化领域中的广泛适用性,而且笔者的探讨也随之从文化哲学转进到了伦理学领域。人类的道德活动是一种丰富和复杂的活动,包括内与外、形式和内容等多个方面,可以从多种视角、用各种范畴解释其多种面相;但是,由于儒家礼仪道德活动在"形""神"兼具方面的典型特征,这一界定和考察的方法论意义也就特别重要。

基于伦理道德也是"形神统一"结构的文化生命体观念,在伦理道德的实践领域,朱贻庭强调了重"神"是儒家关于礼仪实践的一条基本原则:"儒家更重视礼仪其'神',而礼仪其'形'之所以必要,在于其能表达践行者的恭敬、辞让之心;为了表达恭敬、辞让之心,礼的仪式节文是少不得的。……但是,礼仪之'形'毕竟是为礼仪之'神'服务的。……道德能以感化人心的主要不是其'形',而是通过'形'而显现的'神'。"[10]至于在伦理道德的理论领域,也可以说在中国传统文化的理论领域,他指出中国经、史、子、集四部的古代文献也都是"形"与"神"的统一。"其'形'就是文字典章,其'神'就是内涵于文字典章并通过文字典章而体现的义理和价值观。一部中国传统思想史正是通过经、史、子、集这些文字典章载体而内涵的义理、价值观演变、发展的历史。其中就包含着中国优秀的传统文化。我们今天之所以要保护中国固有的语言文字和文化典籍,其根本的目的就是要保护、继承和弘扬承载于其中的优秀的义理和价值观。"[11]而作为内涵于中国古代伦理道德之"形"中的"神"的优秀义理和价值观,在他看来,就是足以标识中国古典哲学宇宙观和思维方式特征、包括道德本体论和人生修养精神境界说的"天人合一"之宇宙结构模式和"赞天地之化育"之人生修养论,以及在社会治理层面上体现为执政者的治国价值方针和社会价值取向,在人生哲学层面上体现为人生的价值方针和价值取向的"重义"之义利观。必须强调,在当前对中华优秀传统文化和道德基本内涵的各种概括中,朱贻庭的上述观点是值得重视的一家之言。

245

　　总之,应用文化和伦理道德"形神统一"的辩证法,朱贻庭关于文化和伦理道德其"神"即价值观是文化的核心和灵魂的论证具有重要的理论和实践意义。例如,为加强当代社会的礼仪文明和道德建设,我们既要重视礼仪节文和道德规范的构建,更要把功夫放在激发和确立人们的道德情感和道德信念上。而在更广泛的传承发展中华优秀传统文化和道德方面,把握"形神统一"的辩证法也提示我们:在保护传统文化之"形"的同时,我们更要"使优秀的传统文化之'神'与时代精神相融合并通过现代的文化之'形'而得以弘扬"[12]。当然,在充分肯定朱贻庭"文化作为形神统一生命体"命题的同时,我们也必须看到,正如本章已经指出的那样,其"形神之辨"毕竟主要是在小文化之内进行的,而没有充分结合大文化的范畴一起展开。对于我们来说,这也就蕴含着进一步发挥的余地,即对其进行丰富和发展的可能。为更好地理解"价值观是文化的核心和灵魂"即文化之"神",为更好地发挥"文化是民族的根基灵魂、人民的心灵家园"等论断的建设性功能,就有必要把"文化作为形神统一生命体"命题的适用范围从小文化推进到大文化。为实现这一推进,我们需要汲取中外学术界的相关成果。而在这方面,各派各种文化哲学和文化人类学的研究已经为当前的探讨提供了丰富的思想、理论和学术资源,其中尤其是 20 世纪 80 年代我国"文化大论争"[13]的积极成果更值得我们重视。这一"大论争"不仅推动了当时的"文化热",而且也为现在的文化哲学发展创造了条件。

先从国外文献来看,小文化(观)和大文化(观)作为现代文化哲学和文化人类学的基本范畴,各个学派和学者对此均有独特的理解。例如,英国哲学家伊格尔顿认为大文化:"作为一整套生活方式的文化概念,在部族社会及前现代社会比在现代社会更为有效。……部落民族不会把他们的劳动与商业看作一个被今人称为'经济'的自主领域,与精神信仰和传统责任毫不相干。不同的是,在现代社会中,经济不再关乎有着悠久历史的权利与习俗。"[14]这就是说,小文化和大文化的区分首先取决于各自研究对象的不同,"小文化观"适用于考察现代领域或功能分化的复杂社会,"大文化观"则适用于考察生产力水平低下的"领域合一"共同体;其次,正是由于这种研究对象及其制约,导致了小文化观往往把社会区分为经济、政治和文化等领域,并基于经济、政治领域内时间因素的突出,其主要关注点在于文化的时代性维度,强调经济、政治对(精神)文化即价值观的决定性或制约性("传统向现代的转变"或"资本主义向社会主义的转变")。而大文化观从"一整套生活方式"研究各个社会或共同体,由于这里的空间因素突出,因此主要关注其民族性维度,强调(精神)文化即价值观在整个(物质、制度和精神)文化中的核心地位("文明互鉴"或"文明冲突")。对文化的研究,既可以有上述的小文化观和大文化观的不同侧重,也应该有小文化观和大文化观的相辅相成。因此,即使基于不仅从小文化观,而且也从大文化观出发全面理解"价值观是文化的核心和灵魂"的一般要求来看,把"文化作为形神统一生命体"命题从小文化向大文化的推进,也是很有必要的。

三、形神统一结构由小文化向大文化的推进

就国内的文献而言,为进一步理解这一推进的必要性,除了张岱年强调"坚持民族的文化独立性"[15]之论述外,庞朴把文化理解为人之本质的展现与成因,具有民族性与时代性两个最基本的属性,包括物质、制度和精神(心理)三个层面,强调为发展中国特色社会主义文化,关键就在于要处理好文化的民族性和时代性之间的关系的观点,特别富有启发性:"文化的本质属性,即民族性和时代性。任何一种文化,都是一定时间内一定地域上的社会现象,因此我们可以从空间和时间上去看文化。从空间上看文化,可以看出它的民族性;从时间上看文化,可以看出它的时代性。"[16]"如果这样来理解文化的话,那么文化既是一个一元的、向前发展的,同时在不同条件下,不同民族的人所形成的文化又是各自具有自己特点的一些不同类型。"[17]显然,这一文化观是广义的大文化观和狭义的小文化观之综合,在坚持文化不仅限于文学、艺术、教育、科学等意识范围,而且还包括人类从野蛮到文明、从文明程度较浅到较深的全部发展之大文化观的同时,也承认主张社会划分为经济、政治和文化等领域的小文化观。由于认识到中国特色社会主义文化必须把民族性和时代性结合起来,他在这方面发挥的独特见解十分有助于我们进一步理解"文化作为形神统一生命体"命题从小文化向大文化推进的必要性及其思想实质:综合小文化观和大文化观研究文化和道德问题,即综合文化的时代性与民族性比单纯或主要讲文化时代性的小文化观更有利于传承发展中华优秀传统文化和道德。

这种强调民族性和时代性是文化本质属性的文化观告诉我们,由于基于领域分化及其不可避免地突出文化的时代性维度,在小文化观的框架内,相对于作为"本原""根基"的社会现实经济、政治结构,传统

247

文化和道德往往只是新文化生成的"渊源"和"资源",而不能被充分视作一个民族的"根基"和"灵魂";这就是说,小文化观强于坚持文化的时代性,"具备意识形态的明快性和文化建设的实践性"[18]的优点,我们必须坚持,不能放弃;但也必须承认,它弱于发挥文化的民族性。而注重民族性正是传承发展中华优秀传统文化和道德的关键和重心所在,但这又是当前我国思想界、理论界和学术界相对缺乏的。这就是说,小文化观如果不与大文化观结合起来,就不利于把"文化作为形神统一生命体"的命题坚持到底,即把物质文化、制度文化视作整个文化之"形",把精神文化视作整个文化之"神",从而也就限制了其"价值观是文化的核心和灵魂"的观点在传承发展中华优秀传统文化和道德中的意义。因此,为充分发挥这一命题更广泛和深刻的解释功能,我们就不能把其限定在小文化的范畴之内,而要使它适用于大文化。我们不能仅在时间性维度,也要综合时空维度来考察传承发展中华民族优秀传统文化和道德问题。因为,仅仅把传统文化视作现代文化的生成之"渊源"和"资源",而不是"根基"和"灵魂",实际上就不仅忽略了经济、政治结构的民族特性,也忽略了我们不仅是生活于现实经济、政治结构中的"时代人",同时也是无法摆脱自己历史文化基因的"民族人"。我们不可能站在传统之外批判继承,而只能在传统之中传承发展中华优秀传统文化和道德。

鉴于在近代以来中西文化之争的进程中,我国思想界、理论界和学术界在把握文化的民族性与时代性关系上曾经出现过的偏差,为更好地传承发展中华优秀传统文化和道德,我们就必须合理地对待文化的民族性和时代性的辩证关系,即处理好文化问题上的"时民之辨",在坚持文化时代性的基础上,更重视文化的民族性,更自觉和更积极地传承和发展本民族的文化之"神"、道德之"神"。这就是在文化哲学和伦理学的研究中,自觉地把小文化观和大文化观、小伦理观和大伦理观结合起来,把"文化作为形神统一的生命体"命题从小文化观推进到大文化观领域的实质意义所在。当然,我们也应该看到,在朱贻庭的"文化作为形神统一的生命体"命题中,本身就蕴含着把"形神之辨"从小文化向大文化的扩展的可能。例如,为阐发其"价值观是文化的核心和灵魂"的观点,他发挥了马克思关于"文化是人类的价值创造,是人的自由自觉劳动的产物,是人的'类特性'即'自由的有意识的活动'或曰'人的本质力量'的对象化"[19]的思想,认为文化就是"人化的自然界"即"人化"。"文化不是自然物,而是人在社会实践中按照人的价值理想和目的对自然物对象进行了改造的产品,因而文化的生命和本质是人在社会实践中作用于并赋予对象物的价值观和价值。"[20]显然,这里的文化就不仅是思想性或精神性的小文化了,而是物质文化、制度文化、精神文化的大文化。因此,把"文化作为形神统一生命体"命题从小文化向大文化的推进,实际上也是其"形神之辨"的内在要求。

当然,把"文化作为形神统一生命体"命题从小文化推进到大文化,也意味着传统的"形神之辨"获得了新的历史哲学、文化哲学和伦理学的内涵。由于从"一整套生活方式"的大文化观理解文化,物质文化、制度文化就成了整个文化之"形",精神文化则成了整个文化之"神"。这种综合了小文化和大文化之"文化"中的物质、制度和精神之间的"形神"关系,显然就不只是小文化中的"'神'涵于'形','形'显现'神'"的结构和功能关系。鉴于社会存在不仅仅是社会现实的经济关系、政治状况及其变革,还包括民族历史的经济关系、政治状况及其变革。这种新的文化观就不仅揭示了经济和政治制约文化和道德、文化和道德反作用于经济和政治的线性时代性关系,还揭示了相对于经济和政治,文化和道德最具民族性的多元民族性关系。就精神文化之"神"对经济和政治文化之"形"的作用方式而言,不同于小文化观主要对此作外在的反作用理解,大文化观则认为,精神文化是通过内在于、渗透于、弥散于所有经济和政治活动之中,作为其"根基"和"灵魂"而发挥作用的。这样综合性地来理解文化和经济、政治的关系,理解文化对经济、政治的作用,显然更能论证"价值观是文化的核心和灵魂"、中华优秀传统文化和道德作为民族的根基灵魂、人民的心灵家园、国家的精神命脉、文化的基因血脉,价值观可以成为中国特色社会主义植根的文化沃土等论断。因此,为真正和充分地发挥"文化作为形神统一生命体"命题在传承发展中华优秀传统文化和道德中的建设性功能，我们要自觉地把小文化观和大文化观、小伦理观和大伦理观结合起来。

这里的小伦理观和大伦理观范畴，是笔者参照文化哲学和文化人类学关于小文化和大文化区分的研究成果，为丰富、扩展和深化伦理学研究的基础理论而提出的一种设想。[21]在我国现代伦理学的发展中，构思系统和影响最大的研究和教学成果是建立在小伦理观之基础上的。这种小伦理观认为伦理道德作为一种社会意识形式，受经济和政治的制约又反作用于经济和政治，强调伦理道德的时代性维度，不仅为"五四运动"及其之后的道德革命提供了思想和理论武器，而且在加强中国特色社会主义伦理道德建设的过程中，也是一个不可放弃的基本理论维度。然而，由于小伦理观内在地蕴含着的伦理道德线性进化的观念，在理解和坚持伦理道德的民族性方面有所缺弱，难以为中华优秀传统文化和道德作为民族的根基灵魂、人民的心灵家园、国家的精神命脉、文化的基因血脉等论断作出充分的论证。这就提出了实现伦理学研究的基础理论从小伦理观向大伦理观推进的要求。而大伦理观主要从民族性的维度定义伦理道德，把它理解为整个民族生活的独特伦理追求、道德基因、德性标识、规范支撑。至于中华优秀传统伦理道德，则把它理解为现代革命道德和社会主义先进道德的深厚基础。因此，构建中国特色的伦理学学科、学术和话语体系，为实现中华民族伟大复兴构建伦理秩序，必须丰富和发展伦理学的基础理论，努力实现小伦理观和大伦理观的综合。就本章的探讨而言，这也可以说是朱贻庭教授关于"文化作为形神统一生命体""价值观是文化的核心和灵魂"的论证给予我们的学科建设启示。

本章以《中国文化和道德的"形神统一"——朱贻庭教授的贡献和启示》（《伦理学研究》2019 年第 4 期）为基础修改写成。

注释:

[1] 朱贻庭:《中国传统道德哲学 6 辨》,文汇出版社 2017 年版,第 192 页。

[2] 朱贻庭主编:《伦理学大辞典》,上海辞书出版社 2011 年版。

[3] 朱贻庭:《"伦理"与"道德"之辨——关于"再写中国伦理学"的一点思考》,《华东师范大学学报(哲学社会科学版)》2018 年第 1 期。

[4] 朱贻庭:《中国传统道德哲学 6 辨》,文汇出版社 2017 年版,第 3 页。

[5] 同上书,第 177—178 页。

[6] 同上书,第 199 页。

[7] 冯天瑜主编:《中国文化辞典》,武汉大学出版社 2010 年版,第 2 页。

[8] 朱贻庭:《中国传统道德哲学 6 辨》,文汇出版社 2017 年版,第 190 页。

[9] 同上书,第 185—186 页。

[10] 同上书,第 186—188 页。

[11] 同上书,第 188—189 页。

[12] 同上书,第 203 页。

[13] 邵汉明主编:《中国文化研究 30 年》,人民出版社 2009 年版,(上卷)《前言》第 1 页。

[14] 伊格尔顿:《论文化》,中信出版集团 2018 年版,第 7—8 页。

[15] 陈泽环:《论中华民族的文化独立性——基于张岱年文化哲学的阐发》,《上海师范大学学报》2018 年第 1 期。

[16] 庞朴:《三生万物——庞朴自选集》,首都师范大学出版社 2016 年版,第 192 页。

[17] 庞朴:《师道师说 庞朴卷》,东方出版社 2018 年版,第 84 页。

[18] 陈泽环:《时代性与民族性:文化自信的学术建构》,《深圳大学学报》2018 年第 4 期。

[19] 朱贻庭:《中国传统道德哲学 6 辨》,文汇出版社 2017 年版,第 191 页。

[20] 同上书,第 192 页。

[21] 陈泽环:《文化自信中的文化观与伦理学——三论新时代伦理学话语体系的构建》,《东南大学学报》2018 年第 4 期。

第十九章　中华文明、大文化观
与公民道德

　　近年来,在我国的伦理学研究中,许多学者日益基于"文明"即"大文化"的视角探讨道德建设和伦理学的基础理论问题。例如,李建华等的《中国道德文化的传统理念与现代践行研究》认为,由于在"整体文化"(大文化)的物态、制度、行为、心态四个文化层中,心态文化层(社会心理和社会意识形态)是其核心部分;因此,"就道德文化理念在文化结构中的地位而言,如果从人类文化的宏观角度看,道德文化理念在各民族文化中都居于纲常性地位,它是民族文化精神的核心要素,是国民的精神支柱,也是社会共同理想信念的核心要素。……人们正是通过这些道德文化理念来区分和把握这些文化的"[1]。而王泽应等的《中华民族道德生活简史》更是自觉地以"再造中华伦理文明"[2]为抱负的。但是,对于人们从"文明"即"大文化"视角面对现实道德生活和从事伦理学研究来说,振聋发聩的启示则来自《新时代公民道德建设实施纲要》中的第一句话:"中华文明源远流长,孕育了中华民族的宝贵精神品格,培育了中国人民的崇高价值追求。"[3]那么,为什么道德建设和伦理学研究的"文明"即"大文化"视角现在变得如此重要呢? 为澄清这一问题,显然有必要分析"文明"即"大文化"的定义,并探讨这一视角的社会背景、思想意义和落实措施。有鉴于此,本章拟基于当代中国学术界关于"中华文明"的研究成果,从文明指具有特定文化精神传统的大社会共同体、中华文明根柢与经脉论的背景与方法、传承作为中华文明和文化精髓的传统美德三方面,对道德建设和伦理学研究的"文明"即"大文化"视角问题,做进一步的探讨。

一、文明指特定文化精神的大社会共同体

关于"文明"即"大文化"的定义,范正宇认为文明"与广义文化同义","广义文化"即'大文化'"[4],包括物质文化、精神文化、行为文化或物态文化、制度文化、心态文化,而区别于主要指"精神文化"的狭义文化或小文化。对这一定义,当然也有不同意见,但毕竟可以作为本章考察的起点。例如,袁行霈等主编的《中华文明史》指出:"人类的出现,特别是人类文明的出现,是宇宙间的一大奇迹。……文明可以分解为物质文明、政治文明、精神文明三个方面,这三方面对应着人类和自然的关系、人类的社会组织方式,以及人类的心灵世界(思想的、道德的、美感的)。前两个方面是具体可感的人类生存方式,是文明的外部现实。第三个方面是文明的另一种现实,即无涯无涘的思维的想象的空间。当然,精神文明也常常外化为物质的或政治的现实。"[5]作为一部主要以"史学"为专业的著作,《中华文明史》虽然没有对"文明"定义作更多的理论阐释,但其毕竟给出了一个关于"文明",特别是其形态和构成之明确、基础性、内涵丰富的定义:文明包括物质文明、政治文明、精神文明三个方面;同时,相对于经济、政治与文化的通常区分,作者还突出了"文明"的总体性。由于在历史学的一般叙述中,通史的常规写法往往偏重于政治史,特别是社会形态发展史,但文明包括物质文明、政治文明和精神文明;因此,文明史的写法应当有别于社会形态史,必须总体考察文明各个方面的状况。正是基于对"文明"的这种理解,《中华文明史》不仅贡献了一部重要的代表性著作,而且也启示我们合理地理解和把握"文明"、特别是"中华文明"中那些能够反映其总体面貌的标志性成果,理解和把握中华文明在世界文明进程中的地位、中华文明的思想内涵、演进和分期以及未来。

此外,方汉文也给出了关于"文明"的独特解释,在探讨了"文明是

精神与物质创造的总和"、线性进化的"文明启蒙观念"和"文明作为民族的独特创造"等流行观点之后,提出了自己的定义:"文明是一种人类与自然和社会关系的作用模式,是这种关系的形态化。不同民族与社会团体有不同的自然环境、有不同的人类社会特性,这就规定了它会形成不同的作用模式体系,这就是文明体系。"[6] 其次,就其结构而言,他认为文明基本上可以区分为或者说包含着三个大的层次与五个主要项目,即各国与各民族人民的衣食住行等物质生活条件及其风俗习惯,社会生产类型,国家和法律制度及机构,语言文字、科学技术,文明的精神取向:宗教信仰、思想观念、文明逻辑与民族精神等。这里可以看到,与袁行霈相比,方汉文的文明定义在"比较文明学"的意义上是明显深化了。除了在一般理解以及结构规定上的"所见略同"之外,他不仅坚持了"文明体系"的民族特性,而且强调了文明与自然之间的互为辩证关系,人为自然立法与自然已经为人类立了法的相辅相成。应该肯定,在国内学术界,这种具有"生态性"理念的文明观还是少见的。这样,方汉文就可以基于更宽广的视野从整体上把握人类文明的过去、现在和未来:"人类文明的历史周期不是由人类单方面决定的,文明的总体发展趋势取决于这种文明类型与地球环境之间的和谐程度。……未来文明的模式,……应当是一种以人文精神为指导的,以科学技术为社会动力的文明,可以称之为人文科学文明。……中国的儒学人文对于未来文明的精神支持会高于西方一神教或是其他一神教。……而从社会生产与科学技术来看,西方科学将会是社会动力的主要来源"。[7]

从笔者探讨道德建设和伦理学研究的"文明"即"大文化"视角问题的要求来看,如果说以上袁行霈、方汉文的文明观还只是理论基础的话,那么赵轶峰的相关探讨则进了一步。这么说的根据在于,不同于其他一般性的阐述,他明确地从区分"单数"或"复数"的文明概念展开其论证:在18世纪中后期的西方语言中,"文明"作为一种价值尺度是单数的,但是从20世纪20年代前后开始,复数的文明观被逐渐得到承认。"20世纪中叶以来,人们普遍使用文明这个概念的时候,实际上有

18世纪以来逐渐形成的双重含义,一重是表示与野蛮相对的进步、发达、开化的属性,另一重是指在历史上曾经有持续性表现并实现了自具特色的物质和精神创造同时构成大范围群体认同的人类社会共同体。后者就是将文明看作具有较大规模、复杂分工和管理体系并展现出复杂精神生活的具有持续性的人类社会共同体及其传统。"[8]即文明指具有独到精神特质或特定文化精神传统的大社会共同体,并强调"只有在这种意义上,才可能讨论不同文明之间的交往、互动、冲突、融合之类的问题"[9]。显而易见,这一文明观具有两种基本含义:第一,同"文化"有"一元与多元"之争一样,"文明"也有"单数与复数"即"共同性与多样性"之辨。作为对人类思想史历史性成就的继承与发展,当今时代在处理文明之"共同性与多样性"的辩证关系时,应该把重点放在多样性上。只有这样,人们才可能合理地理解和妥善地处理不同文明之间的交往、互动、冲突、融合。第二,作为把握文明多样性的基准,虽然要总体性地考虑人类各大社会共同体之自具特色的物质和精神创造,但主要应基于其独到的精神特质或特定的文化精神传统,特别是在当代"经济全球化"(各文明的经济生产方式和物质生活方式的技术条件等日益一体化)的世界中。

255

综上所述,文明和文化是个极为复杂的大概念,每一学科均有不同的定义,各学科中各学派的定义也不相同,人们按照实践需要对其重点的强调则更有差别。如果说,在18世纪后期到20世纪初期,单数的文明观占据主导地位;那么,自第一次世界大战之后,复数文明观的影响越来越大。例如斯宾格勒之比较文化形态学的文明观,汤因比论文明作为历史研究的基本单位;特别是亨廷顿的"文明冲突论":文明和文化都涉及一个民族全面的生活方式,文明是放大了的文化,包括哲学假定、基本价值、社会结构以及习俗、祖先、宗教、语言、历史等,其中最重要的是宗教,作为最广泛的文化实体,文明是对人最高的文化归类、是人们文化认同的最广范围。还有许倬云关于文明是人类史上重要的文化系统:包括社会制度、价值观念、经济发展、国家形态等要素的文明论;同样也包括上述赵轶峰论文明是一种独具特色的文化、社会、制度类型,是人类总的生存和发展中一种值得专门了解的大共同体存续传统,其基本特征体现在这种文明的生产和生活方式、信仰和价值取向、制度设置中独有的文化精神、语言艺术的特征等所有方面。这一切,都为我们把文明理解为"具有特定文化精神传统的大社会共同体"和处理包括伦理道德在内的文明多样性提供了思想资源。当然,对于具有共同性与多样性两种特性的文明来说,正如庞朴所指出的那样:"文化阶段说与文化模式说,文化一元论与文化多元论,是关于文化的两类最基本的理论,它们分别强调了作为社会现象的文化的两大不同基本属性——时代性与民族性,因而各自具有一定的真理性。"[10]我们在重点坚持"复数"的文明观、强调其多样性的同时,也要避免把它绝对化,忽略其共同性的另一方面。

二、中华文明根柢与经脉论的背景与方法

以上概括分析了袁行霈关于包括物质、政治、精神三方面的文明观,方汉文对文明的民族性和生态性之坚持与强调,赵轶峰论文明指具有特定文化精神传统的"复数"大社会共同体,并简略地提及了斯宾格勒、汤因比、亨廷顿和许倬云等的文化与文明思想。在此基础上,笔者认为,鉴于"经济全球化"等的现实,当前我们在理解和处理文明的一元与多元、单数与复数、共同性与多样性的辩证关系时,应该把重点放在多样性上。至于作为把握文明多样性的基准,主要应考虑其包括伦理道德在内的独到精神特质或特定文化精神传统。如果上述分析和观点能够成立的话,那么可以说这些论述已经基本从学理上回答了本章开头提出的"为什么道德建设和伦理学研究的'文明'即'大文化'视角现在变得如此重要"的问题。面对世界百年未有之大变局,不同于其他着重文明或文化之共同性(时代性)的理论框架,例如相对于经济、政治领域的小文化领域范式,突出文明或文化之多样性(民族性)的理论框架,即把握人类创造成果之总体性的文明或大文化范式,对于当代中国的公民道德建设和伦理学研究来说,在国内更有利于通过提高最广大公

民包括伦理道德在内的文明或文化认同以增强其国家和民族等政治认同,更有利于加快构建中国特色伦理学的话语体系;在国际上则更有利于我国通过文明交流互鉴,避免各国之间的意识形态对抗和文明冲突,构建人类命运共同体。同样,有了上述学理基础,再来看这些重要的思想和命题,例如中华文明孕育了中华民族的宝贵精神品格,培育了中国人民的崇高价值追求;中华文明绵延数千年,有其独特的价值体系;中华文明历来把人的精神生活纳入人生和社会理想之中;对绵延5 000多年的中华文明,我们应该多一份尊重,多一份思考;推动中华文明创造性转化和创新性发展;要尊重世界文明多样性,以文明交流超越文明隔阂、文明互鉴超越文明冲突、文明共存超越文明优越;就觉得可以理解多了。

　　进一步说,对于上述问题的回答与对这些重要思想和命题的理解,人们还可以从姜义华关于"中华文明的三大根柢与五个经脉"的研究中获得理论与现实的启示。在2012年出版的《中华文明的根柢——民族复兴的核心价值》一书中,他指出,由于不仅能够自觉地立足自己文明的根柢,而且能够对这一文明根柢进行创造性发展和创新性转化,中华民族正在实现伟大复兴:"中国由大乱重新走向大治,是依靠了传统的政治大一统国家在新形势下的变革和重建。……中国传统的家国共同体有其黑暗与残酷的一面,但更有其有效化解社会冲突、凝聚全体社会成员为一体的积极功能。……以天下国家为己任、自强不息的民族精神,是中华文明几千年一直生生不息的强大精神支柱。"[11]此外,他还提炼了"中华文明的经脉"的概念,认为中华文明是一个有机的整体,包括知识体系、价值体系、政治经济和社会实践体系、话语体系等,即以人为中心重历史联系、重社会实践的知识谱系,以责任伦理为核心的价值谱系,大一统国家选贤任能的国家治理,互助互惠型社会自组织的自我管理等,构成这个整体的主要经脉。这里,姜义华基于文明包括物质文明、制度文明、精神文明,包含人们的生产方式与生活方式的一般理念,把扎实的学理基础与强烈的现实关怀有机地结合起来,丰富和发展了国内学术界的相关研究,从经济、政治、社会、文化(道德和学术)方面,对中华文明的基本特征、历史命运、当下发展、未来前景等提出了自己独特的看法，不仅有助于人们深入地理解中华文明作为一个具有特定文化精神传统的大社会共同体的特殊结构与核心价值，而且有助于伦理学界从"文明"即"大文化"的视角面对现实道德生活和从事伦理学研究。

当然，对于当代伦理学界承担的理论和实践使命来说，与姜义华对中华文明的根柢和经脉的特殊解释相比，更重要的是其得出相关规定的社会背景和学术思想。在后"冷战"时代的世界中，西方现代性理论往往用经济发展程度与"竞争性民主"与否来解释全球范围内东西方或南北两半球的矛盾，鼓吹一种扩张性的"普世价值"。但由于不同的国家和地区有不同的文明基础，导致其现代性的人文内涵差异极大，在实现现代化时必须选择真正符合自己实际的道路。与单一现代性范式相比，坚持"复数"的、多样性的文明范式显然有利于尊重和保护各国人民不同的生活方式、不同的情感、不同的信仰、不同的价值追求以及选择自身发展道路的权利。由此，鉴于汤因比对必须研究世界多元文明之构成的阐发，亨廷顿关于后"冷战"时代多元文明在国际关系中重要地位的强调，姜义华指出"文明问题之所以在当今时代凸显出来，更为深层的原因是，……知识、文化、科技、信息的霸权及鸿沟正深刻改变着全球竞争、全球控制、全球治理的态势与方式。在这个问题上，我们如果缺乏足够的自省、自觉和自信，势必难以避免成为某些西方文化霸权主义、文化帝国主义的精神俘虏或屈从者。……这反过来告诉我们，文明的自省、自觉和自信，绝非是可有可无、可以掉以轻心的事情"[12]。应该说，这就是他高度重视当今世界上不同文明之间的关系，对中华文明的根柢和经脉作出特殊解释的社会背景即实践要求，包括对强化国内公民的文明与文化认同重要性的强调，以及对在国际上各国在文明问题上交流互鉴必要性的阐发，特别是对一些人无视中国发展成就，对中国道路不屑一顾之错误的揭示，在国内思想界、理论界、学术界的相关研究中具有十分积极的意义。

关于其"中华文明的根柢和经脉"论的学术思想和研究方法，基于中华文明几千年来一直在走自己的路,具有自己的特殊性,姜义华也有这样的提示:"回顾近代以来中国史学的发展过程,我们会发现史学界曾经激烈争论的一些重大问题最终几乎都以无解而搁置。原因何在?一个重要原因就是百年来我们对中国历史做出的解释,一些基本依据、基本前提、基本框架起初大多是从西方来的,是经过日本阐发传输而来的;后来我们的马克思主义的解释,好多也是经苏联诠释传输而来的。"[13]虽然这些新的观念和分析框架推动了中国新史学的形成和发展,推动了中国革命、建设、改革事业的发展,但同时也妨碍了人们对中国历史的全面认识,甚至还导致了一些人在思想上文化上的"被殖民",当然也使我们在中华民族的复兴进程中付出了代价。为此就有必要认真审视我国史学理论框架与话语体系的不足,以马克思主义为指导超越欧洲中心主义的线性和平面历史观,在深化研究中推进史学理论框架与话语体系的创新,建立一种合乎中国历史实际的历史观和文明观。至于其"中华文明的根柢和经脉论"之目的,就是要寻找一种能够比较客观地说明中国历史、中华文明的新框架,还中国历史以本来面目,还中华文明以本来面目。这可以说是姜义华"中华文明"观的学术思想和研究方法的实质所在,它强调要有一种新的"大历史观"即一个宏大的文明观:立足现实,从扎实了解中国的基层开始,努力达到对中国自身历史和现实的深刻、全面、系统了解,认真研究世界和其他不同的文明和国家,并在对中国和世界的过去深刻了解之基础上,进行再创造,以实现历史学的思想、理念、表达形式、传播路径等的创新。总之,这是一种整体化的历史意识,它把回顾往昔、立足现在与开创未来作为一个整体,把立足中国、环顾世界与纵观古今有机结合起来。

三、传承作为中华文明精髓的传统美德

显然,姜义华关于"中华文明的根柢和经脉"论的基本规定、社会背景和学术思想的阐发,也十分适合当前伦理学界面对现实道德生活或从事伦理学研究的挑战与要求。建设社会主义现代化强国,实现中华

民族的伟大复兴,是在近代以来的世界历史进程中展开的。由于现代化首先在西方出现,作为后发的中国现代化开始需要更重视文明和文化的共同性(时代性),但在现代化达到一定程度之后,则必然要更强调文明和文化的多样性(民族性)。按照文扬的观点,对于中国现代化的进程来说,现在"西方化所能提供的现代化动力即将枯竭,必须越来越多地转向本土化的现代化"[14]。因此,从社会背景即实践要求的角度来看,当前伦理学界确实应该主要从"文明"即"大文化"视角关注公民道德建设和从事伦理学研究。如果这点合乎实际的话,那么我们也有必要在学术思想和研究方法之重点上实现相应的转变:从社会形态观转向文明观,从小文化观转向大文化观,从小伦理观转向大伦理观。一般说来,我国的伦理学研究原先主要是依据社会形态理论(五种经济社会形态;农业社会、工业社会、信息社会等)进行的,它把包括伦理道德在内的文化作为外在于经济与政治的一个社会子系统,受经济与政治制约又反作用于经济与政治,因此是一种小文化和小伦理观。这种小文化观和小伦理观重点强调文化和伦理的共同性(时代性),主要适用于后发现代化国家的"起步"阶段引进先行现代化国家积极成果的要求,而在后发现代化国家的"完成"阶段则要求更多地立足自身文明、文化和伦理道德的根基,因此它更需要突出具有特定文化精神传统的大社会共同体的文明观,即强调文明、文化和伦理之多样性(民族性)的大文化观和大伦理观。

在论证了道德建设和伦理学研究的"文明"即"大文化"视角的实践必要与学理基础之后,人们就更容易理解《新时代公民道德建设纲要》对"传承中华传统美德"的要求;或者反过来说,意识到了"传承中华传统美德"的重要性,人们就会更自觉地基于大文化观和大伦理观去加强公民道德建设和研究伦理学。如果放眼中华文明5 000年的发展史,那么就可以说21世纪上半叶是一个值得大书特书的时代,中华民族将最终告别近代以来在现代化上的落后状态,实现伟大复兴。例如,自进入新世纪后,在这不到20年的短短岁月中,中国的国内生产总值(GDP)已经从10万亿元(世界排名第6位)增长到2020年的101万亿多元(世界排名第2位,自2010年起)。同样,自2001年9月中共中央印发《公民道德建设纲要》到2019年10月中共中央、国务院印发《新时代公民道德建设纲要》,中国的公民道德建设也取得了巨大的进步。在新世纪头十年社会主义精神文明建设的基础上,2010年代的公民思想道德建设取得了显著成效:"中国特色社会主义和中国梦深入人心,践行社会主义核心价值观、传承中华优秀传统文化的自觉性不断提升,爱国主义、集体主义、社会主义思想广为弘扬,崇尚英雄、尊重模范、学习先进成为风尚,民族自信心、自豪感大大增强,人民思想觉悟、道德水准、文明素养不断提高,道德领域呈现积极健康向上的良好态势。"[15]当然,当前中国社会的道德领域仍然存在着不少问题,特别是在"精英"的道德素质、涉及面最广泛的社会风气、知识分子和青少年的精神追求等方面表明我们还需不断努力。但是,我们必须看到,新世纪的道德进步毕竟为把全民道德素质和社会文明程度推进到一个新高度创造了必要的前提。对于这一点,我们应该有全面的认识并保持充分的信心。

　　关于公民道德建设的这一历史性进步以及改进措施,我们当然必须进行全面和系统的回顾与总结。但是,基于文明和文化问题在当今世界的重要性,鉴于文明和文化自信是更基础更广泛更深厚的自信,笔者认为特别有必要通过对两个《纲要》文本的简略比较,进一步认识"自觉传承中华传统美德"的重要性。在此应该承认,2001年的《公民道德建设实施纲要》已经倡导要继承中华民族的传统美德,反映在其文本中主要有三处:"中华民族的传统美德与体现时代要求的新的道德观念相融合"[16];"要继承中华民族几千年形成的传统美德"[17];"要积极开发优秀民族道德教育资源"[18]。总之,《公民道德建设实施纲要》中的直接相关文字虽然不到一百,但其"继承中华民族传统美德"的思想理念和行动要求是十分明确的。而不同于《公民道德建设实施纲要》,《新时代公民道德建设实施纲要》直接涉及基于"中华文明"倡导"传承中华优秀传统文化和中华传统美德"的论述则共计约540字。也许有人觉得,这样统计和比较两个《纲要》的相关字数太机械外在了,并没有什么思想、理论和学术意义。但笔者认为,人们不应该这么简单的否定它,其实字数的增加变动正是现实道德生活变化发展的反映。这就是说,《新时代公民道德建设实施纲要》关于"中华文明源远流长"的文本变化不仅展示了时代道德的进步,而且也体现着伦理思想的深化。其蕴含的学理基础反映了"文明"即"大文化"视角或范式在当前加强公民道德建设和深化伦理学研究中的重要性大为提高,一种相关学术思想和研究方法的转变也正在实现:以文明观为重点,把文明观与社会形态观、大文化观与小文化观、大伦理观与小伦理观结合起来。[19]

有了这样的认识,我们就能够充分理解中华文明始终是中华民族生生不息源头活水的"根柢与经脉"地位,中华人民共和国成立70多年以来在实现民族复兴进程中所不断取得的辉煌成就,不仅凝结着当代中国人民的辛勤汗水,还凝结着中华文明的智慧精华。至于就基本理念与核心价值的传承发展而言,可以说中国特色社会主义的历史根基就在于中华文明的"小康""大同""天下为公"等社会观念和理想;"为人民服务""以人民为中心"传承发扬了中华文明"重民""安民"的民本传统;家国情怀、责任担当、爱国敬业、诚信友善是中华文明以天下为己任的民族精神和"仁义礼智信"德性的现代升级版;交流互鉴、推动构建人类命运共同体体现了中华文明推崇的"和而不同""天下太平"思想的升华光大。基于这样的认识,为提升公民道德素质,在坚持马克思主义道德观、坚持以社会主义核心价值观为引领的同时,我们要特别重视"引导人们了解中华民族的悠久历史和灿烂文化,从历史中汲取营养和智慧,自觉延续文化基因,增强民族自尊心、自信心和自豪感"[20]。这就是说,我们必须把善于从中华民族传统美德中汲取道德滋养作为加强新时代公民道德建设的重点任务之一。应该深入理解"中华传统美德是中华文化精髓,是道德建设的不竭源泉。要以礼敬自豪的态度对待中华优秀传统文化"[21]的思想和要求,继承发扬讲仁爱、重民本、守诚信、崇正义、尚和合、求大同和自强不息、敬业乐群、扶正扬善、扶危济困、见义勇为、孝老爱亲等思想理念和传统美德;弘扬中华民族传统家庭美德,自觉传承中华孝道;研究制定继承中华优秀传统、适应现代文明要求的社会礼仪、服装服饰、文明用语规范,引导人们重礼节、讲礼貌。

本章以《中华文明、大文化观与公民道德——基于当代"中华文明"研究成果的阐发》(《道德与文明》2020 年第 3 期)为基础修改写成。

注释:

[1] 李建华等:《中国道德文化的传统理念与现代践行研究》,经济科学出版社 2016 年版,第 61 页。

[2] 王泽应、陈丛兰、黄泰轲:《中华民族道德生活简史》,东方出版中心 2019 年版,第 319 页。

[3] 中共中央国务院印发:《新时代公民道德建设实施纲要》,《人民日报》2019 年 10 月 28 日。

[4] 冯天瑜主编:《中华文化辞典》(第二版),武汉大学出版社 2010 年版,第 4 页。

[5] 袁行霈、严文明、张传玺、楼宇烈主编:《中华文明史》,北京大学出版社 2007 年版,第一卷第 1 页。

[6] 方汉文:《比较文明学》,中华书局 2014 年版,第一册第 165 页。

[7] 同上书,第五册第 409—410 页。

[8] 赵轶峰主编:《中华文明史》,陕西师范大学出版总社有限公司 2017 年版,《前言》第 3 页。

[9] 同上书,《前言》第 4 页。

[10] 庞朴:《师道师说·庞朴卷》,首都师范大学出版社 2018 年版,第 169 页。

[11] 姜义华:《中华文明的根柢——民族复兴的核心价值》,上海人民出版社 2012 年版,第 6 页。

[12] 姜义华:《中华文明的经脉》,商务印书馆 2019 年版,第 65 页。

[13] 同上书,第 221 页。

[14] 文扬:《人民共和国》,上海人民出版社 2018 年版,第 205 页。

[15] 中共中央国务院印发:《新时代公民道德建设实施纲要》,2019 年 10 月 28 日

《人民日报》。

［16］中共中央印发：《公民道德建设实施纲要》，学习出版社 2001 年版，第 4 页。

［17］同上书，第 6 页。

［18］同上书，第 13—14 页。

［19］陈泽环：《文化自信中的文化观与伦理学——三论新时代伦理学话语体系的构建》，《东南大学学报》2018 年第 4 期。

［20］中共中央国务院印发：《新时代爱国主义教育实施纲要》，《人民日报》2019 年 11 月 13 日。

［21］中共中央国务院印发：《新时代公民道德建设实施纲要》，《人民日报》2019 年 10 月 28 日。

第二十章　中华文明、社会形态与道德生活

在当代中国伦理学的学科体系中，如果参照现代西方伦理学的元伦理学、规范伦理学、应用伦理学和描述伦理学的类型，除了由于中西道德思维方式的不同，导致元伦理学的相对不发达，或者说传统的道德论证仍然比较重要，以及规范伦理学不太强调"德性"与"规范"的区别之外，应用伦理学和描述伦理学的划分则与西方伦理学基本相同。这后三种伦理学在改革开放后的发展，首先是规范伦理学的恢复建构，接着是应用伦理学的异军突起，21世纪以来则有一些学者应用历史学、社会学、民俗学、人类学等方法，展开了属于"描述伦理学"领域的研究，其中由著名伦理学家唐凯麟教授等创作的《中华民族道德生活史》（八卷本三百多万字）可以说是最重要的代表性成果。[1]现在，为了便于更多读者的阅读理解，作为《中华民族道德生活史》的简明本，王泽应教授等的《中华民族道德生活简史》出版了。"简史"在"生活史"的基础上进行了再构造，在新中国伦理学的发展史中，首次以较小的篇幅整体性地呈现了中华民族道德生活史的风骨、神韵和气象，鼓励人们在中华民族伟大复兴的进程中努力把中华道德文明推进到一个新高度。为更好地理解和推介这部综合了学术探讨和价值引领、专业研究和道德传播的好书，本章拟从再现中华民族道德生活史的风骨和精义、作为中华文明史有机构成的道德生活史、努力传承中华民族道德生活的宝贵遗产等三方面，对《中华民族道德生活简史》的学术贡献、思想意义和社会效应

作一简要阐发。

一、再现中华民族道德生活史的风骨和精义

改革开放以来关于中国伦理学的专业研究,从中国伦理思想史拓展到中华民族的道德生活史领域,是一种很有意义的发展与进步,不仅丰富、深化了人们对中国传统伦理思想和道德生活的理解,而且对于人们在 21 世纪做一个有道德的中国人,以及更好地组织中国社会的道德生活,为实现中华民族伟大复兴构建伦理秩序,都有不可忽略的意义。面对这样一个宏大的课题,尽管已经有《中国伦理道德变迁史稿》等论著可供参考,特别是有了《中华民族道德生活史》的依托。但是要在只有约 24 万字的篇幅内完成总结和展望 5 000 年中华道德文明的任务,仍然是十分困难的。然而,令人敬佩的是,作者以其扎实的学术功力、严谨的研究工作,比较好地实现了"以较小的篇幅、简约的文字和浓缩的材料再现中华民族道德生活史的风骨和精义"[2] 的目标,为广大读者和伦理学界提供了一部简明扼要的中华民族道德生活史,不仅可供一般读者的"入门"之用,而且也为学术界的进一步研究提供了良好的基础:"中华民族在长期的生产和生活实践中形成并发展了尊道贵德、居仁由义、隆礼尚善的传统,……并由此凝结成一种博大精深而又源远流长的伦理文化。这种伦理文化不仅贯穿中华民族道德生活史的全过程,也对中华文明和中国历史的发展起到了至关重要的作用。"[3] 基于中华民族道德生活史的伦理特质及其在中华文明发展史总体中的重要地位,《中华民族道德生活简史》的上述论断,不仅体现了当代中国包括道德自信在内的文化自信的时代精神,而且也有充分的伦理学之学理基础。

中华民族的道德生活萌发于传说中的伏羲时代,炎黄时期曙光初露,唐虞时期进入早熟的教化阶段,其基调在夏商周三代形成,在春秋战国时期则奠定了其"轴心时代"的价值基础和伦理规模。秦汉之际,伦理道德观从百家争鸣趋向综合统一,儒学主流道德地位的确立和以

孝治天下传统的建构,揭开了中华民族道德生活史的崭新一页。后经魏晋南北朝至隋唐时期道德生活的冲突、融合与统一,直至宋元明清伦理道德生活的成熟化与早期启蒙。5 000年来,中国古代的道德生活始终与可大可久、根深叶茂的中华文明的起源与初步发展、中华民族的融合、中国的国家统一以及中国人民的家庭家族维系成为一个整体。近200年来,中华民族的道德生活主要是在遭受东西方帝国主义的野蛮侵略和面临现代性挑战的情势下展开的,不屈不挠的中华民族开始探索与追求新的道德生活,实现了近现代道德革命,开启了包括道德复兴在内的中华民族伟大复兴的历史进程。总之,"中华民族道德生活史是人类道德生活史的重要组成部分。与其他民族和国别的道德生活史比较,它具有多元一体与和而不同的发展格局,家国同构与忠孝一体的价值追求,修身立德与成人成圣的人生目标,天下为公与仁民爱物的伦理情怀、广大精微与中庸之道的实践智慧,自强不息与厚德载物的精神品格等基本特征"[4]。应该说,上述《中华民族道德生活简史》的概括分析,为广大读者把握和理解中华民族道德生活史的发展进程、主要内容和基本特征提供了一个合理的整体框架和一幅生动的宏观画面。

就道德生活和道德理想的关系而言,"中华民族道德生活史,是一个在道德生活的事实中不断追寻道德理想,同时又把道德理想纳入道德生活的事实之中,并以之来改造现实的道德生活的发展过程。……与伦理思想、主流价值以及民族精神有着最为密切的联系"[5]。据此,在勾勒中华民族道德生活史之发展进程、主要内容和基本特征的基础上,《中华民族道德生活简史》接着从中国伦理思想的形成、发展及对道德生活的影响,道德观念、主流价值的确立与社会性倡扬,以爱国主义为核心的民族精神的建构与传延三方面,叙述和提炼了中国的伦理思想、民族精神与道德生活价值的探索与确立的进程和实质。同时,基于"中国素以礼仪之邦闻名于世。中华民族道德生活是与礼仪、礼制、礼俗的礼文化密切联系在一起的。……隆礼贵义、克己复礼、礼尚往来培养了炎黄子孙高尚文雅、彬彬有礼的精神风貌,奠定了'礼仪之邦'的道

267

德生活基础,也成为中华文明区别于其他异质文明的价值基质"[6],《中华民族道德生活简史》还从礼的本质与中华礼文化的早期发展,周代礼制的特点与主要内容,春秋战国时期的礼崩乐坏与礼文化的弘扬,秦汉至近现代礼仪、礼俗和礼制的递嬗与革新四方面,探讨了礼制、礼文化的形成、递嬗与更新。在一定意义上,作者对伦理思想引领并影响道德生活的机理与架构和中华民族爱国主义的主要精神内涵等的分析提炼,对礼是中华民族道德生活的主要规范和表现形式的强调,可以说是从内在精神实质和外在功能形式两方面进一步丰富和深化了作者关于中华民族道德生活史之发展进程、主要内容和基本特征的叙事。

回顾历史是为了走向未来,立足当下、总结过去是为了推进中华民族道德生活的新发展。不同于一些忽略民族、人民、国家道德生活主体性的"纯学术"论著,也不同于一般的伦理生活和思想史往往写到"古代"或"近代"为止;《中华民族道德生活简史》在充分肯定绵延不绝、与时俱进的道德文化是中华文明的核心与精华,是中华民族始终屹立于世界民族之林的内在血脉的同时,还努力考察当代新道德生活的开启与现代化建设互动的进程,十分自觉地关注其优秀传统的创造性转化和创新性发展,并提出了在中国特色社会主义新时代开创中华民族道德生活的新局面与再造中华伦理文明新辉煌的建设性构想。中华民族5 000年道德生活史的一个宝贵成果就是中华传统美德的形成、传承和拱立,作为再造伦理文明新辉煌的根基,我们必须弘扬并光大中华传统美德;中国革命道德不仅是中华优秀传统道德的继承与升华,而且是中华民族道德生活实现近现代革命的关键,作为再造伦理文明新辉煌的契机,我们必须总结并继承近代以来形成的革命道德传统;伴随着改革开放与社会主义现代化的迅猛进程,在继承中华传统美德与革命道德精华的同时积极吸取人类道德文明的优秀成果,社会主义先进道德文化逐步形成与发展起来,并成为再造伦理文明新辉煌的主题,我们必须大力构建之。总之,"理想的中华伦理文明应当有既能引领和凝聚中华民族全体成员的精气神,又能被全球化时代的人类社会广泛认同;既能促进本国国民的福祉和社会和谐，又能引领人类社会走向持久的和平繁荣"[7]。

二、作为中华文明史有机构成的道德生活史

在从学科地位、历史叙事和未来展望等方面概述了《中华民族道德生活简史》之"再现中华民族道德生活史的风骨和精义"的学术贡献之后，现在有必要和可能探讨一下它的思想意义了。鉴于中华民族道德生活史是整个中华文明史的有机组成部分，是其可大可久、根深叶茂的一个重要维度；鉴于此书也可以列入广义的"历史学"著作范畴，为实现本章的这一目标，就有必要尽可能地汲取当代中国历史学家的相关研究成果。因此，以下的分析从考察赵轶峰的"著史"观念着手："为什么要把中国历史、中国文化和中华文明分别列出来说呢？这三个说法所指的事实其实本来是同一的，就是中华民族以往的总经历。但是当我们说'中国历史'的时候，比较强调这个总经历中一些主题线索中的次序关系，以明其变迁的因果、次序；当我们说'中国文化'的时候，比较强调这个总经历中蕴含的精神气质和表现方式；而当我们说'中华文明'的时候，则是强调把这个总经历看作人类文明史上发生的一种独具特色的文化、社会、制度类型，看作人类总的生存和发展经验中一种值得专门了解的大共同体存续传统。所以，中华文明史，其实就是把中国历史整体地放到人类文明总经历的背景之前，因而衬托出其最突出特色的中国历史。"[8] 如果可以把这一关于中国的历史叙述中的"历史"、"文化"与"文明"的差别进一步凝练成"社会形态"与"文明"的区分，那么人们虽然不能把它直接套用来划分什么中国的"道德社会形态史"与"道德文明史"，但是却可以把它作为两种视角或线索来考察《中华民族道德生活简史》的思想意义。

从其写作情况来说，此书是包含着"道德社会形态史"与"道德文明史"的视角和线索的，并以"中华文明"为中心和主导努力实现这两方面的综合。例如，《中华民族道德生活简史》坚持了唯物史观的五种社会

形态理论,把它作为划分和把握中华民族道德生活形态演进的基本思想和意识形态框架:"经历了五千年发展变迁的中华民族道德生活史,……按社会发展阶段区分,可以分为原始社会道德生活、奴隶社会道德生活、封建社会道德生活、资本主义社会道德生活和社会主义社会道德生活。"[9]另外,从此书对"中国伦理思想史的形成、发展及对道德生活的影响"的概括,对"文艺、休闲彰显的道德价值追求与道德教化"的关注来看,可以说《中华民族道德生活简史》也有一条强调"中华民族道德生活是中华民族物质文化生活的集中体现"的狭义"文化史"视角或线索,即说明道德是经济和政治的反映,又反作用于经济和政治。但是,从此书的整体框架和主体内容来看,应该确认此书是以"中华文明"为中心和主导写成的,其证据不仅是"中华民族""中华文明""五千年中华文明史""文明起源""文明框架与载体""中华文明初曙的时代""中国古代文明""文明积累与智慧""世界人类文明""中华文明的伟大复兴""中华伦理文明"等概念的高频率出现,还在其兼具总结与展望的《结束语》中,作者表达了"再造中华伦理文明"的宏大抱负:"这是一种立足本国而又面向世界、立足传统而又面向未来的伦理文明,是一种既能保存并复兴中华传统文明,适合中国国情,又能兼收并蓄世界文明精华,与世界融为一体的伦理文明。"[10]

那么,我们如何理解《中华民族道德生活简史》这种以"中华文明"为中心和主导努力实现"道德社会形态史"与"道德文明史"之综合的思想意义呢?按照庞朴在"文明"的意义上理解"文化"的观点,"正如一切存在物无不存在于空间时间中一样。由文化在一定空间存在即同一定的社会人群相关的必然中,产生了文化的民族性;由文化在一定时间存在即同一定的社会变迁相关的必然性中,产生了文化的时代性。民族性和时代性,构成了文化的社会属性和本质属性"[11]。可以认定,此书中"道德社会形态史"的视角和线索主要体现了中华民族道德生活史的时代性,特别是其对唯物史观社会形态理论的坚持和运用,更是为构建中国特色社会主义新时代的道德生活奠定了思想和意识形态基础,我们必须对其高度评价、丰富发展。而其"道德文明史"的视角和线索则主要体现了中华民族道德生活史的民族性。至于这么说的根据在于："复数的文明概念,演变为对形成传统的大规模的人类共同体的文化和成就特性的区分,从而形成文明比较的意识和各个民族、文化、社会各自具有独特价值的意识。……指在历史上曾经有持续性表现并实现了自具特色的物质和精神创造同时构成大范围群体认同的人类社会共同体。"[12] 由此可见,《简史》比较全面地把握了中华民族道德生活史的本质属性,善于处理其时代性和民族性之间的辩证关系,不仅在坚持其时代性的同时,扎根其民族性;在弘扬其民族性的时候,不忘其时代性;还根据民族、人民、国家道德生活的当下使命,有重点地坚持了其时代性或弘扬其民族性。

271

改革开放以来,"'阶级斗争'逐步成为历史叙事的话语"[13],中华民族有 5 000 多年的文明史,创造了灿烂的中华文明,为人类作出了卓越贡献,成为世界上伟大的民族;"文明是当代中国的核心话语和实践范畴"[14],"文明自改革开放以来逐渐成为中国的核心话语;文明话语体系将是中国对构建人类命运共同体和促进世界未来和平发展做出的新贡献"[15],这些使人耳目一新的阐述,受到许多学者的日益关注,并对此进行了富有启发性的论证。显然,作为一种重大的思想、理论和学术现象,这种新的话语体系的出现绝不是个别人的突发奇想,而是有着极为广阔和深刻的社会根源,是以中华民族从救亡图存到直接为实现民族复兴而奋斗的历史进程为基础的,是与党和国家的工作重点从"以阶级斗争为纲"转移到"以经济建设为中心"密切相关的。与此相应,伦理学界的叙事和论证也应该和必须实现相应的转变。令人欣慰的是,《中华民族道德生活简史》坚持、丰富和发展唯物史观的原则立场,比较好地处理了人类社会一般形态演进和特殊的中华文明之间的辩证关系,即有重点地把握了中华民族道德生活的时代性和民族性之间的辩证关系,成为伦理学界相关理论创新的代表性成果。由此,《中华民族道德生活简史》以"中华文明"为中心和主导努力实现"道德社会形态史"与"道德文明史"之综合的思想意义也被揭示了出来,不仅在思想理论上比较好地体现了"以马克思主义为指导"和"坚守中华文化立场"相统一的文化和道德发展方针,而且在实践上也符合为实现中华民族伟大复兴和构建人类命运共同体提供伦理资源的要求。

三、努力传承中华民族道德生活的宝贵遗产

近年来,由于张维为等的阐发,中国作为一个"文明型国家"[16]的理念,已经逐步为公众所知。但是,从思想史和学术史的角度来看,这并不是一个全新的概念。实际上,早已有一些学者对此做过深入的论述。例如,在1944年的《黄帝》一书中,钱穆就指出过:"中国不但是一个国家民族的单位,而且是一个文化单位。从远古到现在没有变动过。"[17]此外,赵轶峰也指出:"中国是以中华文明为基础形成的国家——并不是所有国家都是如此。"[18]因此,对于我们来说,问题的关键并非中国是否是一个"文明型国家",而是在于,为什么现在人们更多地强调中国是一个"文明型国家"? 特别是在当前的中国特色哲学社会科学话语体系中,为什么"中华文明"能够从一个普通的日常话语和学术概念转变成为一个承担着新时代意识形态、文化和道德建设重大功能的哲学和伦理学范畴? 显然,这里的实质就是突出"中华文明"是人类文明史中的"一种独具特色的文化、社会、制度类型""一种值得专门了解的大共同体存续传统",也就是突出中国、中华民族、中国人民、中华文化、中华文明的中华民族性。进一步说,时代性和民族性是包括道德在内的文明的本质属性,而辩证地处理好文明的时代性和民族性的关系,是理解和推动文明发展并实现文明交流互鉴的一个必要条件。历史与现实昭示我们:如果在救亡图存的革命时期(实现社会制度的变革),必须更注重文明的时代性;那么在民族复兴的建设时期(实现社会主义现代化),我们则应更自觉地立足文明的民族性。

在这样把握《中华民族道德生活简史》以"中华文明"为中心和主导努力实现"道德社会形态史"与"道德文明史"综合的思想意义之基础上,人们就很容易理解和接受2019年中共中央、国务院印发的《新时代公民道德建设实施纲要》中的第一句话:"中华文明源远流长,孕育了中

华民族的宝贵精神品格,培育了中国人民的崇高价值追求"[19];以及
"中国共产党领导人民在革命、建设和改革历史进程中,坚持马克思主
义对人类美好社会的理想,继承发扬中华传统美德,创造形成了引领中
国社会发展进步的社会主义道德体系"[20]。如果与 2001 年的《公民
道德建设实施纲要》比较一下的话,我们可以清晰地看到,《新时代公民
道德建设实施纲要》一开始就突出了中华文明塑造中华民族、中国人民
的精神品格和价值追求的文明根柢地位,并在此基础上更多地肯定了
"继承发扬中华传统美德"在中国共产党创造社会主义道德体系中的作
用,更多地强调了"传承中华优秀传统文化"在加强公民道德建设中的
重要性。例如,在其"总体要求"的第 3 条中用约 120 字明确"坚持在继
承传统中创新发展,自觉传承中华传统美德"[21];在"重点任务"中专
门提出了约 300 字的第 4 条"传承中华传统美德"[22],等等。据笔者初
步统计,《新时代公民道德建设实施纲要》直接涉及基于"中华文明"倡
导"传承中华传统美德"的论述有包括两个专条在内的约 540 字。而正
是在这一突出强调"传承中华传统美德"的背景下,《中华民族道德生活
简史》的促进公民道德建设效应充分地凸显了出来。

　　关于 5 000 年中华民族道德生活史的主要内容,此书的作者认为
其十分丰富、源远流长、博大精深,既可以按时代划分,也可以按领域划
分。在简略地考察了其基本的时代划分框架的思想和意识形态意义之
后,笔者以下分析其领域划分及对当代道德生活的启示:"从宏观整体
意义上讲,主要有经济道德生活、政治道德生活和文化道德生活三大方
面。从比较具体的意义而论,主要有家庭道德生活、职业道德生活、社
会公共道德生活等。而其个人道德生活又是渗透并贯穿于这几个方
面和这几大领域之中的。"[23]例如,中华民族的经济道德生活主张把
正德与利用、厚生结合起来,形成了注重民生,关注恒产和均富,共享的
道德生活传统,其总的基调是公私兼顾公为先,义利结合义为重,理欲
合一理为尚。对于中华民族的这种传统经济伦理,伦理学界过去主要
依据"时代性"的思想、理论和学术分析框架,往往把重点放在批判其所
谓的"自然经济社会小农主义、宗法主义和专制主义"上,只看到其"天

273

人合一""重义轻利""不患寡而患不均""黜奢崇俭""重本抑末"等观念和行为的消极面上,认为如果要发展现代生产力,就必须与这些传统经济伦理实现"断裂",甚至应该不加限制地引进西方近代的"自利人"或"经济人"追求自身利益最大化的功利原则。但40多年建立和完善社会主义市场经济体制的实践从正反两个方面告诉人们,要使当代经济建设真正服务于国家富强、民族振兴、人民幸福的目标,在宏观经济制度、中观企业经营和微观个人活动层面都离不开伦理道德的规范和引导。而为实现这种规范和引导,必须立足中华优秀传统经济伦理的根基。

274

此外,《中华民族道德生活简史》对中华民族的政治道德生活、文化道德生活、家庭道德生活、职业道德生活、社会公共道德生活的基本特征和伦理精神,也作了深入细致的概括和提炼。包括以"为政以德"和"尚仁政"为主要伦理价值追求的政治道德生活;文学艺术、休闲娱乐生活在受到道德价值规范与引领的同时成为道德生活的重要载体;修身齐家、勤俭持家、注重家教、亲善邻里的婚姻、家庭道德生活的要义与价值追求;职业道德生活中的"师出以义"之武德、诚信无欺之商德、"传道、授业、解惑"之师德、医乃仁术之医德的价值追求及其实践;公共道德生活中的仁民爱物的公共生活理念与规训、义道当先的公共生活价值目标与追求、诚信为本的公共生活准则与风尚、文明礼貌的公共生活规范和要求等伦理规范与行为实践。这些概括和提炼,不仅彰显了此书善于把握"文明"和"社会形态"这两个重要的哲学与伦理学范畴之间的辩证关系,以"中华文明"为中心和主导努力实现"道德社会形态史"与"道德文明史"综合的思想意义,为今后伦理学界的相关研究和写作提供了方法论的启示,而且也深度地契合了《新时代公民道德建设实施纲要》大力倡导"传承中华传统美德"的要求,使《中华民族道德生活简史》为加强公民道德建设提供伦理资源的社会效应更为有效。当然,就涉及的领域而言,如果此书能够对中华民族在处理"国际"关系中的追求"天下太平""世界大同"方面的道德生活及其伦理价值,即"中华文明世界伦理的核心价值:德施普也,天下文明"[24]也作一些概括发挥,那就更好。特别是在当前这个面临百年未有之大变局,迫切需要构建人类命运共同体的时代。

本章的部分内容和观点体现在《文明、中华文明与新时代道德生活——兼论改革开放以来我国公民道德建设的发展》(《东南大学学报》2021 年第 4 期)中。

注释:

[1] 唐凯麟主编:《中华民族道德生活史》(八卷),东方出版中心 2016 年版。此外,还有张锡勤、柴文华主编:《中国伦理道德变迁史稿》(上下卷),人民出版社 2008 年版,等等。

[2] 王泽应、陈丛兰、黄泰轲:《中华民族道德生活简史》,东方出版中心 2019 年版,第 330 页。

[3] 同上书,第 1 页。

[4] 同上书,第 42—43 页。

[5] 同上书,第 58 页。

[6] 同上书,第 88 页。

[7] 同上书,第 319 页。

[8] 赵轶峰主编:《中华文明史》,陕西师范大学出版总社有限公司 2017 年版,《前言》第 1 页。

[9] 王泽应、陈丛兰、黄泰轲:《中华民族道德生活简史》,东方出版中心 2019 年版,第 34 页。

[10] 同上书,第 319 页。

[11] 庞朴:《师道师说·庞朴卷》,东方出版社 2018 年版,第 151 页。

[12] 赵轶峰主编:《中华文明史》,陕西师范大学出版总社有限公司 2017 年版,《前言》第 2—3 页。

[13] 文明传播课题组:《中国之中国》,《文明》2019 年第 10 期,第 37 页。

[14] 同上书,第 36 页。

［15］同上书,第 14 页。

［16］张维为:《文明型国家》,上海人民出版社 2017 年版,第 9 页。

［17］钱穆:《黄帝》,三联书店 2005 年版,第 3 页。

［18］赵轶峰:《评史丛录》,科学出版社 2018 年版,第 303 页。

［19］中共中央国务院印发:《新时代公民道德建设实施纲要》,《人民日报》2019 年 10 月 28 日。

［20］同上。

［21］同上。

［22］同上。

［23］王泽应、陈丛兰、黄泰轲:《中华民族道德生活简史》,东方出版中心 2019 年版,第 39 页。

［24］姜义华:《中华文明的根柢　民族复兴的核心价值》,上海人民出版社 2012 年版,第 241 页。

276

第二十一章　中华文明与新时代
思想道德教育

2019年底,中共中央、国务院印发了《新时代公民道德建设实施纲要》和《新时代爱国主义教育实施纲要》。这两个文件不仅是新时代加强公民道德建设和深化爱国主义教育的重要指导,而且也是我国思想道德教育发展史上的一个里程碑。与2001年中共中央印发的《公民道德建设实施纲要》相比,《新时代公民道德建设实施纲要》高度重视并明显提高了"传承中华传统美德"的地位,把它和筑牢理想信念之基、培育和践行社会主义核心价值观、弘扬民族精神和时代精神一起,并列为加强公民道德建设的四大"重点任务"。同样,《新时代爱国主义教育实施纲要》也把"传承和弘扬中华优秀传统文化"作为爱国主义教育的八大"主要内容"之一。那么,这两个文件为什么要如此强调传承和弘扬中华优秀传统文化与道德的重要性? 除了广泛和深刻的社会历史背景之外,这两个文件在理论思维和哲学社会科学话语体系方面有哪些守正创新? 显然,澄清这些问题,对于我们提高做好新时代思想道德教育工作的自觉和效应,具有十分重要的意义。有鉴于此,本章拟从"中华文明"的重要性、"文明"的时代性与民族性、思想道德教育中的"文明"等方面,对"中华文明与新时代思想道德教育"的思想和学理基础问题,作一初步探讨。

一、"中华文明"的重要性

《新时代公民道德建设实施纲要》的第一句话指出:"中华文明源远

流长,孕育了中华民族的宝贵精神品格,培育了中国人民的崇高价值追求。"[1]《新时代爱国主义教育实施纲要》也强调"对祖国悠久历史、深厚文化的理解和接受,是爱国主义情感培育和发展的重要条件。要引导人们了解中华民族的悠久历史和灿烂文化,从历史中汲取营养和智慧,自觉延续文化基因,增强民族自尊心、自信心和自豪感"[2]。这里,我们可以看到,两个《纲要》基于"中华文明"来肯定"中华民族的宝贵精神品格"和"中国人民的崇高价值追求",并且把理解和接受祖国的悠久历史、深厚文化,作为培育和发展广大公民爱国主义情感的"重要条件"。与原先通行的哲学—伦理学等教科书中的一些阐述相比,这实际上是把"中华文明""中国文化"放在了新时代思想道德教育的根基性地位,提出了一种关于传承发展中华优秀传统文化与道德的新思想和新话语。当然,为了理解这一点,我们首先有必要回顾一下改革开放以来,"文明"和"文化"范畴在当代中国社会生活中日趋重要的进程。对此,《文明》杂志关于"文明国家话语体系的建构演进图谱"值得参考。从中共十二大到十九大报告,"文明"在党的最高文献中表述了 232 处,从十二大的物质文明和精神文明开始,到十九大的世界历史范畴——人类文明、世界文明多样性、文明交流互鉴;中国历史范畴——中华民族 5 000 年文明历史、中华文明以及文明的三大超越和五大文明形态,等等。总之,"文明是当代中国的核心话语和实践范畴"[3],或者至少可以说是其中的之一。

说"文明"是当代中国的核心话语和实践范畴,也许会有争议,一些人甚至可能会感到难以理解,但我们只要了解一下近年来党和国家重要文献中的一些相关论述,就应该承认这是合乎实际的。例如,中华文明是人类历史上唯一一个绵延五千多年至今未曾中断的文明;中华民族创造了灿烂的中华文明,为人类作出了卓越贡献,成为世界上伟大的民族;历史文化决定道路选择,悠久独特的中华文明是中国特色社会主义的历史根基;中华文明有其独特的价值体系,已经成为中华民族的基因,植根在中国人内心,潜移默化地影响着中国人的思想方式和行为方式;没有文明的继承和发展,没有文化的弘扬和繁荣,就没有中国梦的实现；对中华文明应该多一份尊重，多一份思考，推动其创造性转化和创新性发展；只有充满自信的文明，才会在保持自己民族特色的同时包容、借鉴、吸收各种不同文明，为人类文明进步不断作出贡献，等等。显然，上述关于中华文明始终是中华民族生生不息的源头活水，浸润和滋养着世世代代华夏子孙的论述，以"文明""文明史""中华文明""人类文明""文明互鉴"等为基本范畴、重大范畴与核心范畴，不仅体现了"文明"自改革开放以来逐步成为中国的核心话语的现实，而且已经是一个深刻的、指导性的"文明观"思想和话语体系。因此，在确认这点的基础上，现在的关键在于如何理解其极为重要的实践和理论意义，并把它落实在新时代的思想道德教育工作中。这就是说，为充分理解"中华文明"对新时代思想道德教育的重要性，我们就有必要从文化哲学和比较文明学等的学科视角来提出自己对"文明"和"文化"范畴的基本规定。

　　关于"文化"的概念，我国学术界对其理解一般有广义和狭义之分，即大文化和小文化之分。狭义的小文化观把文化和经济、政治并列起来，把文化视为社会生活的精神领域，这实际上就是人们通常的用法，把文化仅当作精神文化或观念形态的文化，由经济和政治决定并反作用于经济和政治。但是，也有不少学者在系统深入地研究文化问题时，就发现除了狭义的精神文化之外，经济制度也是一种文化现象，政治活动渗透了文化因素，因此就有了广义的大文化观："文化这个概念概括了人的全部社会活动，无论是物质形式的活动，还是制度形式的活动和精神形式的活动。文化贯穿作为社会活动主体的人的一切社会关系的总和。"[4] 由此，文化就包括了物质文化、制度文化和精神文化三方面，无所不在地渗透在整个社会生活之中。在这一意义上，文化就是社会，就是"文明"，或者用汝信的话来说："把'文明'理解为广泛意义上的'文化'，……指占有一定空间的（即地域性的）社会历史组合体，包括精神文明和物质文明两方面，即人们有目的的活动方式及其成果的总和。"[5] 这个定义虽然还没有包括制度文明，但就其学术地位和精神实质而言，可以确定已经是我们所理解的广义的大文化观即文明观了。进一步说，在 20 世纪的世界范围内，"'文明'这一术语在人文社会科学各个领域中已经被广泛地使用,而且它不仅用来指人类历史发展的较高阶段,也被用来表示占有一定空间范围的、经长时段的历史演变,仍然保持着原有的基本特征的社会文化共同体"[6]。

"文明"在 20 世纪中后期以来已经主要被理解为"占有一定空间范围的、经长时段的历史演变,仍然保持着原有的基本特征的社会文化共同体";即作为历史文化共同体,不仅指一种有特定价值观和生活方式的人类群体,而且是"最大的具有区别意义的人类共同体,在它之上,没有能够将它包括在内的更大的实体。"[7]关于这一点,如果我们简略地梳理一下古今中外"文明"概念的发展和演变史,就会发现确实如此。中国近代以前,"文明"指"文明以止,人文也"的"人文教化";近代以来,除了"教化"的含义之外,主要还有两层意思:人类(现代性)物质文明、制度文明和精神文明成果的体现或特殊的历史文化共同体。至于西方的"文明"概念,希腊人、罗马人、中世纪欧洲人就已经区分了"野蛮的"与"文明的",18 世纪的法国思想家用文明来指代一个举止得当、具有美德的社会群体,之后逐步表示人类从蒙昧到野蛮再到文明这一进程的最后一个阶段。19 世纪之后的西方文明概念具有强烈的西方中心论色彩,认为"文明只可能是欧洲人独占的产业"[8]。20 世纪两次世界大战爆发的危机,使强调不同地域、不同民族有不同文化,文明呈现多种类型共存,每种类型都有独立意义的"复数""多元"文明观之影响日益扩大。有了这样的概念史回顾之后,就可以看到,我们当前使用的"文明""中华文明"范畴,既不是单纯的"人文教化",也不仅是人类历史发展的一个特殊阶段,而是主要指文明作为"具有特定文化精神传统的大社会共同体"[9]。把握了这一点,就为我们理解"中华文明"对新时代思想道德教育工作的重要性提供了思想和学理基础。

二、"文明"的时代性与民族性

说我们当前主要是在文明作为具有特定文化精神传统的大社会共同体的意义上使用"文明"范畴,即人类文明中"一种独具特色的文化、社会、制度类型"[10]，如果这点可以得到肯定的话，那么我们就可以这样理解上述关于"中华文明"与中华民族、中国人民的精神品格和价值追求之关系阐述的思想和学理：中华民族的精神品格与中国人民的价值追求来源于、扎根于源远流长、根深叶茂、可大可久的中华文明，是人类文明中一种具有独特地位的思想道德传统，具有不同于西方文明、印度文明、阿拉伯文明等的根基和特色。在此，除了强调中华民族精神品格的宝贵性和中国人民价值追求的崇高性之外（当然，也不否认其他文明精神品格的宝贵性和价值追求的崇高性），这一阐述更深刻的实质在于，相对于文明、中华文明的时间性和时代性，更突出了其产生土壤、传统延续的空间性和民族性。而为理解这一"突出"的方法和意义：区分和分别使用广义的大文化和狭义的小文化概念，用广义的大文化来界定"文明"，并且用"中华文明"来论证中华民族和中国人民的精神品格和价值追求，就有必要了解空间性和民族性在文化和文明的本质属性中的地位。由于一切事物都存在于时间与空间之中，而且时间与空间密不可分；因此，时间与空间是文化和文明的基本属性和本质属性，为深入地理解和合理地对待文化和文明，人们应该从其基本的存在形式——时间与空间——开始。而在现实的历史发展中，文化和文明的时间性即时代性，文化和文明的空间性即民族性。这样，时代性和民族性就成了我们认识文化和文明、特别是"中华文明"的基本范畴框架。

281

　　关于文化、文明和中华文明的本质属性问题，早在 20 世纪 80 年代，庞朴就提出了富有启发性的论述：我们"要建设有中国特色的社会主义的现代化。这至少包含三个含义，一是社会主义，一是现代化，一是中国式的。'中国式'的就意味着建立在中国传统之上，不脱离斯土斯民。现代化就是指西方的工业化。中国式的社会主义现代化内含着三种力量的冲突、统一和和谐，从这个角度探讨中国文化可能会使我们更冷静、更客观、更现实地看待中国的现在和未来"[11]。对于上述论断，如果用"时代性和民族性"的框架来理解，那么一般可以说"社会主义"、"现代化"属于时代性范畴，"中国式"属于民族性范畴；当然，尽管"社会主义"和"现代化"均属时代性范畴，但也有性质差别，"社会主义"

指生产关系,"现代化"主要指生产力和经济体制及相关方面。在我国当代哲学社会科学中,通常用重点落在时代性上的"社会形态"理论来阐述"社会主义",用传统和现代的区分来讨论现代化,现在也比较多地用"大文化"即"文明"理论来阐述中华民族性,特别是中华优秀传统文化与道德的传承发展问题。如果主要基于时间性即时代性的维度,我们就既可以从生产力的角度说农业文明、工业文明、信息文明,也可以从生产关系的角度说封建主义文明、资本主义文明、社会主义文明。但是,除了社会主义精神文明等提法之外,我们现在为什么主要阐述相对于其他文明类型的中国文明,强调它是具有特定文化精神传统的大社会共同体,即人类文明中"一种独具特色的文化、社会、制度类型"呢?

显然,这一问题的答案就不仅由于文明范畴本身就是流动的,以及文明的时代性和民族性之辩证关系是两点论和重点论的统一,还在于它首先是一个实践问题,其重要性和活力也主要由实践赋予。因此我们首先应该到建设中国特色社会主义实践的要求中去寻找对此的解答。这样,从中国自"五四运动"以来的革命、改革和建设的实践来看,"历史的发展只能是这样。在革命大变革时期,首先引起人们注意的,必然是文化的时代差别;只有在建设时期,才会考虑民族性问题。民族性问题不澄清,中国文化就搞不好。只有坚持有中国特色的社会主义这一观念,用时代的光芒照亮我们民族的宝藏,才能使文化建设的大道日益康庄"[12]。如果说,在实现社会制度变革的革命时期,人们必然更注重文化和文明的时代性(同时也不能忽略其民族性);那么,在实现社会主义现代化的建设时期,人们则应该更自觉地立足文化和文明的民族性(当然也必须坚持其时代性)。

我们强调立足文化和文明民族性在建设时期的重要性,绝不是把文化和文明的民族性与时代性对立起来,而是深刻地把握了其辩证关系,在明确地突出文化和文明之中华民族性的同时,同样要自觉地坚持文化和文明的社会主义时代性,以服务于实现中华民族伟大复兴的目标和构建人类命运共同体的努力。文化和文明的时代性与民族性二者不同,但相互依存;虽然对立,却不排斥。任何一种文化和文明都既是民族的又是时代的,民族性与时代性都既是内容又是形式,合理的文化和文明是时代性与民族性的创造性综合,关键在于我们如何能够有重点地去把握这个辩证性的综合。

这样,我们现在强调文明是具有特定文化精神传统的大社会共同体,并在这一意义上阐发中华文明对于中华民族宝贵精神品格的孕育,对于中国人民崇高价值追求的培育,作为新时代的文化自信和文明自信,其实质在于强调:"脱离了中国历史和文化这个前提,脱离了马克思主义与中华优秀传统文化相结合这个灵魂,就很难说清楚中国特色社会主义道路的客观必然,很难说清楚中国特色社会主义理论体系的理论贡献,很难说清楚中国特色社会主义制度的独特优势。正是在这个意义上说,文化自信是更基础更广泛更深厚的自信。"[13]同样,如果脱离了中华文明的前提和马克思主义与中华文明相结合,我们也很难说清楚如何传承发展中华优秀传统文化与道德,实现其创造性转化和创新性发展。我们基于文明和中华文明探讨中华民族优秀传统文化的传承发展问题,在国内就是要增强最广大公民的最深刻文化认同,以实现中华民族的伟大复兴;在国际上就是要以文明交流超越文明隔阂、文明互鉴超越文明冲突、文明并存超越文明优越,坚持推动构建人类命运共同体。至于在哲学社会科学话语体系中如何为此作出思想和学理论证的问题,就是要努力实现以马克思主义为指导和坚守中华文化立场的统一,把关于文化和文明之小文化观的"社会形态"论和大文化观的"文明共同体"论综合起来,以形成新的更加全面、更加深刻的中国特色社会主义文化和文明理论。

三、思想道德教育中的"文明"

在初步探讨了中华文明孕育了中华民族的宝贵精神品格,培育了中国人民的崇高价值追求阐述中的"文明",主要指一种具有特定文化精神传统的大社会共同体,其实质在于立足中国特色社会主义实践,除了强调中华民族精神品格和价值追求的宝贵性和崇高性之外,主要在

283

于突出其产生土壤、传统延续的民族性,以服务于实现中华民族伟大复兴的目标和构建人类命运共同体的努力,至于其思想和学理基础的灵魂则是马克思主义与中华优秀传统文化相结合、以马克思主义为指导和坚守中华文化立场相统一。有了这一基本认识之后,本章就可以探讨思想道德教育中的"文明"问题了。在此,笔者认为陈先达最近的一些相关论述可供我们参考。例如,在论证马克思主义与中国传统文化的关系问题时,他指出:马克思主义和中国传统文化,"一个是中国革命和社会主义建设的理论指导思想,一个是中华民族的精神血脉和中华民族的文化之根"[14]。"推翻具有半殖民地半封建社会性质的旧中国,建立社会主义的新中国,必须坚持马克思主义指导思想,必须有一个科学的世界观和方法论。可要使马克思主义在中国有生长的思想文化土壤,要保持中国人的中华民族特性,要使中国人有一颗中国心,必须继承中华优秀传统文化和优秀道德。"[15]应该说,对当前深入理解马克思主义和中国传统文化之关系的要求而言,相对于一般的文化哲学和比较文明学的学科话语,由于其马克思主义哲学学科话语的鲜明性和实践性,这一论述更有利于我们在坚持马克思主义在意识形态领域指导地位根本制度的前提下,充分发挥中华优秀传统文化与道德在新时代思想道德教育中的灵魂和根基功能。

就思想道德教育在新时代立德树人中的地位而言,必须充分认识到:中华优秀传统文化进课堂与思想政治理论教育,在立德树人方面各有功能,殊途同归:"我们的学生如果不接受马克思主义思想政治理论的教育,就不可能成为在当代社会主义条件下具有明确社会主义政治方向的中国人;如果不接受中华优秀传统文化的教育和培养,就不可能成为具有中华优秀文化素质和道德教养的中国人。"[16]应该承认,对于思想政治理论和中华优秀传统文化教育之间的这种辩证关系,过去直到现在一些人的认识是不足的,有些极端的观点甚至把它们对立起来,在有了关于中华民族宝贵精神品格和中国人民崇高价值追求的"中华文明"话语之后,现在就比较容易理解和处理这一关了。这里很重要的一点就是要看到:"思想政治理论课如果不能与中华优秀传统文化相结合,成为无血、无肉、无情、无感、完全非中国化的、普遍的、抽象的原理阐述,就会失去感染力和吸引力。"[17]这就是说,中华优秀传统文化和道德是思想政治理论教育最深远、最丰厚、最广泛的"文明"土壤,只有深深地扎根于这一"文明"土壤,马克思主义的正确政治意识和政治方向才会"随风潜入夜,润物细无声"地进入学生们的心灵深处。为此,"思想政治理论课教员应该重视中华优秀传统文化的学习,要认真学习和钻研一些中国的传统经典著作,掌握它们的精髓。我们自己不仅要以其为立身之本,还应该把它们融入自己的讲授课程中"[18]。由于在相当长的时期中缺少充分的中华优秀传统文化与道德传承,由于现代哲学社会科学分科的过细和过度,导致一些思想政治理论课中的"中华文明"话语不足,陈先达的这些重要提示是应该得到重视的。

　　总之,基于上述关于处理好文化和文明的社会主义时代性和中华民族性之间的辩证关系,在坚持其社会主义时代性的基础上,更重视其中华民族性的理解,为做好新时代的思想道德教育工作,我们就必须全面准确地理解《新时代公民道德建设实施纲要》和《新时代爱国主义教育实施纲要》的基本理念和精神实质,在党领导人民于革命、建设和改革历史进程中,坚持马克思主义的人类美好社会理想,创造形成社会主义道德体系的总背景下,自觉传承中华传统美德,继承现代优良传统和革命道德,适应建设社会主义现代化强国的要求,深化道德教育引导,推动道德实践养成,抓好网络空间道德建设,不断增强道德建设的实效性。在此,我们特别要重视和深入理解"中华传统美德是中华文化精髓,是道德建设的不竭源泉。要以礼敬自豪的态度对待中华优秀传统文化,充分发掘文化经典、历史遗存、文物古迹承载的丰厚道德资源,弘扬古圣先贤、民族英雄、志士仁人的嘉言懿行,让中华文化基因更好植根于人们的思想意识和道德观念"[19],以及其他的相关基本要求。同样,在实施爱国主义教育的过程中,我们也要自觉地努力"坚守正道、弘扬大道,反对文化虚无主义,引导人们树立和坚持正确的历史观、民族观、国家观、文化观,不断增强中华民族的归属感、认同感、尊严感、荣誉感。"[20]显然,这里提到的坚持正确"文化观"之要求,可以说是一种包括思想和学理阐释在内的基础性工作,实际上也就是本章探讨"文明观""中华文明观"努力的目的所在。

因此,为在当前落实"中华文明"孕育和培育中华民族宝贵精神品格和中国人民崇高价值追求阐述的精神,我们还需要在一个重要的问题解放思想、深化认识、多做工作,这就是"我们要真正恢复孔子作为中国伟大文化整理者、创造者,伟大思想家,伟大教育家的地位,还原一个在中华民族文化创建中具有至高无上地位的真实的孔子"[21]。否则,在传承发展中华优秀传统文化与道德时,我们就有可能缺乏一个形象、一个标志,就会抓不住要点和核心。现在,虽然争论仍然不少,但传承发展中华优秀传统文化与道德毕竟已经成为广大公民的共识,在此基础上,现在正是进一步深化这一理解的时候了。此外,这里必须指出的是,上述观点并非出于一位中国传统文化研究者和讲授者,有时还可能对思想理论课的重要性认识不足,而是出于一位 90 高龄的当代著名马克思主义哲学家陈先达的"总结性"思考,就不仅令人十分敬佩,而且确实值得引起人们的重视和思考。据笔者的初步了解,由于在中小学时代没有充分接受中华优秀传统文化和道德的教育,高校期间又由于过度局限于本学科,导致一些思想政治理论课教员对中华优秀传统文化与道德的知识掌握较少,对其根基性和重要性认识不足,所发表的论著中国话语特色不够,这种情况当然是不利于新时代思想道德教育工作要求的。比较起来,老一代马克思主义哲学家、伦理学家罗国杰、陈先达等对中华优秀传统文化与道德的理解和把握则更好些。对于这方面的情况,有兴趣的读者可以读读他们的思想自传:《罗国杰生平自述》[22]和《我的人生之路——陈先达自述》[23]。

本章以《树立和培育正确的文化观——培养时代新人的一个重要问题》(载王正平主编《教育伦理研究》第六辑,华东师范大学出版社 2019 年)为基础修改写成。

注释：

[1] 中共中央、国务院印发：《新时代公民道德建设实施纲要》，《人民日报》2019 年 10 月 28 日。

[2] 中共中央、国务院印发：《新时代爱国主义教育实施纲要》，《人民日报》2019 年 11 月 13 日。

[3] 文明传播课题组：《中国之中国》，《文明》2019 年第 10 期，第 36 页。

[4] 陈筠泉：《文明发展战略》，福建教育出版社 2010 年版，第 4 页。

[5] 马振铎、徐远和、郑家栋：《儒家文明》，中国社会科学院出版社 1999 年版，《总序》第 2 页。

[6] 陈筠泉：《文明发展战略》，福建教育出版社 2010 年版，第 8 页。

[7] 阮炜：《中外文明十五论》，北京大学出版社 2008 年版，第 26 页。

[8] [美]马兹利什：《文明及其内涵》，商务印书馆 2017 年版，第 79 页。

[9] 赵轶峰主编：《中华文明史》，陕西师范大学出版总社有限公司 2017 年版，第 13 页。

[10] 同上书，《前言》第 1 页。

[11] 庞朴：《三生万物・庞朴自选集》，首都师范大学出版社 2016 年版，第 215 页。

[12] 庞朴：《师道师说・庞朴卷》，东方出版社 2018 年版，第 154—155 页。

[13] 《求是》杂志本刊编辑部：《文化自信是更基本更深沉更持久的力量》，《求是》2019 年第 12 期，第 17 页。

[14] 陈先达：《一位"85 后"的马克思主义观》，中国人民大学出版社 2020 年版，第 7 页。

[15] 同上书，第 189 页。

[16] 同上书，第 125—126 页。

[17] 同上书，第 126 页。

[18] 同上。

[19] 中共中央、国务院印发：《新时代公民道德建设实施纲要》，《人民日报》2019 年 10 月 28 日。

[20] 中共中央、国务院印发：《新时代爱国主义教育实施纲要》，《人民日报》2019 年 11 月 13 日。

[21] 陈先达：《一位"85 后"的马克思主义观》，中国人民大学出版社 2020 年版，第 192 页。

［22］罗国杰:《罗国杰生平自述》,《罗国杰文集》(第六卷),中国人民大学出版社2015年;陈泽环:《中国特色伦理学的开拓——罗国杰教授的贡献和启示》,《中州学刊》2018年第12期。

［23］陈先达:《我的人生之路——陈先达自述》,中国人民大学出版社2014年版。

结语　民族命运与文明、文化的独立性

本书的主题是基于文明和文化自信的立场探讨民族复兴与伦理学的关系问题,并由此提出笔者关于构建当代中国伦理学的初步设想。一般认为,伦理和道德是文明和文化的一个重要组成部分,而有些人甚至认为伦理和道德就是文明和文化的核心和本质。因此,无论对文明、文化与伦理和道德的关系的理解如何,从文明和比较文明学、文化和文化哲学(文化学)的视角探讨构建当代伦理学,在实践和理论上都是必要的。由于我国思想界、理论界和学术界对于文明和文化问题的研究仍然不足,特别是对于文明、文化和意识形态之关系的认识更是模糊,以及我国公众在文明和文化观上的歧见纷纭,导致对此主题的研究困难重重。因此,本书从"哲学基础论""体系构建论"和"德性培育论"三方面展开相关探讨显然是初步的,有待今后继续努力使其得以充实和完善。但是,笔者对此持有的信念则是坚定的:作为民族复兴最后与最核心的一环,在现代性的条件下重建中华文明、中华文化,特别是中华民族伦理和道德的独立性。

一、文化主体性的失落与重建

中华文明或文化作为全球历史中唯一自成体系、未曾中断的原生性文明或文化,得到了世界上各界有识之士的由衷赞赏。例如,20世纪英国著名的历史学家阿诺德·汤因比以"文明"作为历史研究的基本单位,认为"文化"(宗教)是区分或辨识不同文明的基本标记,并据此不仅把中华文明列为五种"不从属于其他文明的文明"之一,另四种为:苏美尔—阿卡德文明、埃及文明、爱琴文明和印度河文明,而且是一种"典型"的文明。关于走向一个世界,关于中国与世界的关系,汤因比更于1974 年指出:"像今天高度评价中国的重要性,与其说是由于中国在现代史上比较短时期中所取得的成就,毋宁说是由于认识到在这以前两千年期间所建立的功绩和中华民族一直保持下来的美德的缘故。……就中国人来说,几千年来,比世界任何民族都成功地把几亿民众,从政治文化上团结起来。他们显示出这种在政治、文化上统一的本领,具有无与伦比的成功经验。这样的统一正是今天世界的绝对要求。"[1]这里,汤因比从其宏阔的理论视野出发,高度评价了中华文明的政治、文化和道德在世界历史中的独特和崇高地位。与当时正处于"文革"浩劫之中的中国现实相对此,汤因比的上述看法无疑具有深刻的历史穿透力。

此外,20 世纪西方伟大的人道主义者阿尔贝特·施韦泽同样高度评价了中国的文化和道德:"中国伦理是人类思想的一大重要功绩。较之其他任何一种思想,中国思想都走在了前面,它第一个将伦理视为一种以绝对的方式存在于人的精神实质中的东西,它也是第一个从其基本原则中发展伦理思想,并且第一个提出了人道理想、伦理文化国家理想——并且以一种适应任何时代的方式。作为一种高度发达的伦理思想,中国伦理对人与人之间的行为提出了很高的要求,并且赋予了爱还要涉及生灵及万物的内涵。这种先进性和巨大的成果还来源于中国伦理采取的正确的对生命及世界的肯定观,它以自然而细致的方式去面对现实生活中的实际问题。"[2]当然,汤因比和施韦泽表达的只是一部分西方思想家的看法。实际上,自欧洲启蒙运动之后,随着西方现代性社会的发展,更多的西方思想家对中华文明、中国文化采取了否定和批判的态度。这种批判和否定显然也是有道理的,并非完全出于偏见和独断,或者只是为了"传教"云云。但是,如果我们像季羡林先生所倡导的那样,以"上下数千年,纵横数万里"[3]的目光和胸襟讨论中华文明、中国文化；那么现在看起来，还是汤因比和施韦泽的论断更合理些。

在引证了汤因比和施韦泽的中华文明观和文化观之后，我们就可以更清晰地探讨"民族命运与文明、文化的独立性"之关系问题了。毋庸讳言的是，近代中国的历史是曲折的，其命运是惨烈的。就文化而言，与这两位西方著名思想家的高度评价不同，20世纪的中国曾经出现过一个中华民族和国家的"文化主体性失落"[4]的过程。面对西方现代性思想文化的挑战和冲击，19与20世纪之交以来，特别是在五四新文化运动之后，虽然开始了马克思主义和中华优秀传统文化相结合的进程，虽然有以"新儒家"为代表的文化守成主义对民族文化的捍卫和转化，但全盘西化的思潮持续存在、始终没有退出历史舞台，中华民族的文化独立性迟迟未能充分确立起来。远的不说，我们这一代人就经历了优秀传统文化惨遭浩劫的"文革"时代和改革开放初期全盘西化思潮的广泛流行。直到20世纪90年代，特别是自进入21世纪和中国特色社会主义新时代以来，举国上下的"文明自信""文化自信"意识不断觉醒，这种状况才开始有了根本性的转变。那么，在当下的历史条件下，我们如何吸取这一"文化主体性失落"的教训，和民族的总体命运相呼应，尽可能快和好地确立起当代中华民族和国家的文明和文化独立性呢？

二、实现中华伦理文化的复兴

首先，作为观念上的一个基本条件，我们需要对近代以来中华民族的命运，特别是中华文明、中华文化的命运有一个比较全面的理解。一般说来，自1840年鸦片战争之后，中国的国门洞开，面对东西方帝国主义的侵略和工业文明的挑战，清王朝统治腐败无能、应对失当，中国日益陷入了被瓜分的悲惨境地。但是，中华民族毕竟有着"自强不息"的深厚文化根基，除了广大民众的反抗之外，一些有识之士也开始了"师夷长技以制夷"的进程，最初有学习西方"器物文明"的洋务运动，接着有借鉴西方"政治制度"的戊戌变法和辛亥革命。但是，中华民国虽然成立了,中华民族的命运却仍在沉沦。于是就有了发轫于1915年的新文化运动,认为只有在彻底改造了中国传统文化之后,中国人才可能进行彻底的制度改革和建设现代物质文明。新文化运动以"专打孔家店"为标志性口号,引进了西方的"科学"和"民主",使中国文化真正走向了现代世界,特别是引进和传播了马克思主义,具有极大的进步意义。但由于其一些健将彻底否定传统文化和伦理的片面性和极端性,也导致了"全盘西化"思潮的形成,对后来中国文化的发展,产生了广泛和深远的消极影响。

令人欣慰的是,除了各界仁人志士的努力之外,五四新文化运动之后,在中国共产党的领导下,中国人民终于取得了新民主主义革命的胜利,建立了中华人民共和国,使中华民族永远摆脱了东西方帝国主义的侵略和压迫,独立于世界民族之林。在随后的社会主义革命和建设过程中,虽然几经曲折,但中国毕竟建立了社会主义的基本制度,奠定了工业现代化的物质基础。特别是在对"以阶级斗争为纲"的"文革"极左路线进行了拨乱反正之后,在总设计师邓小平的指引下,中国终于走上了建设中国特色社会主义的广阔和正确道路。短短40年的时间,中国的国内生产总值(GDP)就已经稳居世界第二,并日益追赶和接近美国这个位居世界第一的最大发达国家。现在,中国特色社会主义已经进入了新时代,中华民族的伟大复兴正展现出前所未有的光明前景,中国比近代以来的任何时候都更趋近世界舞台的中心;而中华民族的复兴,不仅是新的政治制度的创建,不仅是物质文明的现代化和跃居世界前列,而且更离不开中华"精神",特别是"伦理"文化的复兴。如果我们能够这样把握近代以来中华民族和中华文明、中华文化的历史命运,那么我们就能够比较自觉地认识到确立当代中华民族和国家之文明和文化独立性的重要性。

进一步说,如果参照冯天瑜教授的观点,把广义的文化结构区分为四个层次:由人类加工自然创制各种器物构成的物态文化,由人类组建各种社会规范构成的制度文化,由人类人际交往中约定俗成的习惯性定势构成的行为文化,"由人类在社会实践和意识活动中长期絪缊化育出来的价值观念、审美情趣、思维方式等主体因素构成的心态文化层，这是文化的核心部分，其意蕴又体现于物质文化、制度文化、行为文化之中"[5]。那么我们可以说，就我国当代的广义文化建设而言，即就当代的中华文明建设而言，在作为外围的物质文化、制度文化建设的历史性成就比较确定和明显之后，我们就更应关注作为外围向核心过渡的行为文化，特别是作为广义文化之核心本身的"心态文化"，也就是日常用语中的狭义文化暨"精神文化"建设的重要性。至于从中国近代以来历史的发展来看，这种建设也不同于先发内生型现代化国家的文化→政治→经济先后现代化的一般进程，而是显示出一种后发外烁型现代化国家的政治→经济→文化先后现代化的特殊进程。这就是说，就中国及其文明、文化从近代的衰落走向当代复兴的命运而言，现在我们不仅更应该，而且也有条件把确立中华民族和国家的文化独立性作为最重要的任务了。

三、民族复兴的最终与核心环节

关于精神文化建设的重要性，我们还可以从各派文化思想家的论述中获得启示。例如，国学大师钱穆认为，就中国的政治制度、社会形态和文化传统的关系而言，虽然一方面必须由政治来领导和指导社会，但另一方面也不能忽略："政治建基在社会上，社会建基在文化上。……中国社会……唐代以来……的病痛在平铺散漫，无组织，无力量。而所由得以维系不辍团结不散者，则只赖它自有的那一套独特而长久的文化传统，与由此所形成的强固民族意识。……因此要谋中国社会之起死回生，只有先着眼在它所仅有的文化传统与民族意识上。"[6]此外，当代美国著名学者塞缪尔·亨廷顿在其《文明的冲突》《谁是美国人？美国国民特性面临的挑战》等论著中，也反复强调了"人类的历史是文明的历史。不可能用其他任何思路来思考人类的发展。……在整个历史上，文明为人们提供了最广泛的认同。……文明和文化都涉及一个民族全面的生活方式，文明是放大了的文化。……

在所有界定文明的客观因素中,最重要的通常是宗教。……人类群体之间的关键差别是他们的价值观、信仰、体制和社会结构,……政治制度是文明表面转瞬即逝的权宜手段"[7]。

以上引证的钱穆"政治建基在社会上,社会建基在文化上"的观点,是其基于对中国历史经验总结的阐发,针对当时中国流行的全盘西化思潮,强调为实现民族复兴,必须对本民族的历史和文化的独立性保持温情和敬意。至于亨廷顿关于"文明认同对于大多数人来说是最有意义的东西"[8]的观点,则表明了一位当代美国战略思想家对美国自身文化发展前景的忧虑,以及对各大文明暨文化之间关系的一种独断性思维。但是,就单纯的文明观和文化观而言,虽然钱穆和亨廷顿的论述和通常的文化观有所不同,但海纳百川,有容乃大,我们还是可以从中吸取有益因素,提高在为中华民族伟大复兴而奋斗的过程中,确立民族和国家的文明和文化独立性的自觉。关于这一点,如果重温一下张岱年先生的观点,那么我们就可以获得更充分的支持:"建设社会主义的新中国文化,必须在马克思主义普遍原理的指导之下,在吸取西方文化的先进成就的同时,努力弘扬中国文化的优秀传统。"[9]"中国文化的优秀传统,……是中华民族凝聚力的基础,是民族自尊心的依据,也是中国文化自我更新向前发展的内在契机。"[10]显然,在吸取各派思想家的文化哲学智慧,为确立中华民族和国家的文明和文化独立性而努力的过程中,我们应该最尊重张岱年先生的意见。

基于上述的文明观和文化观,也就是拓展和深化了人们通常重点强调生产力水平、生产关系性质等时代性特征之文明观和文化观的内涵和视角,即综合了本书所初步论证的"小文化观"(文化形态)和"大文化观"(文化类型)辩证统一的内涵和视角,我们就能够比较深入地理解当前思想界、理论界和学术界关于文明和文化问题的主流意见:中华文明源远流长,孕育了中华民族的宝贵精神品格,培育了中国人民的崇高价值追求。文化是民族的血脉,是人民的精神家园。文化自信是更基本、更深层、更持久的力量。中华文化独一无二的理念、智慧、气度、神韵,增添了中国人民和中华民族内心深处的自信和自豪。就其实质而言,这就是相对于西方文化和文明 500 年来在世界历史中的崛起,相应于中华民族近 200 年来从逐步衰落到走向复兴的悲壮命运,作为民族复兴最后与最核心的一环,坚守中华文化立场,坚持中华文明和文化的主体性和根基性,在现代性的条件下重建中华文明和文化的独立性。相反,如果固执于某种特定的文明观和文化观,或者没有用与时俱进、丰富发展、合理全面的文明观和文化观武装自己,我们就无法把握和阐发上述论断的深义所在。进一步说,只有这样我们才能够真正理解:伦理和道德不仅是国家兴盛,而且也是个人自立的关键和根基。除了时代性之外,由于道德具有极为广泛和深远的民族性,因此,如果一个国家及其人民不能坚持在自己土地上形成和发展起来的道德价值,而是邯郸学步,成为盲目崇拜的一些外国文化理念和道德价值的应声虫,那么就会产生失去文明、文化和精神独立性的问题。这绝非耸人听闻。如果我们没有自己的文明、文化和精神独立性,不仅道德自信不可能真正确立起来并坚持下去,而且国家的政治、思想、文化、制度等方面的独立性也可能会丧失根基。

本章以《民族命运与文化的独立性》(《船山学刊》2017 年第 2 期)为基础修改写成。

注释:

[1] 汤因比、池田大作:《展望二十一世纪——汤因比与池田大作对话录》,国际文化出版社 1985 年版,第 287、294 页。

[2] 史怀哲(施韦泽):《中国思想史》,社会科学文献出版社 2009 年版,第 186 页。(译文有改动)

[3] 季羡林:《当代名家线装自选集·季羡林集》,线装书局 2003 年版,第 13 页。

[4] 楼宇烈:《中国的品格》,四川人民出版社 2015 年版,第 13 页。

［5］冯天瑜:《中国文化生成史》,武汉大学出版社 2013 年版,第 88 页。

［6］钱穆等:《中国高层讲座［第一辑　文化的坐标］》,新世界出版社 2006 年版,第 25—26 页。

［7］亨廷顿:《文明的冲突》,新华出版社 2013 年版,第 19—22 页。

［8］同上书,第 4 页。

［9］张岱年:《张岱年全集》,河北人民出版社 1996 年版,第 7 卷第 119 页。

［10］同上书,第 7 卷第 246—247 页。

参 考 文 献

巴拉达特:《意识形态 起源和影响》,世界图书出版公司 2012 297
年版。

比彻姆、邱卓思:《生命医学伦理原则》(第 5 版),北京大学出版社
2014 年版。

卜宪群:《中国通史——从中华先祖到春秋战国》,华夏出版社、安
徽教育出版社 2016 年版。

蔡元培:《中国现代学术经典 蔡元培卷》,河北教育出版社 1996
年版。

陈筠泉:《文明发展战略》,福建教育出版社 2010 年版。

陈来:《孔夫子与现代世界》,北京大学出版社 2011 年版。

陈来:《中华文明的核心价值》,生活·读书·新知三联书店 2015
年版。

陈其泰:《梁启超评传》,华夏出版社 2018 年版。

陈戍国撰:《四书五经校注本》,岳麓书社 2008 年版。

陈桐生译注:《国语》,中华书局 2016 年版。

陈先达:《文化自信与中华民族伟大复兴》,人民出版社 2017 年版。

陈先达:《文化自信中的传统与当代》,北京师范大学出版社 2017
年版。

陈先达:《一位"85 后"的马克思主义观》,中国人民大学出版社
2020 年版。

陈泽环:《功利·奉献·生态·文化——经济伦理引论》,上海社会科学院出版社 1999 年版。

陈泽环:《个人自由和社会义务——当代德国经济伦理学研究》,上海辞书出版社 2004 年版。

陈泽环:《道德结构与伦理学——当代实践哲学的思考》,上海人民出版社 2009 年版。

陈泽环:《敬畏生命——阿尔贝特·施韦泽的哲学和伦理思想研究》,上海人民出版社 2013 年版。

陈泽环:《未来属于孔子——核心价值与文化传统之思》,上海人民出版社 2015 年版。

陈泽环:《核心价值与文化传统之思——以对梁启超考察为基础的阐发》,花木兰文化事业有限公司 2017 年版。

陈泽环主编:《人文社科十万个为什么·哲学》,华东师范大学出版社 2018 年版。

陈泽环:《儒学伦理与现代中国——中外思想家中华文化观初探》,上海人民出版社 2020 年版。

程新宇:《生命伦理学前沿问题研究》,华中科技大学出版社 2012 年版。

崔大华:《儒学的现代命运——儒家传统的现代阐释》,人民出版社 2012 年版。

崔大华:《儒学引论》,人民出版社 2001 年版。

杜运辉:《张岱年文化哲学研究》,中国社会科学出版社 2014 年版。

恩格尔哈特:《基督教生命伦理学基础》,中国社会科学出版社 2014 年版。

方汉文:《比较文明学》,中华书局 2014 年版。

范瑞平:《当代儒家生命伦理学》,北京大学出版社 2011 年版。

范瑞平、张颖主编:《建构中国生命伦理学:新的探索》,中国人民大学出版社 2017 年版。

冯天瑜主编:《中华文化辞典》(第二版),武汉大学出版社 2010

298

年版。

冯天瑜:《中国文化生成史》,武汉大学出版社 2013 年版。

冯友兰:《三松堂全集》,河南人民出版社 2001 年版。

甘绍平:《人权伦理学》,中国发展出版社 2009 年版。

甘绍平:《伦理学的当代建构》,中国发展出版社 2015 年版。

高兆明:《道德文化——从传统到现代》,人民出版社 2015 年版。

郭齐勇:《中国儒学之精神》,复旦大学出版社 2009 年版。

郭齐勇:《文化学概论》,武汉大学出版社 2017 年版。

郭沂:《中国之路与儒学重建》,中国社会科学出版社 2013 年版。

郭玉宇:《道德异乡人的"最小伦理学"——恩格尔哈特的俗世生命
伦理思想研究》,科学出版社 2014 年版。

韩星:《中国文化通论》,北京师范大学出版社 2017 年版。

何兹全:《中国文化六讲》,河南人民出版社 2004 年版。

亨廷顿、哈里森主编:《文化的重要作用——价值观如何影响人类
进步》,新华出版社 2014 年版。

亨廷顿:《文明的冲突》,新华出版社 2013 年版。

亨廷顿:《谁是美国人? 美国国民特性面临的挑战》,新华出版社
2013 年版。

黑格尔:《法哲学原理》,商务印书馆 1979 年版。

季羡林:《季羡林文化沉思录》,吉林出版集团时代文艺出版社
2013 年版。

蒋广学:《梁启超评传》,南京大学出版社 2006 年版。

姜义华:《中华文明的根柢　民族复兴的核心价值》,上海人民出版
社 2012 年版。

姜义华:《世界文明视域下的中国文明》,复旦大学出版社 2016
年版。

姜义华:《中华文明的经脉》,商务印书馆 2019 年版。

库什:《社会科学中的文化》,商务印书馆 2016 年版。

李存山:《中国文化的"忠恕之道"与"和而不同"》,《道德与文明》

299

2016 年第 3 期。

李存山主编:《家风十章》,广西人民出版社 2017 年版。

李建华等:《中国道德文化的传统理念与现代践行研究》,经济科学出版社 2016 年版。

李申:《中国儒教史》,上海人民出版社 1999 年和 2000 年版。

梁启超:《中国现代学术经典·梁启超卷》,河北教育出版社 1996 年版。

梁启超:《梁启超全集》,中国人民大学出版社 2018 年版。

梁启超:《饮冰室文集点校》,云南教育出版社 2001 年版。

梁漱溟:《梁漱溟全集》,山东人民出版社 2011 年版。

廖申白:《伦理学概论》,北京师范大学出版社 2010 年版。

刘鄂培、杜运辉编著:《张岱年先生学谱》,昆仑出版社 2010 年版。

刘俊荣等主编:《当代生命伦理的争鸣与探讨——第二届全国生命伦理学学术会议论丛》,中央编译出版社 2010 年版。

楼宇烈:《中国文化的根本精神》,中华书局 2016 年版。

卢风:《人、环境与自然——环境哲学导论》,广东人民出版社 2011 年版。

卢风主编:《应用伦理学概论》,中国人民大学出版社 2015 年版。

罗秉祥等:《生命伦理学的中国哲学思考》,中国人民大学出版社 2014 年版。

罗国杰:《马克思主义伦理学的探索》,中国人民大学出版社 2015 年版。

罗国杰:《罗国杰生平自述》,中国人民大学出版社 2016 年版。

罗国杰主编:《中国传统道德》(普及本),中国人民大学出版社 2016 年版。

罗国杰:《罗国杰文集》,中国人民大学出版社 2016 年版。

吕思勉:《中国文化思想史九种》,上海古籍出版社 2010 年版。

马兹利什:《文明及其内涵》,商务印书馆 2017 年版。

马克思和恩格斯:《马克思恩格斯全集》第 46 卷,人民出版社 1980

300

年版。

马克思和恩格斯:《马克思恩格斯选集》,人民出版社 1995 年版。

马振铎、徐远和、郑家栋:《儒家文明》,中国社会科学院出版社 1999 年版。

米勒、邓正来主编:《布莱克威尔政治思想百科全书》,中国政法大学出版社 2011 年版。

牟钟鉴:《在国学的路上》,中国物资出版社 2011 年版。

牟钟鉴:《儒道佛三教关系简明通史》,人民出版社 2018 年版。

牟钟鉴:《在国学的路上》,中国物资出版社 2011 年版。

牟钟鉴:《中国文化的当下精神》,中华书局 2016 年版。

庞朴:《孔子文化奖学术精粹丛书·庞朴卷》,华夏出版社 2015 年版。

庞朴:《三生万物·庞朴自选集》,首都师范大学出版社 2016 年版。

庞朴:《师道师说·庞朴卷》,东方出版社 2018 年版。

钱穆:《中国现代学术经典·钱宾四卷》,河北教育出版社 1999 年版。

钱穆:《新亚遗铎》,三联书店 2004 年版。

钱穆:《黄帝》,三联书店 2005 年版。

钱穆:《国史新论》,三联书店 2005 年版。

钱穆:《晚学盲言》,广西师范大学出版社 2004 年版;三联书店 2010 年版。

钱穆:《文化学大义》,九州出版社 2011 年版。

钱穆:《灵魂与心》,九州出版社,2011 年版。

钱穆:《论语新解》,九州出版社 2011 年版。

钱逊:《师道师说·钱逊卷》,东方出版社 2018 年版。

邱仁宗、瞿晓梅主编:《生命伦理学概论》,中国协和医科大学出版社 2003 年版。

邱仁宗:《生命伦理学》,中国人民大学出版社 2012 年版。

《求是》杂志本刊编辑部:《文化自信是更基本更深沉更持久的力

量》，《求是》2019 年第 12 期。

　　阮炜：《中外文明十五论》，北京大学出版社 2008 年版。

　　桑德尔：《反对完美：科技与人性的正义之战》，中信出版社 2014 年版。

　　邵汉明主编：《中国文化研究 30 年》，人民出版社 2009 年版。

　　施韦泽：《对生命的敬畏——阿尔贝特·施韦泽自述》，上海人民出版社 2015 版。

　　施韦泽：《敬畏生命——五十年来的基本论述》，上海社会科学院出版社 2017 年版。

302　　施韦泽：《文化哲学》，上海人民出版社 2017 年版。

　　史怀哲（施韦泽）：《中国思想史》，社会科学文献出版社 2009 年版。

　　司马迁：《史记》，中华书局 2013 年版。

　　苏秉琦：《中国文明起源新探》，辽宁人民出版社 2013 年版。

　　汤一介、李中华主编：《中国儒学史》，北京大学出版社 2011 年版。

　　汤一介：《瞩望新轴心时代——在新世纪的哲学思考》，中央编译出版社 2014 年版。

　　汤因比：《历史研究》（修订插图版），上海人民出版社 2001 年版。

　　唐凯麟、王泽应：《中国现当代伦理思潮》，安徽文艺出版社 2017 年版。

　　王小锡等：《中国伦理学 60 年》，上海人民出版社 2009 年版。

　　王小锡等：《中国伦理学 70 年》，江苏人民出版社 2020 年版。

　　王泽应：《道莫盛于趋时——新中国伦理学研究 50 年的回顾与前瞻》，光明日报出版社 2003 年版。

　　王泽应：《20 世纪中国马克思主义伦理思想研究》，人民出版社 2008 年版。

　　王泽应编著：《伦理学》，北京师范大学出版社 2013 年版。

　　王泽应：《马克思主义伦理思想中国化研究》，中国社会科学出版社 2017 年版。

　　王泽应：《马克思主义伦理思想中国化最新成果研究》，中国人民大学出版社 2018 年版。

王泽应、陈丛兰、黄泰轲:《中华民族道德生活简史》,东方出版中心 2019 年版。

文扬:《人民共和国》,上海人民出版社 2018 年版。

吴潜涛等:《中国化马克思主义伦理思想研究》,中国人民大学出版社 2015 年版。

夏征农、陈至立主编:《大辞海·哲学卷》,上海辞书出版社 2015 年版。

肖前等主编:《马克思主义哲学原理》,中国人民大学出版社 2017 年版。

夏晓虹编:《追忆梁启超》,三联书店 2009 年版。

夏征农、陈至立主编:《大辞海·哲学卷》,上海辞书出版社 2015 年版。

徐大建:《西方经济伦理思想史——经济的伦理内涵与社会文明的演进》,上海人民出版社 2020 年版。

许嘉璐:《为了中华 为了世界——许嘉璐论文化》,中国社会科学出版社 2017 年版。

许倬云:《中国文化与世界文化》,广西师范大学出版社 2010 年版。

许倬云:《中西文明的对照》,浙江人民出版社 2013 年版。

严复:《中国现代学术经典·严复卷》,河北教育出版社 1996 年版。

伊格尔顿:《论文化》,中信出版集团 2018 年版。

衣俊卿、胡长栓:《马克思主义文化理论研究》,北京师范大学出版社 2017 年版。

袁行霈、严文明、张传玺、楼宇烈主编:《中华文明史》,北京大学出版社 2007 年版。

章太炎:《章太炎儒学文集》,四川大学出版社 2011 年版。

张岱年:《张岱年全集》,河北人民出版社 1996 年版。

张岱年:《中国文化书院九秩导师文集·张岱年卷》,东方出版社 2013 年版。

303

张岱年、程宜山:《中国文化精神》,北京大学出版社 2015 年版。

张旅平:《多元文化模式与文化张力——西方社会的创造性源泉》,社会科学文献出版社 2014 年版。

张岂之主编:《中华文化的底气》,中华书局 2017 年版。

张维为:《文明型国家》,上海人民出版社 2017 年版。

赵毅、赵轶峰主编:《中国古代史》(第二版),高等教育出版社 2019 年版。

赵轶峰主编:《中华文明史》,陕西师范大学出版总社有限公司 2017 年版。

赵轶峰:《评史丛录》,科学出版社 2018 年版。

中国大百科全书出版社《不列颠百科全书》国际中文版编辑部编译:《不列颠百科全书·国际中文版》(修订版),中国大百科全书出版社 2009 年版。

中国人民大学伦理学与道德建设中心、中国人民大学哲学院组编:《罗国杰研究纪念文集》,中国人民大学出版社 2016 年版。

周思源:《中国文化史"论纲"》,海峡文艺出版社 2014 年版。

朱贻庭:《中国传统道德哲学 6 辨》,文汇出版社 2017 年版。

朱宗友:《中国文化自信解读》,经济科学出版社 2018 年版。

中共中央印发:《公民道德建设实施纲要》,学习出版社 2001 年版。

中共中央国务院印发:《新时代公民道德建设实施纲要》,2019 年 10 月 28 日《人民日报》。

中共中央国务院印发:《新时代爱国主义教育实施纲要》,2019 年 11 月 13 日《人民日报》。

后记　从继续革命到修己安人

　　我生于 1954 年，于 1961 年开始在上海市徐汇区第一中心小学读书，当时人们的学习态度尚好，养成了今后几十年爱好读书写作的习惯。就社会思想的影响而言，由于图书馆和街头书摊还有《三国演义》《水浒传》和《西游记》等小说及其连环画可读，因此多少还留下了一点点中华传统文化的印记。此外，学校"学雷锋""胸怀祖国，放眼世界"的教育，则培养了自己长期"关心国家大事"的情结。至于在"文革"时期则丧失了正常读书的机会，并长期受"以阶级斗争为纲"的"继续革命"极端思潮的影响。这样，改革开放以来，尽管自己的理论和实践基础十分薄弱（小学 5 年级之后就没有正规的学校学习，直到 25 岁才上了大学），但在主要从事学术工作（这一过程毕竟太晚才得以开始）的同时，"关心国家大事"已经成为自己的心理结构。自 1979 年考入复旦大学哲学系开始学习哲学，特别是在主要从事伦理学的学习和研究活动之后，"如何做一个有道德的人""如何合理地组织社会道德生活"的问题，始终成为我几经转折地摸索、探寻和思考的中心。近 20 年来，通过阅读《论语》等儒学经典，发觉这两个问题与孔子的"修己安人"和梁启超的"淑身济物"的思想大抵若合符节。这大概是文化基因的显现吧。

　　我的绝大部分论著，包括 20 世纪 80 至 90 年代初期发表的《简论生活方式的实践基础》（《江西社会科学》1985 年第 6 期）、《〈人生〉的启示》（《道德与文明》1985 年第 1 期）、《真理·正义·自由——读〈爱因斯坦谈人生〉》（《读书》1985 年第 5 期，人大复印《伦理学》1985 年第 11

期)、《试述形式伦理学和实质伦理学》(《走向未来》第 3 期,1987 年)、《"敬畏生命"——阿尔贝特·施韦泽的伦理学述评》(《江西社会科学》1993 年第 9 期,人大复印《伦理学》1993 年第 11 期);世纪之交及之后的《功利·奉献·生态·文化——经济伦理引论》(1999)、《个人自由和社会义务——当代德国经济伦理学研究》(2004)、《道德结构与伦理学——当代实践哲学的思考》(2009)、《敬畏生命——阿尔贝特·施韦泽的哲学和伦理思想研究》(2013)、《未来属于孔子——核心价值与文化传统之思》(2015)、《核心价值与文化传统之思——以对梁启超考察为基础的阐发》(《未来属于孔子》修订版,2017)、《儒学伦理与现代中国——中外思想家中华文化观初探》(2020)等都展现了自己的相关思考和探索。此外,我翻译的马克斯·舍勒的《人在宇宙中的地位》(陈泽环、沈国庆译,1989)、阿尔贝特·施韦泽著作:《敬畏生命——五十年来的基本论述》(1992、2017)、《对生命的敬畏——阿尔贝特·施韦泽自述》(2006)、《文化哲学》(2008)以及一些德国经济伦理学论著等,也都是围绕着这两个问题展开的。

对于自己从 20 世纪 60—70 年代受"继续革命"影响、在 80—90 年代追求"自由个性"和 21 世纪开始理解"修己安人"("淑身济物"),到现在论证"民族复兴"的探索过程,我曾经在上述专著的后记中有所概括。这里主要补充一句,一个人免不了要受时代思潮的影响,特别是在青少年的成长时期;但人也不是社会条件的被动产物,他可以成长、思考和选择。每个时代除了局限之外,也有其为当时人们提供的特殊机遇。虽然,与我们成长的青少年时代相比,现在的时代进步多了。但我们没必要怨天尤人,因为人的使命是在时代提供的条件下做出自己的贡献,就是"知命而进于努力"[1]。这样,我就要向"活到老,学到老,改造到老"[2]的先贤学习,继续进行哲学—伦理学思考。当然,这本《文化传统与伦理学——当代道德哲学的思考》也许是我进行相关探讨的总结性专著了;希望此书能够代表我比较稳定和成熟的观点,并以此为实现当代中国伦理学的使命发挥点正能量。值此退休暨人生转折之际,我谨向 60 多年来从小学开始曾经学习、工作过的单位及其老师、同学、同

事、领导、学生，还有伦理学界的同行表示衷心的感谢，致以最诚挚的祝
福！我自己则愿秉持"自强不息、厚德载物、量才适性、不空而空"四句
信念，度过人生的晚境！

陈泽环，2021 年 10 月于上海

注释：

[1] 梁启超：《梁启超全集》，中国人民大学出版社 2018 年版，第十六集第 397 页。

[2] 罗国杰：《罗国杰生平自述》，中国人民大学出版社 2016 年版，第 42 页。

图书在版编目(CIP)数据

文化传统与伦理学:当代道德哲学的思考/陈泽环
著.—上海:上海书店出版社,2022.8
ISBN 978-7-5458-2185-7

Ⅰ.①文… Ⅱ.①陈… Ⅲ.①伦理学-研究-中国
Ⅳ.①B82-092

中国版本图书馆 CIP 数据核字(2022)第 125128 号

责任编辑　吕高升
封面设计　郦书径

文化传统与伦理学

当代道德哲学的思考

陈泽环　著

出　　版　上海书店出版社
　　　　　(201101　上海市闵行区号景路 159 弄 C 座)
发　　行　上海人民出版社发行中心
印　　刷　上海商务联西印刷有限公司
开　　本　710×1000　1/16
印　　张　20.5
字　　数　250,000
版　　次　2022 年 8 月第 1 版
印　　次　2022 年 8 月第 1 次印刷
ISBN 978-7-5458-2185-7/B·120
定　　价　78.00 元